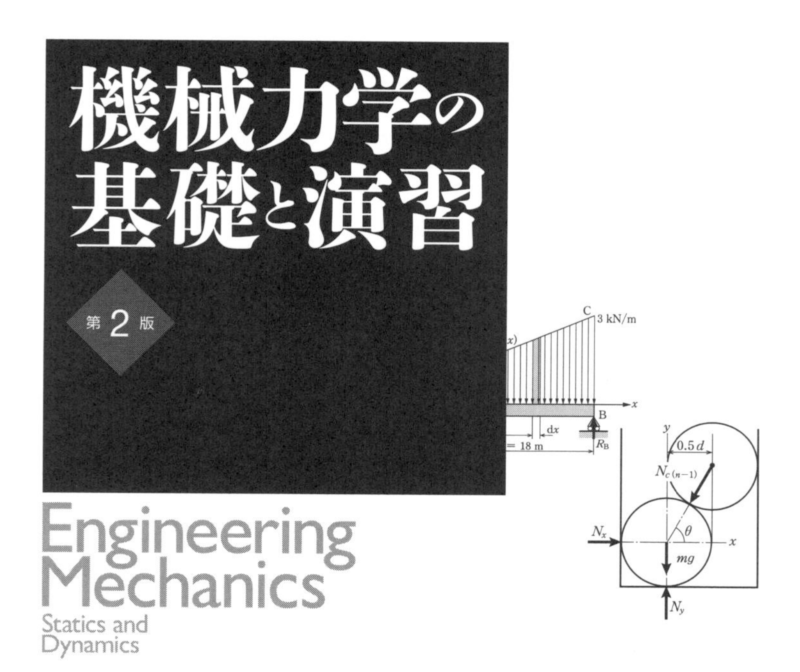

機械力学の
基礎と演習
第 2 版
Engineering
Mechanics
Statics and
Dynamics
C
3 kN/m
dx
= 18 m
B
R_B
y
$0.5\,d$
$N_{c\,(n-1)}$
N_x
θ
x
mg
N_y

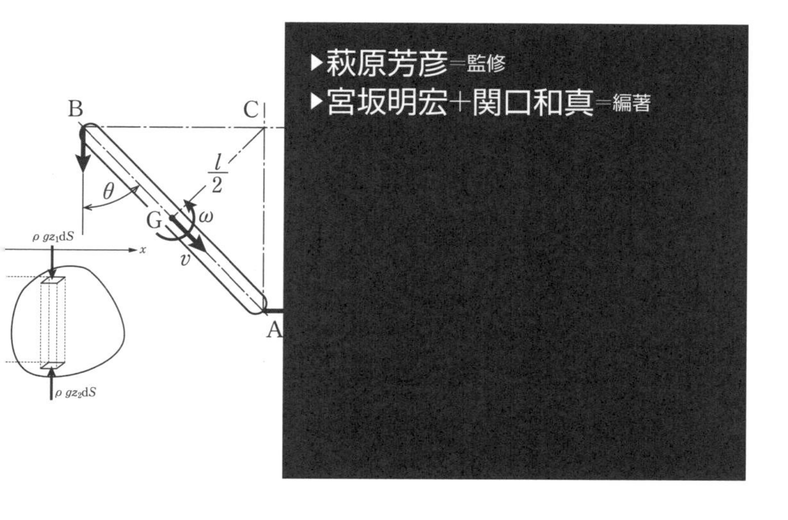

▶萩原芳彦＝監修
▶宮坂明宏＋関口和真＝編著
B
C
$\frac{l}{2}$
θ
G
ω
v
A
$\rho\,gz_1\mathrm{d}S$
x
$\rho\,gz_2\mathrm{d}S$

Ohmsha

初版執筆者一覧（五十音順）

浅井公屋　（3章：共同執筆）
大上　浩　（9章*）
大塚年久　（4章：共同執筆）
大谷真一　（1章：共同執筆）
小林邦夫　（8章：共同執筆）
杉山好弘　（7章：共同執筆）
田村　宏　（2章：共同執筆）
萩原芳彦**　（5章，6章，1～4章/7～8章：共同執筆）
森沢正旭　（10章*）

所属：全執筆者　武蔵工業大学（現 東京都市大学）工学部機械工学科
（1994年 初版発行当時）

* 第2版では9章ならびに10章は割愛した．
** 初版編著者

初版のまえがき

本書は，大学，高専の機械工学科における力学，工業力学，剛体の力学など，機械の力学の基礎科目の教科書，演習書として作成したものである．昨今，大学入試の多様化などに伴い，大学に入学してくる学生の学力にも幅がかなりみられるようになっているが，本書では種々の能力レベルの学生が実力に応じて学習しやすいよう，特に配慮したつもりである．たとえば，高校の物理の理解が十分でない学生でも十分理解できるよう，基礎事項については詳しく解説する一方，高度の応用能力を必要とする問題も解説，ヒントを詳しくつけて多く配置した．

本書は著者らの大学において関連講義を受け持ってきた教員が分担して作成した．ただし，一貫性をもたせるため，**1**～**8** 章の基礎事項は編著者が作成し，作成過程では頻繁に基礎事項，問題の選定，解説方法など，内容について担当者間で調整，検討を行った．したがって，問題の数は必ずしも多いとはいえないが，基本的な問題のパターンはほとんど網羅しているものと考えている．また，初歩的内容の教科書ではごく基本的な例題しか扱わないものも多々見受けられるが，本書では応用能力を高めるため，基礎事項を総合して考えなければ解けないような骨のある問題もかなり取り入れた．巻末にヒントと正解を示してあるので，読者は積極的に自力で解くよう心掛けてもらいたい．

本書の作成主眼は，**1**～**4** 章では高校では扱わない力のモーメントを十分理解させるとともに，種々構造，機構の支点における反力や支持モーメントを正しく求めさせることであり，**5**～**8** 章では物体の運動を決める運動方程式を正しく求めさせることである．その上で，種々問題を解かせ問題解決能力向上を目指した．

また，**9** 章では力学問題を扱う上で欠かせないベクトル解析の基礎を扱っている．ベクトル解析と力学を並行して習得できれば最良であるが，両立しての学習が難しい学生もいることを配慮し，**1**～**8** 章では高等学校レベルのベクトルに関する知識で十分理解できるよう記述した．余裕のある学生は **1**～**8** 章と並行して **9** 章を学べばより一層の理解が得られるであろう．また，**10** 章はさらに余裕のある学生のためのものであり，高学年の配当科目学習の予習の意味で設けた．

その他の特徴としては，演習問題に一部穴埋め方式を採用し，考えながら読み，問題解決のパターンを習得できるように配慮したこと，本書で用いる主要記号は重複しないよう特に配慮し，内容を理解しやすくしたことなどである．

最後に，本書を作成するに際し，参考にさせていただいた多くの既刊書の著者に対し御礼申し上げるとともに，本書の執筆から出版まで，ご鞭撻と校正事務などに多大のご協力とご支援をいただいたオーム社の方々に心から感謝するものである．

1994 年 2 月

編著者しるす

第2版の改訂にあたって

本書第2版では，学力の幅が大きい大学入学時の学生や高専の機械工学科の学生が，力学，工業力学，剛体の力学など，機械の力学の学習に適した基礎科目の教科書・演習書として高校の物理からのスムーズな接続を意識した初版の精神を引き継ぎつつ，大学での専門科目への接続も考慮した構成にした．

14～15回の講義をひとまとまりとして科目とする講義構成において，初版の**9**章や**10**章の部分はどうしても後回しになったり，講義の中で補足的なトピックとして取り上げられるだけにとどまることが多い．

しかし，いずれの章も機械工学などの専門科目の基礎として重要な部分であり，おざなりにしておくことはできない．そのため，これまでは専門科目の冒頭でこれらの部分に時間を割くなどの手間を要する可能性があった．**10**章の内容は，振動工学や制御工学において正式に扱われる内容であり，本書を教科書や演習書とする科目においてはスコープの範囲外となることがほとんどであると思われる．そこで第2版では，この部分を各工学分野で既刊の専門良書に譲ることとした．

また**9**章の内容については，専門科目で必須となる数学的ツールとして，本書で取り上げる基礎事項や問題を通して修得していくべく，独立した章ではなく，各章に散りばめる形で取り入れた．一方で，本書の大きな特徴である初学者，たとえば，高校の物理の理解が十分ではない学生でも十分理解できる入門書という位置付けを保ちつつ，専門科目への自然な導入になるよう配慮した．

第2版の編著者らは，大学において関連講義を受け持ってきた経験を基に，**1**章から**4**章では高校で扱わない力のモーメントや種々の構造，機構の支点における反力や支持モーメントを十分理解できる構成とし，**5**章から**8**章では物体の運動を向きを含めて明確なイメージを持てるよう，ベクトルや行列を用いた説明を新たに多く取り入れる構成を基本として制作にあたった．特にベクトルで扱わなければ間違えやすい相対運動や速度のベクトルとしての時間微分の説明などは，本改訂の大きな特徴の一つである．またスカラーとベクトルの違いを明確化するため，太字体をベクトルや行列を表すためのものとして統一するとともに，速度や速さなどの用語をベクトル量とスカラー量を表す語として明確に使い分けた．さらに専門科目で必要となるテンソルなどの概念の自然な導入となるよう，座標系についての記述も追加した．

基礎事項の知識を例題を通して実際の問題にあたるための知識として理解し，穴埋め方式の演習問題を通して考えながら読み，問題解決のパターンを修得し，最後に自力で解答にたどり着く力を養う演習問題という初版からのスタイルを踏襲しながら，各章問題の並びの調整や問題の増強を行い，初学者の理解の妨げにならないわかりやすい記述を心掛けつつ，線形代数の知識を使った応用的な問題まで段階的に問題解決能力を培えるよう工夫した．

最後に，初版の活用状況など貴重なご意見をいただいた全国の大学，高等専門学校の教科担当の諸氏，初版への様々な改善点をご指摘いただいた東京都市大学 佐藤大祐氏ならびに改訂の査読を快くお引き受け下さった東京都市大学 秋田貢一氏に対し謝意を表するとともに，本改訂の企画から出版まで多大なご協力とご支援をいただいたオーム社の方々に心から感謝する．

2019 年 8 月

編著者しるす

目次

1章 力および力のモーメント

2章 集中力と支点の反力

3章 分布力と重心

4章 摩擦および仕事と動力

5章 質点および剛体の運動学

6章 質点の動力学

7章 剛体の動力学

8章 エネルギーと運動量

本書で用いる主な記号と単位［SI］

座標系	：直交座標系：O-xyz
	：円筒座標系：O-$r\theta z$
	：極座標系　：O-$R\theta\phi$
時　間	：t［s］秒
長さ（距離）	：s，l，h，r など［m］メートル
面　積	：A，S［m^2］
体　積	：V［m^3］
角　度	：θ，β，γ，ϕ など［rad］ラジアン
質　量	：m［kg］キログラム
密　度	：ρ［$\mathrm{kg/m}^3$］
集中力（荷重）	：$\boldsymbol{F}$，$\boldsymbol{R}$，$\boldsymbol{N}$，$\boldsymbol{P}$［N］ニュートン，大きさ：F，R，N，P
分布力（荷重）	：p，w［N/m］，平面問題の場合の単位長さあたりの力
圧　力	：p［Pa］パスカル（$=\mathrm{N/m}^2$），単位面積あたりの力
力のモーメント	：$\boldsymbol{M}$［N·m］，大きさ：M
トルク	：$\boldsymbol{T}$［N·m］，大きさ：T
摩擦係数	：μ（無次元）
反発係数	：e（無次元）
仕　事	：W［J］ジュール（＝N·m）
エネルギー	：E［J］ジュール
運動エネルギー	：K［J］ジュール
位置エネルギー	：U［J］ジュール
動　力	：H［W］ワット（＝J/s）
位置ベクトル	：$\boldsymbol{r}$［m］，大きさ：r
速　度	：$\boldsymbol{v}$［m/s］，大きさ：v（$\dot{x}=\mathrm{d}x/\mathrm{d}t$，$\dot{y}$，$\dot{z}$ など）
加速度	：$\boldsymbol{a}$［$\mathrm{m/s}^2$］，大きさ：a（$\ddot{x}=\mathrm{d}^2x=\mathrm{d}t^2$，$\ddot{y}$，$\ddot{z}$ など）
重力加速度	：$\boldsymbol{g}$［$\mathrm{m/s}^2$］，大きさ：g（＝9.81）
角速度（円振動数）	：$\boldsymbol{\omega}$［rad/s］，大きさ：ω（$\dot{\theta}=\mathrm{d}\theta/\mathrm{d}t$ など）
角加速度	：$\boldsymbol{\alpha}$［$\mathrm{rad/s}^2$］，大きさ：α（$\ddot{\theta}=\mathrm{d}^2\theta/\mathrm{d}t^2$ など）

（次ページへつづく）

慣性行列　：$\boldsymbol{I}$ ［kg・m^2］，

慣性モーメント　：I ［kg・m^2］

運動量　：$\boldsymbol{L}$ ［kg・m/s］，大きさ：L

角運動量　：$\boldsymbol{L}_\omega$ ［kg・m^2/s］，大きさ：L_ω

力　積　：$\boldsymbol{P}_t$ ［Ns］，大きさ：P_t

角力積　：$\boldsymbol{P}_\omega$ ［Nms］，大きさ：P_ω

振動数　：f ［Hz］ヘルツ（＝1/s）

回転数　：n ［1/s］

周　期　：τ ［s］

太字の記号はベクトルや行列を表す.

1

力および力のモーメント

本章では，力および力のモーメントの基本的性質ならびにその解析方法の基礎について学ぶ．

1・1　基礎事項

1・1・1　質点・剛体と実際の物体

質点：質量はあるが大きさのない物体のことであり，現実には存在しない．たとえば，図 **1・1** に示した地球と月の間には**万有引力**の法則が成り立ち，引き寄せる力が作用する．その力は以下の式にて示される．

$$F = G\frac{m_{\mathrm{e}}m_{\mathrm{m}}}{r^2} \tag{1・1}$$

式中の G は万有引力定数で $6.67428 \times 10^{-11}\ \mathrm{m^3/(kg \cdot s^2)}$ であり，m_{e} は地球質量，m_{m} は月の質量，r は地球と月の距離である．ここで，距離 r は，地球の重心と月の重心の間の距離となる．重心のような大きさのない点で代表したものが質点である．式(**1・1**)により，地表面に置いた質量 m の物体は地球に引き寄せられる力が作用し，重力加速度 g（本書では $9.81\ \mathrm{m/s^2}$ を用いる）が発生する．

図 **1・2**(**a**)のように吊った質量 m の物体は無数の微小な部分の集合体であり，各微小体のことを質点と考えることができる．これらの各質点には重力が作用し，全体として mg なる重力となる)．ここで，mg が

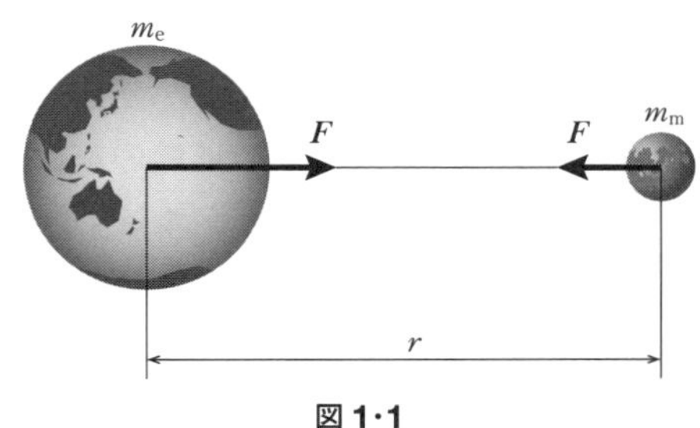

図 1・1

同図(**b**)のように1点Gに集中して作用するとみなせば，物体全体をG点にある1つの質点として扱うこともできる（詳細は**3**章）.

剛体：物体は質点の集まり（質点系）と考えられ〔図**1·2**(**a**)〕，質点間の距離が変化しない物体を**剛体**と呼ぶ．変形しない物体は現実には存在しないが，物体の変形量が無視できるほど小さいとき，剛体とみなしてよい.

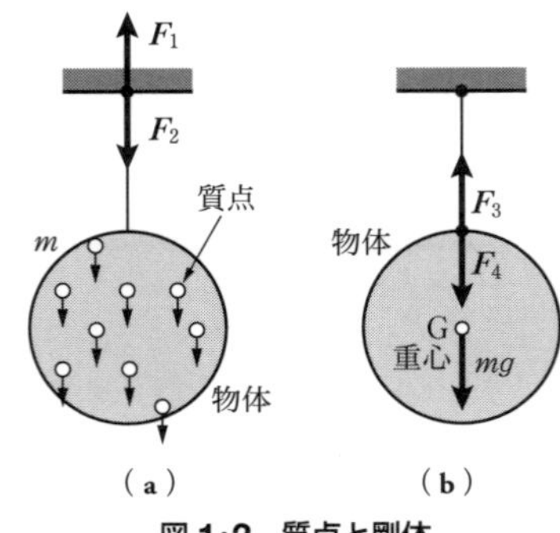

図 1·2　質点と剛体

1·1·2　力とその基本的性質

力とは，物体に作用し，その運動状態や形を変える原因となる働きのことであり，その大きさ，方向，向き，作用点を決めることで定まる**ベクトル量**である．力の作用方向を示す線を**作用線**と呼ぶ.

合力：2つ以上の力を合成して得られ，元の力と同じ働きをする力のこと.

分力：1つの力を分解して得られ，元の力と同じ働きをする2つ以上の力のことである（図**1·3**).

反力（抗力）：ニュートンの**運動の第３法則（作用・反作用の法則）**によれば，物体Aが物体Bに力を及ぼすと，物体Bはこれと大きさ等しく，逆向きの力を物体Aに及ぼす．床の上に置かれた質量 m の物体（図**1·4**）は，物体に作用する重力によって床を mg の力で押す（作用力)．これに対して，床は mg なる上向きの力を物体に及ぼす（反作用力)．物体が床から受ける力 $R=mg$ は，物体に作用する反作用力であり，**反力（抗力）**と呼ぶ.

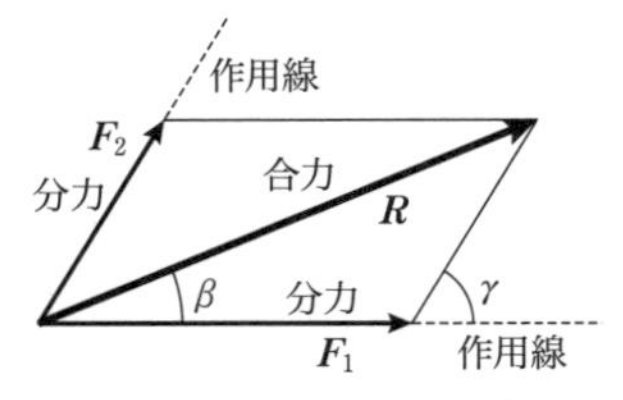

図 1·3　力の合成と分解

力の単位：ニュートンの**運動の第２法則**から，力＝**質量**×**加速度**の関係で定まる単位となる．すなわち，SI単位では，質量1 kgの物体に1 m/s^{2}の加速度を与える力の大きさを1 N（ニュートン）とする.

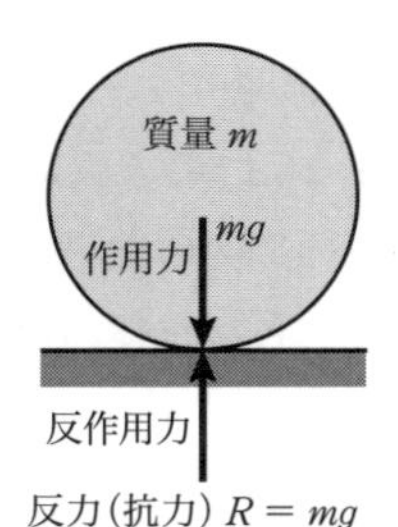

図 1·4　作用・反作用と反力

1·1·3 力の合成と分解

力は**平行四辺形の法則**（ベクトルの加法則）により分解，合成でき，図**1·3**に示すように，力$\boldsymbol{R}$とその分力$\boldsymbol{F_1}$，$\boldsymbol{F_2}$の大きさの間に以下の関係が成立する．

$$\frac{F_2}{\sin\beta}=\frac{R}{\sin\gamma} \tag{1·2}$$

$$R=\sqrt{{F_1}^2+{F_2}^2+2F_1F_2\cos\gamma} \tag{1·3}$$

なお，解析的には，図**1·5**に示すように，$\boldsymbol{F}$をx，y軸方向成分に分解し

$$F=\sqrt{{F_x}^2+{F_y}^2} \tag{1·4}$$

$$F_x=F\cos\beta,\ \ F_y=F\sin\beta \tag{1·5}$$

とするとよい．力が複数個作用している場合には，i番目の力$\boldsymbol{F_i}$に対して，$F_{ix}=F_i\cos\beta$，$F_{iy}=F_i\sin\beta$が同様に成り立つ．

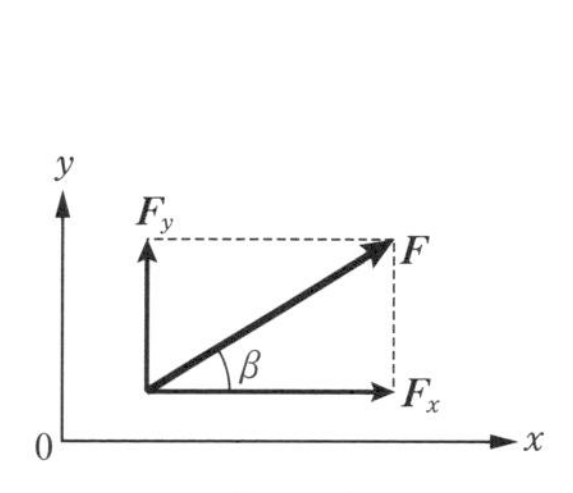

図**1·5**　x，y座標方向への力の分解

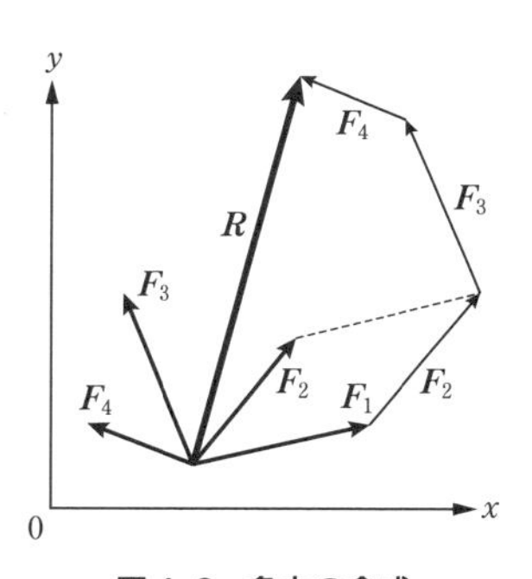

図**1·6**　多力の合成

1点に作用する**力の合成**：平行四辺形の法則による作図（図**1·6**）または

$$R=\sqrt{{R_x}^2+{R_y}^2}=\sqrt{(\Sigma F_{ix})^2+(\Sigma F_{iy})^2} \tag{1·6}$$

による．F_{ix}，F_{iy}はi番目の力$\boldsymbol{F_i}$のx，y方向成分の大きさ，R_x，R_yは合力$\boldsymbol{R}$のx，y方向成分の大きさである．逆を**力の分解**という．

なお，合力$\boldsymbol{R}$の作用方向はx軸正方向と角度β傾き，次式から求まる．

$$\tan\beta=\frac{R_y}{R_x},\ \left\{多力の場合：\tan\beta=\frac{\Sigma F_{iy}}{\Sigma F_{ix}}\right\} \tag{1·7}$$

上記の式は数学の約束として，$\beta=\tan^{-1}(R_y/R_x)$とも表示する．正弦，余弦等も同じ扱いをする．

異なる点に作用する平面内の力の合成は，以下の方法による．

力の作用線が平行でない場合：剛体に作用する力の作用点を作用線上で変えても

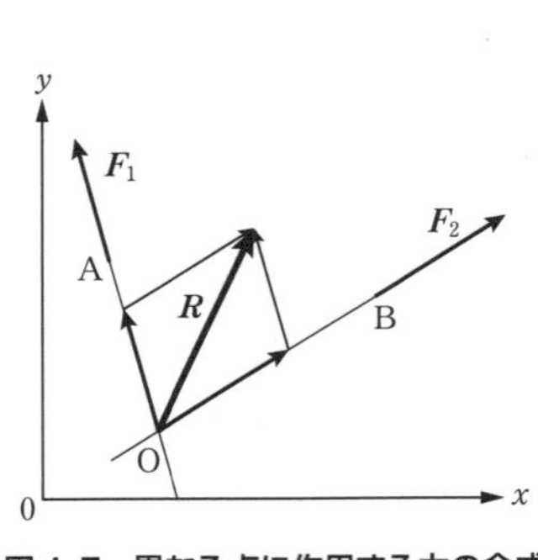

図 1･7 異なる点に作用する力の合成

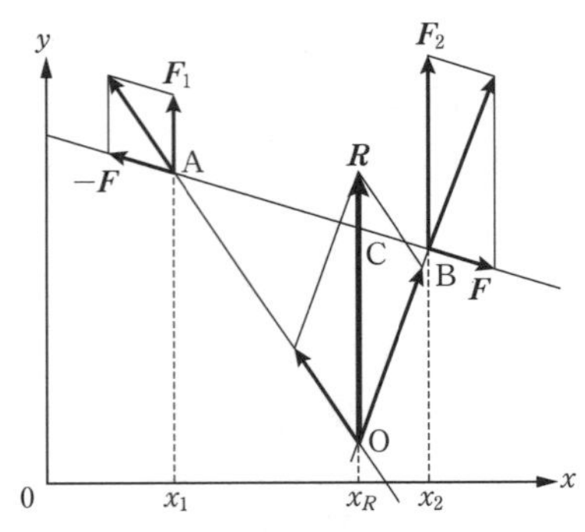

図 1･8 平行力の合成法

剛体の運動に影響しないので，図 1･7 に示すように，2 力 $\boldsymbol{F}_1$，$\boldsymbol{F}_2$ の作用点 A，B を作用線の交点 O まで移動し，1 点に作用する力として合成できる．合力の大きさ，作用方向は式(1･6)，式(1･7)による．

力の作用線が平行な場合：図 1･8 に示すように，同一作用線上に大きさ等しく逆向きの力 $\boldsymbol{F}$，$-\boldsymbol{F}$ を作用させ，平行でない 2 力としてから合成する．この場合，合力の大きさは 2 力の大きさの算術和となり，次の関係がある．

$$\frac{\mathrm{AC}}{\mathrm{BC}}=\frac{F_2}{F_1} \tag{1･8}$$

$$R=F_1+F_2,\ (多力の場合：R=\sum F_i) \tag{1･9}$$

また，$\mathrm{AB/BC}=(x_2-x_1)/(x_2-x_R)$ から，作用線位置は

$$x_R=\frac{F_1x_1+F_2x_2}{R},\ \left(x_R=\frac{\Sigma F_ix_i}{\Sigma F_i}\right) \tag{1･10}$$

となる．(　) 内は，多数の平行力 $\boldsymbol{F}_1$，$\boldsymbol{F}_2$，…，$\boldsymbol{F}_i$，…の場合を示す．

図 1･9(a)，(b)のように，力の向きによって合力の位置は変わる．なお，平行な作用線上に作用し，大きさ等しく逆向きの 2 力を**偶力**と呼び（図 1･10)，これら

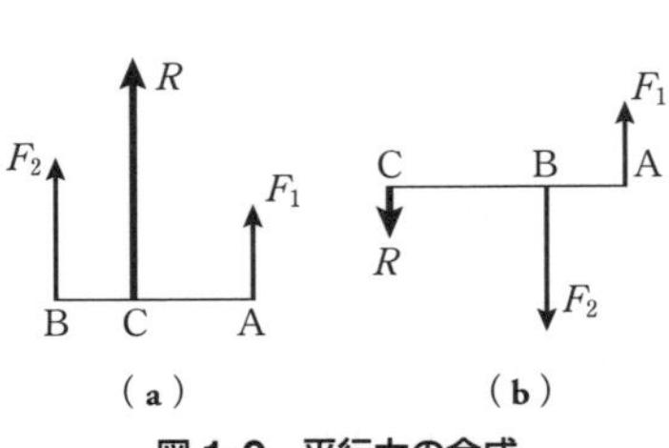

図 1･9 平行力の合成

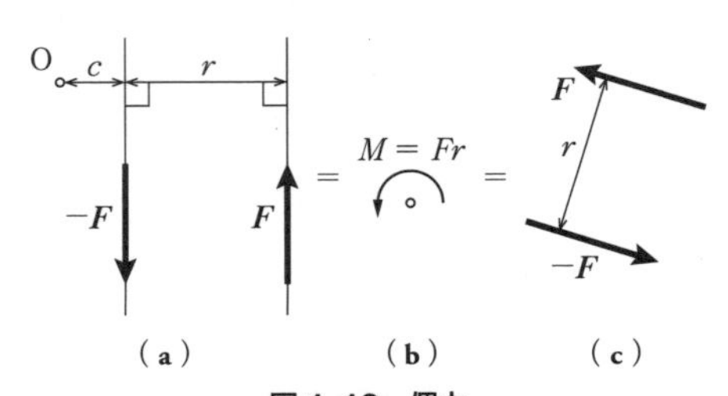

図 1･10 偶力

は合成できない．平面内にない力も次節の力のモーメントを用いて合成できる．

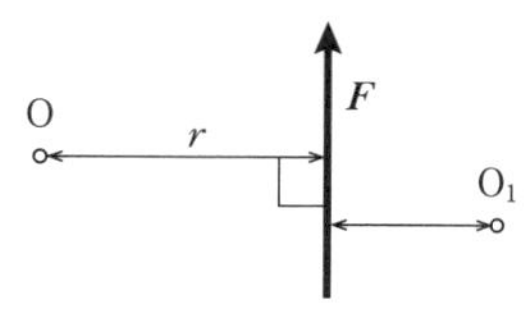

図 1·11　力のモーメント

1·1·4　力のモーメント

物体をある軸まわりに回転させようとする力 $\boldsymbol{F}$ の働きを**力のモーメント** $\boldsymbol{M}$ という．その大きさ M は，力の大きさ F とその軸から力の作用線へ下ろした垂線の長さ r の積，$M=Fr$ であり，反時計回転の働きをする場合を正とする．

図 **1·11** の力 $\boldsymbol{F}$ のモーメントは，O 点に対しては正，O_1 点に対しては負となる．なお，力のモーメントは力と長さの積であり，SI 単位では〔N·m〕となる．

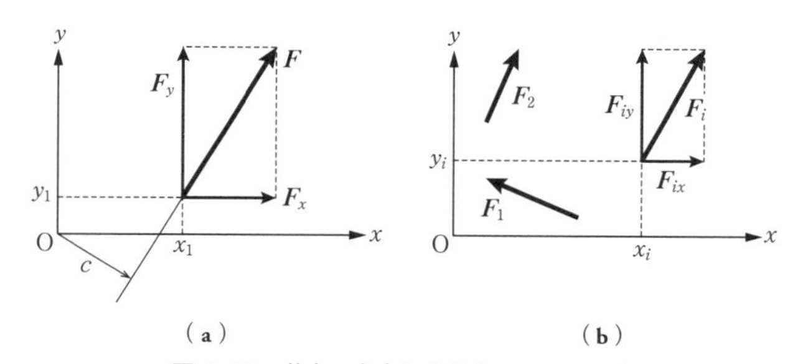

図 1·12　分力，多力による力のモーメント

また，分力によるモーメントの総和は，それらの力の合力によるモーメントの値に等しくなる．図 **1·12**(**a**)のように，力 $\boldsymbol{F}$ の x，y 方向分力を $\boldsymbol{F_x}$，$\boldsymbol{F_y}$ とすれば，原点 O まわりの $\boldsymbol{F}$ による力のモーメントは次のようになる．

$$M=Fc=-F_xy_1+F_yx_1 \tag{1·11}$$

なお，図 **1·12**(**b**)のような複数の力 $\boldsymbol{F_1}$，$\boldsymbol{F_2}$，…，$\boldsymbol{F_i}$，…による原点まわりのモーメントも同様に求められ，次のようなる．

$$M=\sum(F_{iy}x_i-F_{ix}y_i) \tag{1·12}$$

力のモーメントは，力と位置のベクトルの積であり，ベクトル量となる．また，偶力によるモーメントは軸 O の位置に無関係で，2 力の大きさと作用線間距離の積のみによって決まり，次のようになる（図 **1·10**）．

$$M=Fr \tag{1·13}$$

なお，偶力のかたちで力が作用するときの表示として，図 **1·10**(**b**)のような回転矢印を使うことが多い．$M=Fr$ のとき，図 **1·10**(**a**)と(**b**)は同じことを示している．また，偶力の性質から図**1･10**(**a**)と大きさ等しく，作用方向の異なる偶力である図**1･10**(**c**)も力学的に同じである．後述の図**1･13**も参照のこと．

等価力：剛体に対して元の力と同じ働きをする力や力のモーメントのことである．力や力のモーメントは図**1･13**に示すように，作用線上以外の場所の等価な力や力のモーメントに変換でき，図の(**a**)~(**c**)は力学的に等価な状態である．

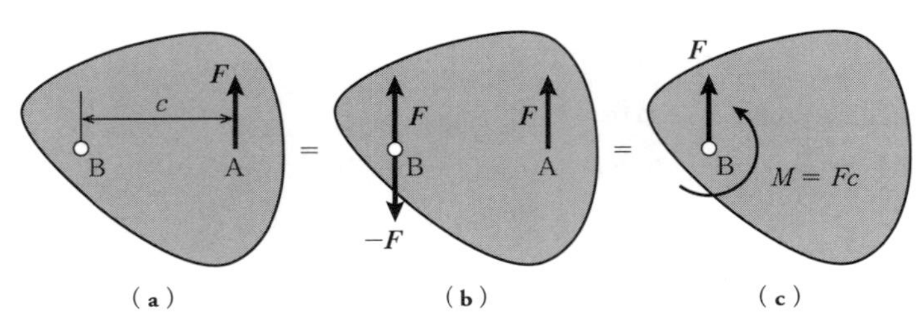

図1･13　等価力とその求め方

なお，式(**1･9**)，式(**1･10**)に示した合力$\boldsymbol{R}$も力$\boldsymbol{F}_1$，$\boldsymbol{F}_2$の等価力である．その作用線位置はある点（原点）まわりの個々の力$\boldsymbol{F}_1$，$\boldsymbol{F}_2$によるモーメントと等価力$\boldsymbol{R}$によるモーメントが等しくなる位置x_Rとなっていることが，式(**1･10**)の関係からわかる．多数の力の場合も同じである．また，平行でない力の場合も式(**1･11**)，式(**1･12**)により等価力と作用線位置を求められる（例題**1･4**，**1･5**参照）．なお，偶力$\boldsymbol{F}$，$-\boldsymbol{F}$の合力の作用線は無限遠と考えられる．

1･1･5　力および力のモーメントのつりあい

物体に作用する全作用力の合力$\boldsymbol{R}$および全作用力による合モーメント$\boldsymbol{M}$がともにゼロのとき，物体は**つりあい状態**にあるという．したがって，平面内に作用する力を$\boldsymbol{F}_1$，$\boldsymbol{F}_2$，$\boldsymbol{F}_3$，…，その大きさをF_1，F_2，F_3，…，それらのx，y方向成分の大きさをF_{1x}，F_{1y}，F_{2x}，F_{2y}，F_{3x}，F_{3y}，…，また，合力$\boldsymbol{R}$のx，y方向成分の大きさをR_x，R_y，これらの力による原点Oまわりのモーメントの大きさをMとすると，平面内の**つりあい条件式**としては，1点に力が作用する場合（図**1･14**），以下の2つの力のつりあい条件式が必要である．

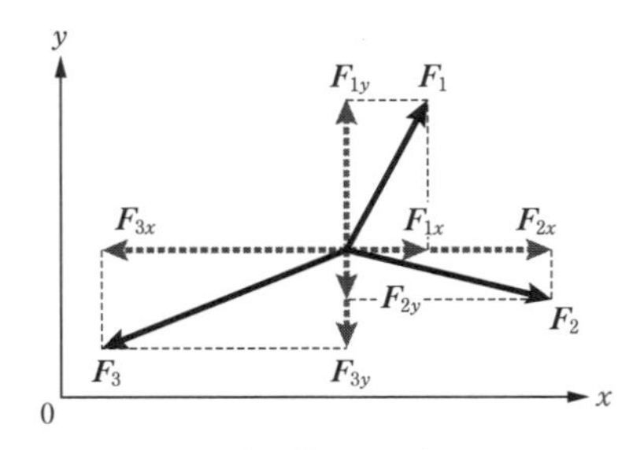

図1･14　1点に作用する力のつりあい

$$R_x = F_{1x} + F_{2x} + F_{3x} + \cdots = \sum F_{ix} = 0 \tag{1･14}$$

$$R_y = F_{1y} + F_{2y} + F_{3y} + \cdots = \sum F_{iy} = 0 \tag{1･15}$$

また，異なる点に力が作用する場合（図 **1･15**）には，上記 2 条件式に加えて

$$\begin{aligned} M &= F_{1y}x_1 - F_{1x}y_1 + F_{2y}x_2 - F_{2x}y_2 + \cdots \\ &= \sum (F_{iy}x_i - F_{ix}y_i) \\ &= \sum F_i(x_i \sin\theta_i - y_i \cos\theta_i) = 0 \end{aligned} \tag{1･16}$$

なるモーメントのつりあい条件も必要である．力の成分は座標の正方向を向くときを正，力のモーメントは反時計回転を正とすることを原則とするが，混乱しない範囲で独自の設定をする場合もある．原点はどこに設定してもかまわない．平面内にない力の場合には z 軸方向の条件を追加して考える（**1･1･6** 項参照）．

なお，物体に作用する力が式(**1･14**)，式(**1･15**)を満たさないとき，物体は平面内で平行移動し，式(**1･16**)を満たさないときには回転移動する．

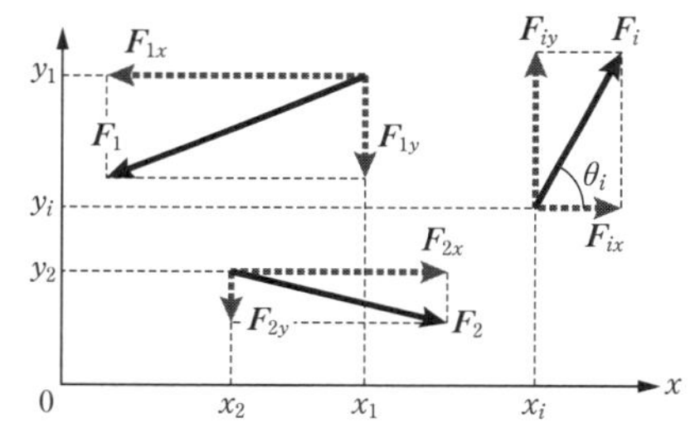

図 1･15　異なる点に作用する力のつりあい

1･1･6　3 次元系における力のシステム

図 **1･16**(**a**)に示すように，3 次元の物体の A 点に力が作用する場合には，直交座標を用いれば，力 $\boldsymbol{F}$ の**位置ベクトル**（物体や力の作用点などの基準点からの位置を示すベクトル）$\boldsymbol{r}$ は $\boldsymbol{r_x}$，$\boldsymbol{r_y}$，$\boldsymbol{r_z}$ に分解でき，力 $\boldsymbol{F}$ は，成分 $\boldsymbol{F_x}$，$\boldsymbol{F_y}$，$\boldsymbol{F_z}$ に分解できる．ここで位置ベクトル $\boldsymbol{r}$ の大きさとなる距離 $|\boldsymbol{r}|$ は $r = \sqrt{r_x{}^2 + r_y{}^2 + r_z{}^2}$，力 $\boldsymbol{F}$ の大きさは $F = \sqrt{F_x{}^2 + F_y{}^2 + F_z{}^2}$ である．

なお，力ベクトル $\boldsymbol{F}$ における，力方向を示す**単位ベクトル**（大きさ 1 のベクトル）$\boldsymbol{n_F}$ は，以下の式で表すことができる．

$$\boldsymbol{n_F} = \frac{F_x\boldsymbol{i} + F_y\boldsymbol{j} + F_z\boldsymbol{k}}{\sqrt{F_x{}^2 + F_y{}^2 + F_z{}^2}} \tag{1･17}$$

$\boldsymbol{i}$，$\boldsymbol{j}$，$\boldsymbol{k}$ はそれぞれ x 軸，y 軸，z 軸方向の単位ベクトルである．

また，点 O まわりの力のモーメント $\boldsymbol{M_O}$ は，点 O から点 A への位置ベクトル $\boldsymbol{r}$ と力 $\boldsymbol{F}$ との**外積**（**1･1･7** 項参照）で求めることができる．

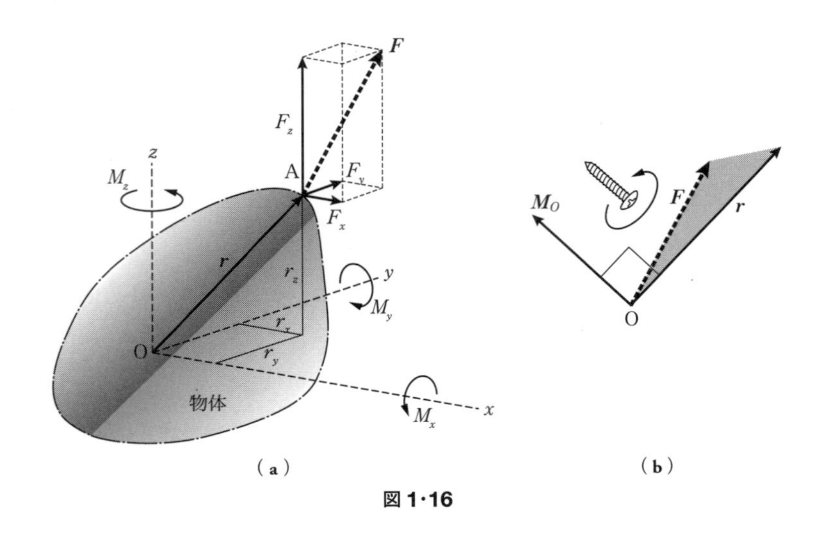

（a）　（b）

図 1・16

$$M_O = r \times F = \begin{vmatrix} i & j & k \\ r_x & r_y & r_z \\ F_x & F_y & F_z \end{vmatrix}$$
$$= (r_y \cdot F_z - r_z \cdot F_y)i + (r_z \cdot F_x - r_x \cdot F_z)j + (r_x \cdot F_y - r_y \cdot F_x)k \qquad (1 \cdot 18)$$

力のモーメントの方向は，図 1・16（b）に示すように，r ベクトルと F ベクトルの張る面に対して r ベクトルから F ベクトルへの**右ねじの法則**にしたがった方向となる．

ここで，任意の単位ベクトル方向 n に作用する力のモーメント M_O の値を求めるには，ベクトルの**内積**（1・1・7 項参照）を使用することによって，以下の式で求めることが可能である．

$$M_n = (M_O \cdot n)n \qquad (1 \cdot 19)$$

なお，内積の結果，$M_O \cdot n = M_{Ox} \cdot n_x + M_{Oy} \cdot n_y + M_{Oz} \cdot n_z$ はスカラーであり，式(1・19)は n 方向における x，y，z 方向の成分である．

3 次元における力および力のモーメントのつりあい式は，式(1・14)と式(1・15)，式(1・16)における x，y 方向に加えて z 方向のつりあいも必要となる．

$$\sum F = 0 \quad (\sum F_x = 0,\ \sum F_y = 0,\ \sum F_z = 0) \qquad (1 \cdot 20)$$

$$\sum M = 0 \quad (\sum M_x = 0,\ \sum M_y = 0,\ \sum M_z = 0) \qquad (1 \cdot 21)$$

位置ベクトルや力のベクトルは実際に存在して，その方向は自ら定めることができ，**極性ベクトル**と呼ばれる．一方，この2つの外積である力のモーメントの方向は右ねじの法則等により正の方向と決まる．このようなベクトルを**軸性ベクトル**と呼ぶ．この例からもわかるように，極性ベクトルと極性ベクトルの外積は，軸性ベクトルになる．2つの軸性ベクトルの外積は軸性ベクトルになり，極性ベクトルと軸性ベクトルとの外積は極性ベクトルとなる．

1·1·7 ベクトルの内積・外積および力と力のモーメントの関係

一般に物理量にはその大きさだけで決まる**スカラー量**（たとえば，質量，長さ，温度など）と大きさのほかに，その方向あるいは向きも定めなければ決まらない**ベクトル量**（力，力のモーメント，速度など）がある．前項までに説明してきたように，力は大きさだけでなく方向も定めなければ決まらないベクトル量である．力の性質，いわば物理的意味の取り扱いについては前項までに説明してきた．

しかし，複雑に作用する力学問題の解析には，ベクトル演算や行列演算などの数学的手法が欠かせない．そこで，本項においてベクトル演算の基本事項の概略を説明する．なお，行列演算の基本事項は**5**章にて説明する．ベクトル演算は，高校までにおいて学習してきた演算規則とは若干異なるところがあるので，以下の基礎事項を念頭に学習されたい．

内積：図**1·17**に示すように，ベクトル$\boldsymbol{A}$とベクトル$\boldsymbol{B}$が角度θをなすとき，これらの内積は$\boldsymbol{A}\cdot\boldsymbol{B}$と表す．その解がスカラー量となることから**スカラー積**とも呼ばれ，英語では inner product，あるいは dot product と呼ばれ，ベクトル$\boldsymbol{A}$とベクトル$\boldsymbol{B}$の間に dot（小さな点）を付ける．

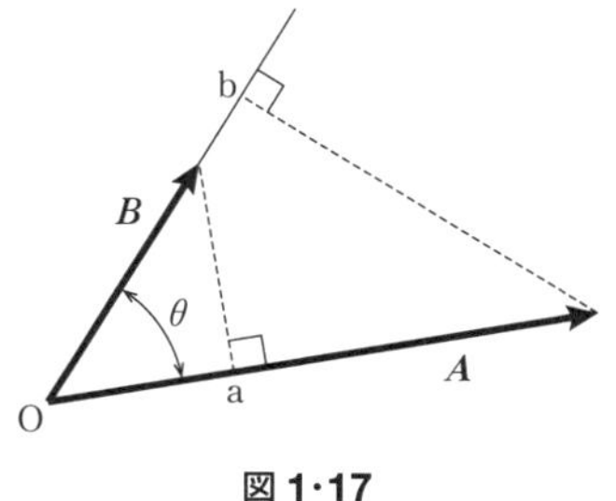

図 1·17

また，内積$\boldsymbol{A}\cdot\boldsymbol{B}$はベクトル間のなす角を用いて，次式で表すことができる．

$$\boldsymbol{A}\cdot\boldsymbol{B}=|\boldsymbol{A}||\boldsymbol{B}|\cos\theta \qquad (1\cdot22)$$

内積$\boldsymbol{A}\cdot\boldsymbol{B}$は，ベクトル$\boldsymbol{A}$の大きさ$|\boldsymbol{A}|$とベクトル$\boldsymbol{B}$の大きさ$|\boldsymbol{B}|$および，角度$\theta$の余弦の積であり，その解はスカラーとなる．

式(**1·22**)は図**1·17**で示すOaの長さと$|\boldsymbol{A}|$を掛けた値，あるいはObの長さと$|\boldsymbol{B}|$を掛けた値になる．さらに，成分表示にすると式(**1·23**)で表すことができる．ただし，$\boldsymbol{A}=(A_x,\ A_y,\ A_z)$，$\boldsymbol{B}=(B_x,\ B_y,\ B_z)$とする．

$$\boldsymbol{A}\cdot\boldsymbol{B}=A_xB_x+A_yB_y+A_zB_z \qquad (1\cdot23)$$

以上から，内積は以下の性質がある．

（1）　$\boldsymbol{A}\cdot\boldsymbol{B}=\boldsymbol{B}\cdot\boldsymbol{A}$ (1・24)

（2）　$\boldsymbol{A}\cdot(\boldsymbol{B}+\boldsymbol{C})=\boldsymbol{A}\cdot\boldsymbol{B}+\boldsymbol{A}\cdot\boldsymbol{C}$,　$(\boldsymbol{B}+\boldsymbol{C})\cdot\boldsymbol{A}=\boldsymbol{B}\cdot\boldsymbol{A}+\boldsymbol{C}\cdot\boldsymbol{A}$ (1・25)

（3）　$(c\boldsymbol{A})\cdot\boldsymbol{B}=\boldsymbol{A}\cdot(c\boldsymbol{B})=c(\boldsymbol{A}\cdot\boldsymbol{B})$（ただし，$c$ はスカラー） (1・26)

これからもわかるように，内積は普通の数の掛け算における交換法則，分配法則，結合法則は成り立つが，$C\neq 0$ のとき，$C\cdot A=C\cdot B$ が成り立っても必ずしも $A=B$ とはならない．すなわち，簡約法則は成り立たない．

外積：図 **1・18** に示すように，平行でないベクトル $\boldsymbol{A}$ とベクトル $\boldsymbol{B}$ があり，なす角を θ とすると，ベクトル $\boldsymbol{A}$ とベクトル $\boldsymbol{B}$ の外積は $\boldsymbol{A}\times\boldsymbol{B}$ と表す．

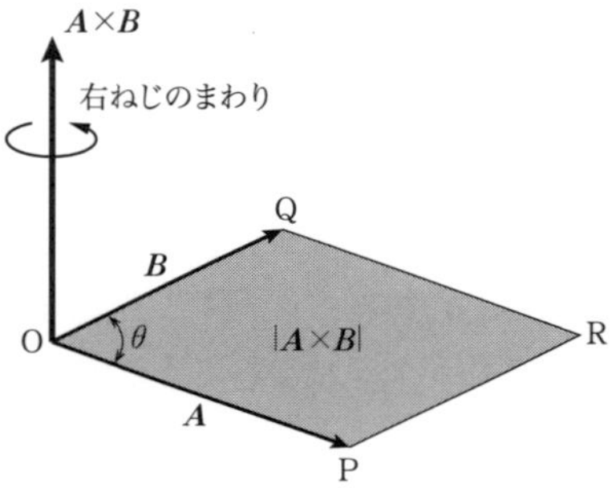

その解はベクトルとなることから，ベクトル積とも呼ばれ，英語では cross product あるいは outer product と呼び，ベクトル $\boldsymbol{A}$ とベクトル $\boldsymbol{B}$ の間に×を付ける．また，外積はベクトル間のなす角を用いて，その大きさは次式で表すことができる．

図 1・18

$$|\boldsymbol{A}\times\boldsymbol{B}|=|\boldsymbol{A}||\boldsymbol{B}|\sin\theta \tag{1・27}$$

外積の結果はベクトルであり，その大きさは図 **1・18** に示すベクトル $\boldsymbol{A}$ とベクトル $\boldsymbol{B}$ で作られる平行四辺形の面積に等しく，方向はその平面に対して直交する．向きはベクトル $\boldsymbol{A}$ をベクトル $\boldsymbol{B}$ の向きに回転させたとき，右ねじの進む向きとなる．すなわち，ベクトル $\boldsymbol{B}$ をベクトル $\boldsymbol{A}$ の向きに回転したとき，$(\boldsymbol{B}\times\boldsymbol{A})$ には向きが逆となる．

外積を成分で表すと，次式となる．ただし，$\boldsymbol{A}=(A_x,\ A_y,\ A_z)$，$\boldsymbol{B}=(B_x,\ B_y,\ B_z)$ とする．

$$\boldsymbol{A}\times\boldsymbol{B}=\begin{vmatrix}\boldsymbol{i} & \boldsymbol{j} & \boldsymbol{k}\\ A_x & A_y & A_z\\ B_x & B_y & B_z\end{vmatrix}=\begin{vmatrix}A_y & A_z\\ B_y & B_z\end{vmatrix}\boldsymbol{i}+\begin{vmatrix}A_z & A_x\\ B_z & B_x\end{vmatrix}\boldsymbol{j}+\begin{vmatrix}A_x & A_y\\ B_x & B_y\end{vmatrix}\boldsymbol{k}$$
$$=(A_yB_z-A_zB_y)\boldsymbol{i}+(A_zB_x-A_xB_z)\boldsymbol{j}+(A_xB_y-A_yB_x)\boldsymbol{k} \tag{1・28}$$

ここで，$\boldsymbol{i}$, $\boldsymbol{j}$, $\boldsymbol{k}$ はそれぞれ x 方向，y 方向，z 方向における単位ベクトルである．

以上から，外積は以下の基本性質がある．

（1）　$\boldsymbol{A} \times \boldsymbol{B} = -\boldsymbol{B} \times \boldsymbol{A}$　(1·29)

（2）　$\boldsymbol{A} \times (\boldsymbol{B} + \boldsymbol{C}) = \boldsymbol{A} \times \boldsymbol{B} + \boldsymbol{A} \times \boldsymbol{C},$

　　　$(\boldsymbol{B} + \boldsymbol{C}) \times \boldsymbol{A} = \boldsymbol{B} \times \boldsymbol{A} + \boldsymbol{C} \times \boldsymbol{A}$　(1·30)

（3）　$(c\boldsymbol{A}) \times \boldsymbol{B} = c(\boldsymbol{A} \times \boldsymbol{B})$（ただし，$c$ はスカラー）　(1·31)

これらからもわかるように，外積は普通の数の掛け算における分配法則は成り立つが，交換法則，結合法則は成り立たない．すなわち，$\boldsymbol{A} \times \boldsymbol{B} \neq \boldsymbol{B} \times \boldsymbol{A}$ であり，式(1·29)のように負号が付く．また，$\boldsymbol{A} \times (\boldsymbol{B} \times \boldsymbol{C}) \neq (\boldsymbol{A} \times \boldsymbol{B}) \times \boldsymbol{C}$ である．なお，内積と同じく，簡約法則も成り立たない．

力と力のモーメントへの応用：内積を取り扱う力学の問題の例として，力のなす**仕事**がある．力のなす仕事とは，力とその移動距離の積によって決まるスカラー量であり，その詳細は 4·1·2 節に示すが，内積の例としては以下のように説明できる．

図 1·19 に示すように，力 $m\boldsymbol{g}$ が真下に作用する鉄球をレールに取り付けられているローラで動かす．点 O から点 a まで動かすときに必要なローラの仕事 W は，以下の式となる〔図 1·19(b)参照〕．

$$W = m\boldsymbol{g} \cdot \boldsymbol{A} = m|\boldsymbol{g}||\boldsymbol{A}|\cos\theta \quad (1·32)$$

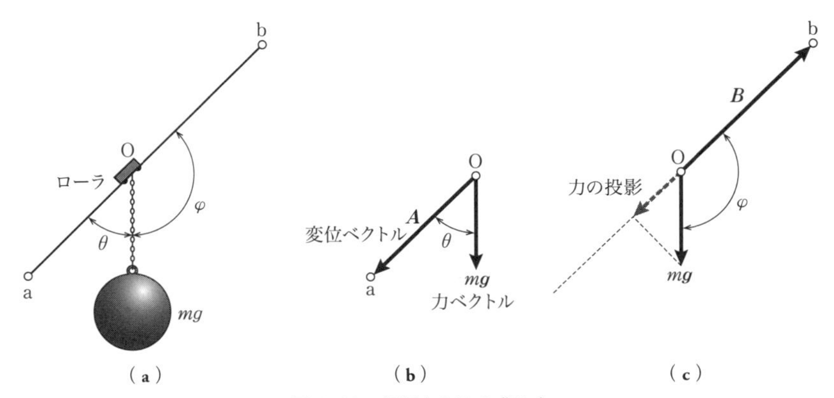

図 1·19　等価力とその求め方

すなわち，仕事は力のベクトル（スカラー m とベクトル $\boldsymbol{g}$ の積の値）と点 O から点 a までの変位ベクトル $\boldsymbol{A}$ の内積となる．角度 θ は 2 つのベクトルの始点を合わせたときの力のベクトルと**変位ベクトル**間の角度である．見方を変えると，式(1·32)の力 $m\boldsymbol{g}$ がした仕事は，ベクトル $\boldsymbol{A}$ 方向の力の成分と距離 Oa の積であることがわかる．また，点 O から点 b まで鉄球を動かすときの仕事は，同様に，力の

ベクトル mg と変位ベクトル B の内積で求めることができる．ただし，φ が 120° と仮定する場合には，ベクトル B 方向の力 mg の成分は負になるので，力 mg は負の仕事をすることになる．

次に外積を使うことで得られる力のモーメントについて示す．

図 1·20 はモンキーレンチでボルトを回す場合であり，モンキーレンチは xy 平面上にあると仮定する．ボルトをきつく締めるには，できるだけボルトから遠い柄の部分をもち，そこに柄に対して垂直に力を加える．ボルトの中心を原点 O とすると，ここに力のモーメントが作用し，その大きさと方向は位置ベクトル $\boldsymbol{r}$ と力のベクトル $\boldsymbol{F}$ の外積となる（掛ける順番が重要）．

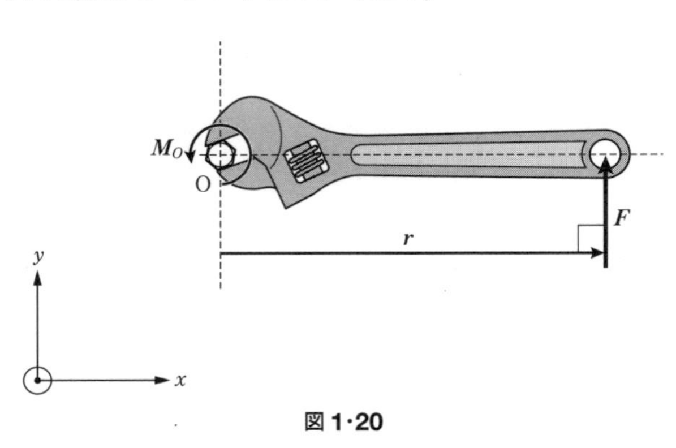

図 1·20

力のモーメントの大きさを求めるには式(1·33)で計算でき，ベクトルの方向を含めて計算するには式(1·34)を用いる．

$$|\boldsymbol{M}_O| = |\boldsymbol{r}||\boldsymbol{F}|\sin\theta = |\boldsymbol{r}||\boldsymbol{F}|\sin 90° = rF \tag{1·33}$$

$$\boldsymbol{M}_O = \boldsymbol{r}\times\boldsymbol{F} = \begin{vmatrix} \boldsymbol{i} & \boldsymbol{j} & \boldsymbol{k} \\ r & 0 & 0 \\ 0 & F & 0 \end{vmatrix} = (rF)\,\boldsymbol{k} \tag{1·34}$$

式(1·34)より，大きさは rF であり，力のモーメントの方向は $\boldsymbol{k}$ の方向，すなわち z 軸の方向（紙面から読者方向）に右ねじの回転で回ることを示している．

1·2 基本例題

【例題 1·1】 図 1·21 のような 3 力の合力 $\boldsymbol{R}$ を，作図および計算によって，それぞれ求めよ．ただし，F_1，F_2，F_3 を 100 N，80 N，50 N，また θ_1，θ_2，θ_3 を 30°，90°，135° とする．また n 個の力 $\boldsymbol{F}_1$，$\boldsymbol{F}_2$，…，$\boldsymbol{F}_n$ が作用したときの合力の一般式は，どのように表されるか．ただし，それぞれの力の作用線は，x 軸に対し

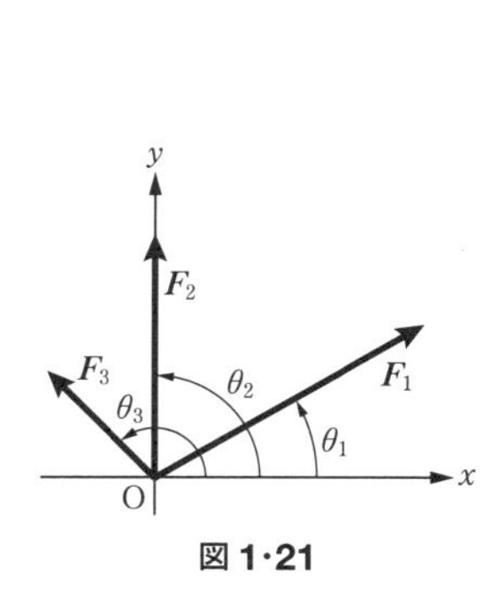

図 1·21

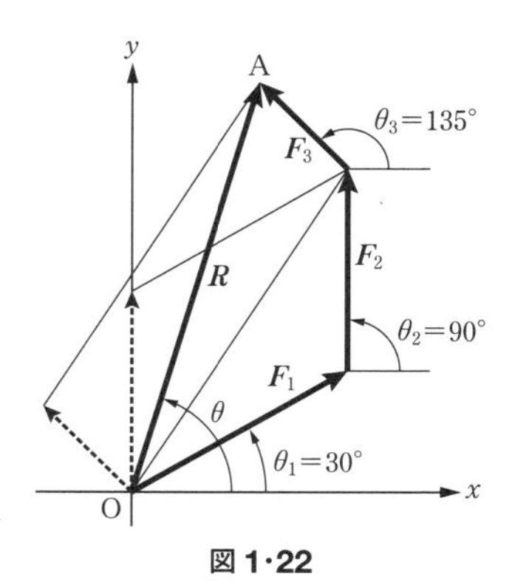

図 1·22

て θ_1，θ_2，…，θ_n の角度をもつものとする．

［**解**］ まず作図法により合力を求める．$\boldsymbol{F}_1$，$\boldsymbol{F}_2$，$\boldsymbol{F}_3$ の 3 力が 1 点に作用しているので，図 **1·22** で示すように，$\boldsymbol{F}_1$ の終点が $\boldsymbol{F}_2$ の作用点となるように $\boldsymbol{F}_2$ を平行移動する．$\boldsymbol{F}_3$ についても同様の作業を行い，$\boldsymbol{F}_1$ の作用点 O から $\boldsymbol{F}_3$ の終点 A までにいたるベクトルが合力となる．図中の $\boldsymbol{R}$ の線分の長さが合力の大きさを，線分の傾きが作用線の方向 θ を示している．

解析的に解くには，$\boldsymbol{F}_1$，$\boldsymbol{F}_2$，$\boldsymbol{F}_3$ を x，y 方向成分に分解して考える．合力 $\boldsymbol{R}$ の x 方向成分を $\boldsymbol{R}_x$，y 方向成分を $\boldsymbol{R}_y$ とすると，R_x，R_y は次式で表せる．

$$R_x = \sum_{i=1}^{3} F_{ix} = F_{1x} + F_{2x} + F_{3x} = F_1 \cos\theta_1 + F_2 \cos\theta_2 + F_3 \cos\theta_3$$

$$= 100 \cos 30^\circ + 80 \cos 90^\circ + 50 \cos 135^\circ = 51.2 \text{ N}$$

$$R_y = \sum_{i=1}^{3} F_{iy} = F_{1y} + F_{2y} + F_{3y} = F_1 \sin\theta_1 + F_2 \sin\theta_2 + F_3 \sin\theta_3$$

$$= 100 \sin 30^\circ + 80 \sin 90^\circ + 50 \sin 135^\circ = 165 \text{ N}$$

また合力 $\boldsymbol{R}$ の大きさと作用線の方向は，式(**1·6**)，式(**1·7**)より次のようになる．

$$R = \sqrt{{R_x}^2 + {R_y}^2} = 173 \text{ N}$$

$$\theta = \tan^{-1}\left(\frac{R_y}{R_x}\right) = 72.8^\circ$$

n 個の力 $\boldsymbol{F}_1$，$\boldsymbol{F}_2$，…，$\boldsymbol{F}_n$ が作用したときの合力 $\boldsymbol{R}$ の大きさは，式(**1·6**)に式(**1·5**)を代入すると，次のように表せる．

$$R = \sqrt{{R_x}^2 + {R_y}^2} = \sqrt{\left(\sum_{i=1}^{n} F_{ix}\right)^2 + \left(\sum_{i=1}^{n} F_{iy}\right)^2}$$

$$= \sqrt{\left(\sum_{i=1}^{n} F_i \cos\theta_i\right)^2 + \left(\sum_{i=1}^{n} F_i \sin\theta_i\right)^2}$$

また x 軸に対する作用線の方向 θ は次式となる．

$$\theta = \tan^{-1}\left(\frac{\sum_{i=1}^{n} F_i \sin\theta_i}{\sum_{i=1}^{n} F_i \cos\theta_i}\right)$$

【例題 1･2】 質量 m の物体を図 **1･23** のようにロープで吊るしたとき，それぞれのロープに生じる張力を求めよ．

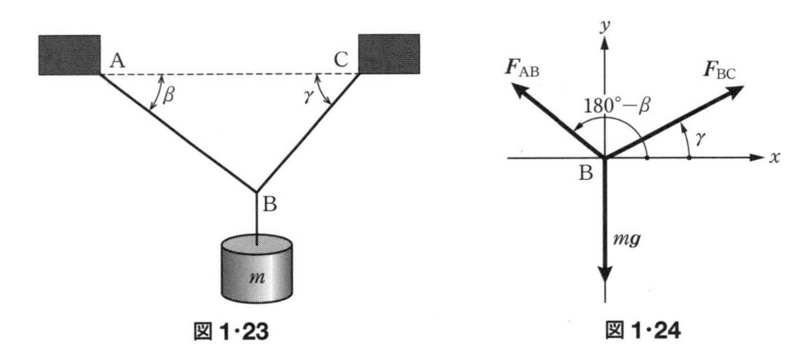

図 1･23　　**図 1･24**

［**解**］ 図 **1･24** は，点 B に作用する力をベクトルで表記したものである．物体に作用する力をベクトルで図示する方法を **Free Body Diagram**（F.B.D.）と呼ぶ．力を図示することで理解を深めることができる．

図 **1･24** に示す質量 m による重力とロープの張力 $\boldsymbol{F}_{AB}$，$\boldsymbol{F}_{BC}$ の 3 力はつりあいの状態にあるから，式(**1･14**)と式(**1･15**)を用いて次の 2 式を得る．

x 方向　$\sum F_{ix} = \sum F_i \cos\theta_i = F_{BC}\cos\gamma + F_{AB}\cos(180° - \beta) + mg\cos 270°$
$\qquad = F_{BC}\cos\gamma - F_{AB}\cos\beta = 0$

y 方向　$\sum F_{iy} = \sum F_i \sin\theta_i = F_{BC}\sin\gamma + F_{AB}\sin(180° - \beta) + mg\sin 270°$
$\qquad = F_{BC}\sin\gamma - F_{AB}\sin\beta - mg = 0$

この連立方程式を解くと，次のように張力 $\boldsymbol{F}_{AB}$，$\boldsymbol{F}_{BC}$ が得られる．

$$F_{AB} = \frac{\cos\gamma}{\sin(\beta+\gamma)} mg,\quad F_{BC} = \frac{\cos\beta}{\sin(\beta+\gamma)} mg$$

【例題 1·3】 図 **1·25** のように，質量 m の円柱がなめらかな垂直な壁と水平から θ 傾いた床の間にある．壁および床から受ける反力を F.B.D. を描いて求めよ．

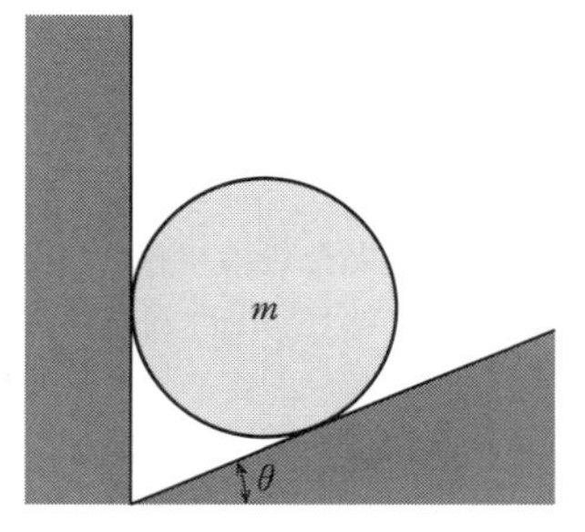

図 1·25

［解］ なめらかな面からの反力は接触面の法線方向に作用する．力の関係を F.B.D. で表すと，図 **1·26**（**a**）となる．

円柱の重力 mg と壁からの反力 $\boldsymbol{N}_\mathrm{A}$，$\boldsymbol{N}_\mathrm{B}$ は，つりあいの状態にあるから合力は 0 となり，作図上，最初の力の作用点と最後の力の終点が一致する必要がある．

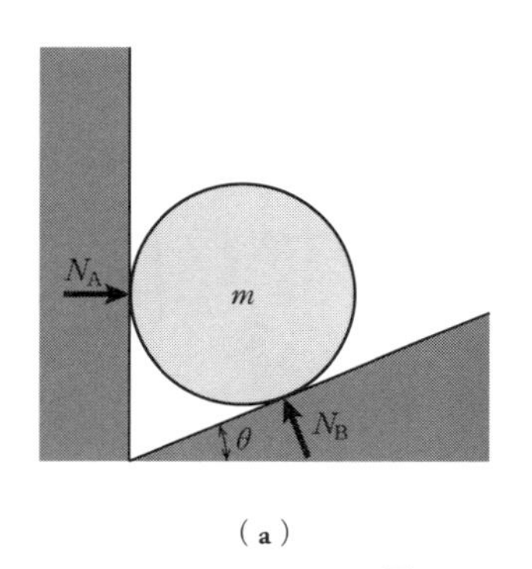

（a）

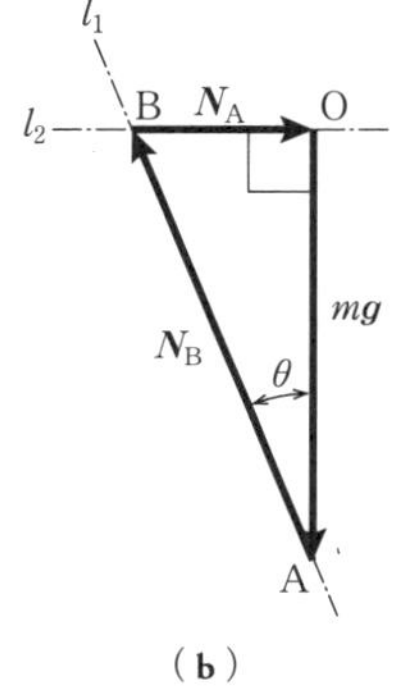

（b）

図 1·26

そこで図 **1·26**（**b**）に示すように，まず O 点から垂直下方に重力 mg に相当する線分をとる．次に壁の傾き θ を考慮して，A 点から OA に θ 傾いた直線 l_1 を引く．同様に垂直な壁を考慮し，O 点から OA に直角な直線 l_2 を引く．直線 l_1 と l_2 の交点を B とすると，ベクトル $\overrightarrow{\mathrm{AB}}$ が反力 $\boldsymbol{N}_\mathrm{B}$，またベクトル $\overrightarrow{\mathrm{BO}}$ が反力 $\boldsymbol{N}_\mathrm{A}$ になる．

また図 **1·26**（**b**）より，$\boldsymbol{N}_\mathrm{A}$，$\boldsymbol{N}_\mathrm{B}$ の大きさは次式で示される．

$$N_\mathrm{A} = mg \tan\theta$$

$$N_\mathrm{B} = \frac{mg}{\cos\theta}$$

【例題 1·4】 図 **1·27** のような異なる点に働く 2 力 $\boldsymbol{F}_1$，$\boldsymbol{F}_2$ の合力 $\boldsymbol{R}$ を求めよ．また，この 2 力と等価な力学系を原点 O において作るには，どのような力とモーメントを原点に作用させればよいか．

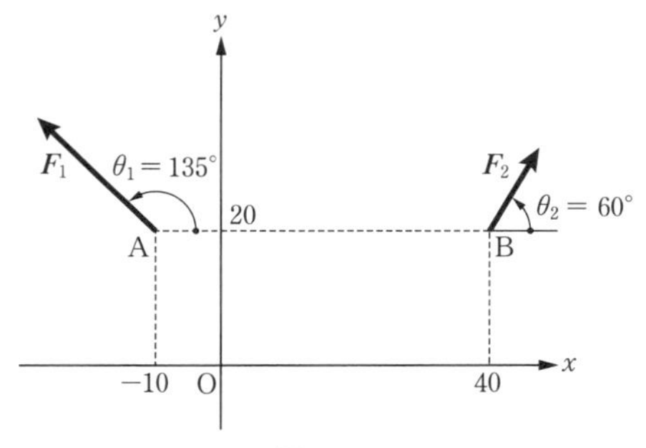

図 1·27

ただし，F_1，F_2 は，それぞれ 500 N，300 N とし，その方向 θ_1，θ_2 は 135°，60°，作用点 A，B の座標は A（－10，20），B（40，20），単位は mm とする．なお，モーメントは反時計回転を正とする．

［**解**］ 異なる点に働く力の合力を求める場合，その大きさ，作用線方向と作用線の位置を示す必要がある．合力 $\boldsymbol{R}$ の x，y 方向の成分をそれぞれ R_x，R_y とすると次式となる．

$$R_x = \sum_{i=1}^{n} F_i \cos\theta_i = F_1 \cos\theta_1 + F_2 \cos\theta_2$$

$$R_y = \sum_{i=1}^{n} F_i \sin\theta_i = F_1 \sin\theta_1 + F_2 \sin\theta_2$$

$F_1 = 500$ N，$F_2 = 300$ N，$\theta_1 = 135°$，$\theta_2 = 60°$ を代入すると次の値を得る．

$R_x = -203.6$ N，$R_y = 613.4$ N

この値を式(**1·6**)，式(**1·7**)に代入すると，合力 $\boldsymbol{R}$ の大きさと作用線の方向 θ は，次のようになる．

$$R = \sqrt{{R_x}^2 + {R_y}^2} = 646 \text{ N}$$

$$\theta = \tan^{-1}\left(\frac{R_y}{R_x}\right) = 108°$$

次に作用線の位置を求めるために，O 点まわりのモーメント M_O を求める．複数の力によるモーメントの総和は，以下に示すとおりであるから

$$M_O = \sum_{i=1}^{n} (F_{iy}x_i - F_{ix}y_i) = \sum_{i=1}^{n} (F_i \sin\theta_i \cdot x_i - F_i \cos\theta_i \cdot y_i)$$

それぞれ数値を代入して算出すると，次の値を得ることができる．

$$\begin{aligned} M_O &= \{500 \sin 135° \times (-10) - 500 \cos 135° \times 20\} \\ &\quad + \{300 \sin 60° \times 40 - 300 \cos 60° \times 20\} \\ &= 10.9 \times 10^3 \text{ N·mm} = 10.9 \text{ N·m} \end{aligned}$$

O 点まわりのモーメントは合力によるモーメントと等しい．ここで M_O の値は正であり，モーメントは反時計回転を正とするので，合力 $\boldsymbol{R}$ の方向 $\theta = 108°$ を考慮すると，合力の作用線は O 点の x 方向正側に位置することがわかる．いま O 点から合力までの腕の長さを l とおくと，l は次の値となる．

$$\begin{aligned} l &= \frac{M_O}{R} = 0.0169 \text{ m} \\ &= 16.9 \text{ mm} \end{aligned}$$

合力 $\boldsymbol{R}$ を図示すると，図 **1·28** という結果が得られる．

また 2 力と等価な力学系を原点 O において作るには，図 **1·13** と同様の考え方で O 点に合力ベクトル $\boldsymbol{R}$ と同じ向きの力 $\boldsymbol{R}$ と反対向きの力 $-\boldsymbol{R}$ を加える．実際に作用している合力 $\boldsymbol{R}$ と O 点における $-\boldsymbol{R}$ とは偶力の関係にあり，生ずるモーメントは上で求めた M_O である．

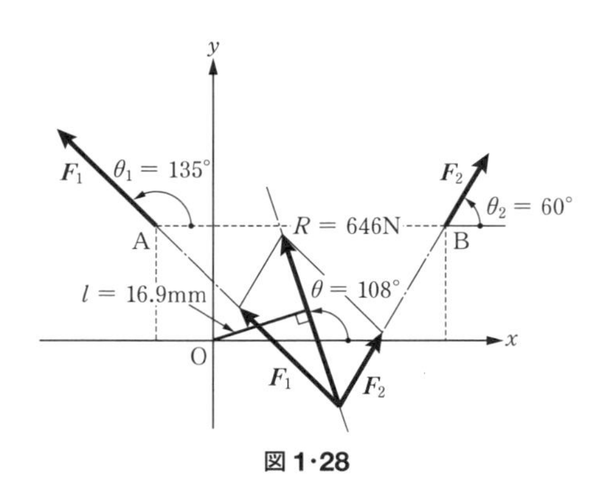

図 1·28

したがって，O 点に力 $\boldsymbol{R}$（大きさ 646 N，x 軸から 108° の方向）と反時計回転 10.9 N·m のモーメントを作用させると，図 **1·27** と等価な状態となる．

【例題 1·5】 縦 h，横 b の長さを有する長方形 OABC の剛体に，図 **1·29** に示すような力が作用している．この状態と等価な作用を A 点で行うには，どのような力とモーメントを作用させればよいか．また合力 $\boldsymbol{R}$ の O 点からの位置を求めよ．

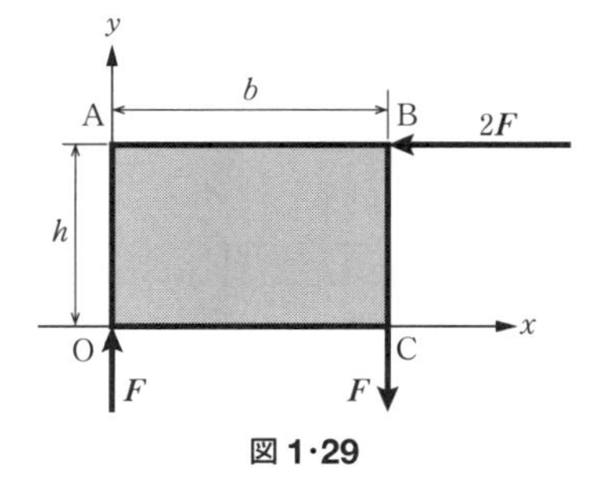

図 1·29

［**解**］ A 点での等価力を求めるには，まず合力を求める必要がある．A 点は B 点に働く力 $-2\boldsymbol{F}$ の作用線延長上にある．剛体内の力は作用線上の任意の位置に移動できるので，A 点に $-2\boldsymbol{F}$ が作用しているのと等価である．また O 点および C 点に働く 2 力は偶力であるから，この 2 力の合力は 0，また 2 力によるモーメントは $M = -Fb$ であり，剛体内のいずれの位置でも一定である．したがって，図 **1·29** に示した 3 力と等価な状態は，A 点に $-2\boldsymbol{F}$ の水平力と $-Fb$ のモーメントが作用していればよい（ただしモーメントは，反時計回転を正とする）．

O 点まわりのモーメント M_O は，B 点に働く力 $-2F$ によるモーメントと偶力によるモーメントの和であるから，以下のように表される．

$$M_O = 2F \cdot h - F \cdot b = F(2h - b)$$

M_O は合力 $\boldsymbol{R}$ によるモーメントと等しい．合力 $\boldsymbol{R}$ の大きさは $2F$，方向は x 軸に平行，負の向きであるから，O 点から合力までの腕の長さ l は次式となる．

$$l=\frac{M_O}{R}=\frac{F(2h-b)}{2F}$$

$$=h-\frac{b}{2}$$

したがって，合力 $\boldsymbol{R}$ は $2h>b$ のような剛体の形状では O 点より上方 l の位置に作用線があり，$2h<b$ のときは O 点より下方 l の位置に作用線がある．その結果を図 **1·30** に示す．

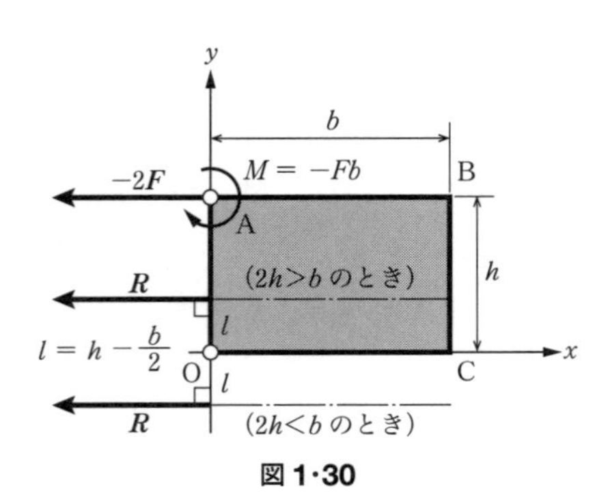

図 1·30

【例題 1·6】 図 **1·31**(**a**)，(**b**)のように，ハンドルでボルトを締める．このとき必要な力 $\boldsymbol{F}$ を求めよ．ただし，ボルトを締めるのに必要なモーメントは，いずれも 20 N·m とする．また，ハンドルの右側のみに力を作用させたときの必要な力 F を求めよ．

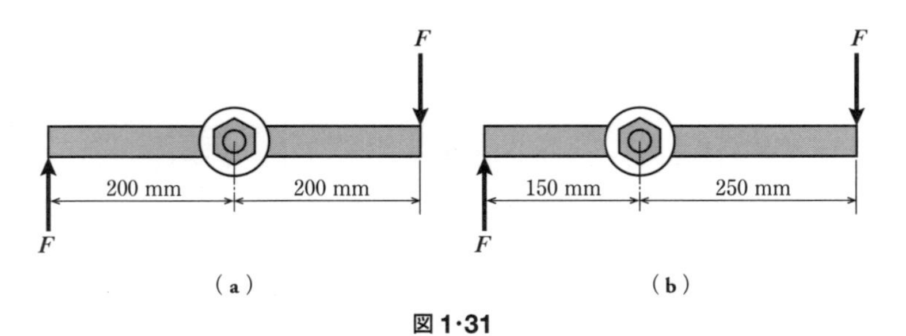

図 1·31

［**解**］ 図 **1·31**(**a**)，(**b**)両者とも，ハンドルに作用している 2 力は偶力であり，しかも 2 力間の距離 l は 400 mm と等しい．したがって偶力により生じるモーメントは $M=-Fl$ であり，両者とも締付け力 $\boldsymbol{F}$ は次のような値となる．

$$20\ \mathrm{N\cdot m}=-F\times 0.4\ \mathrm{m} \qquad \therefore \quad |F|=50\ \mathrm{N}$$

次にハンドルの右片側のみに力 $\boldsymbol{F}$ を作用させる場合，ボルトから $\boldsymbol{F}$ までの距離を l_1 とすると，ボルトに作用するモーメントは $M=-Fl_1$ であるから

図(**a**)の場合　$l_1=200$ mm より　$20\ \mathrm{N\cdot m}=-F\times 0.20\ \mathrm{m}$　$\therefore$　$|F|=100$ N

図(**b**)の場合　$l_1=250$ mm より　$20\ \mathrm{N\cdot m}=-F\times 0.25\ \mathrm{m}$　$\therefore$　$|F|=80$ N

という解が得られる．

【例題 1·7】 図 **1·32**(a)は，長さあたり均一な質量（ρ kg/m）の棒が，x 軸，y 軸，z 軸に沿って曲げられて，一端が壁に固定されている．この棒の質量により生ずる固定点 O における力のモーメントを求めよ．ただし，z 軸の負方向を重力の方向とする．

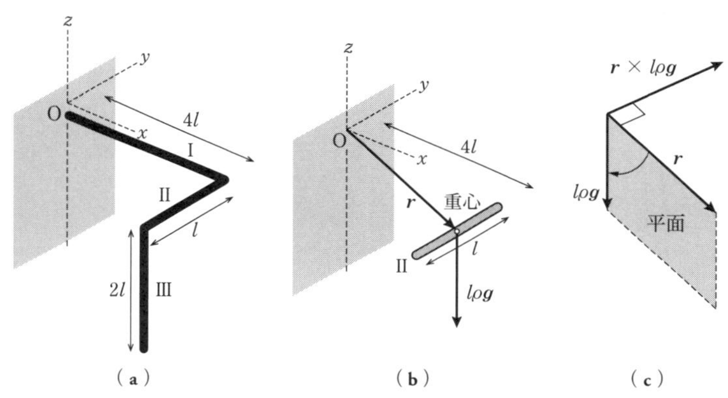

図 1·32　等価力とその求め方

［**解**］　全体の棒を 3 か所に分ける．部分 I は x 軸方向の棒であり，部分 II は y 軸方向の棒，部分 III は z 軸方向の棒とする．点 O における力のモーメントは，これら部分からの力のモーメントの総和となる．各か所における力のモーメントをそれぞれ求めると，表 **1·1** となる．表 **1·1** では $M = rF$ で算出しており，各部分の重心位置は棒の中央に位置し，そこに自重が集中するとしている．

表 1·1　線材による各軸まわりの力のモーメント

部分	x 軸まわり	y 軸まわり	z 軸まわり
I	0	$2l \times 4l\rho g$	0
II	$0.5l \times l\rho g$	$4l \times l\rho g$	0
III	$l \times 2l\rho g$	$4l \times 2l\rho g$	0
解	$2.5l^2\rho g$	$20l^2\rho g$	0

なお，ベクトルの外積である式(**1·18**)を使用すると，たとえば，部分 II が作用する力のモーメントを求めると，以下の式となり，表 **1·1** 中の部分 II と同じ結果になる．

$$\boldsymbol{M}_{\mathrm{IIO}} = \begin{vmatrix} \boldsymbol{i} & \boldsymbol{j} & \boldsymbol{k} \\ 4l & -0.5l & 0 \\ 0 & 0 & -l\rho g \end{vmatrix} = 0.5l^2\rho g\boldsymbol{i} + 4l^2\rho g\boldsymbol{j}$$

ここで，外積ベクトルの方向は右ねじの法則にしたがい，$\boldsymbol{r} \times \boldsymbol{F}$ では，$\boldsymbol{r}$ から $\boldsymbol{F}$

の方向へ回り，$\boldsymbol{r}$ と $\boldsymbol{F}$ の張る平面に直交する右ねじの方向に力のモーメントは生じる〔図 **1·32(c)**〕．部分 I および部分 III については，表 **1·1** と一致することを確かめてみよ．

【例題 1·8】 溶接された棒が図 **1·33(a)** のようにあり，点 A で回転可能なボールソケットジョイントにより xy 平面上で固定されており，点 B では y 方向のソケット穴に通した棒が y 方向のみに動ける状態で xy 平面に平行な面に固定される．

また，棒の点 E に外力 2 kN が作用した状態でワイヤを点 C から点 D へ接続して，図 **1·33(a)** に示すように安定した状態になっている．溶接棒の自重を無視できる場合に，CD のワイヤの張力および点 A からの反力を求めよ．

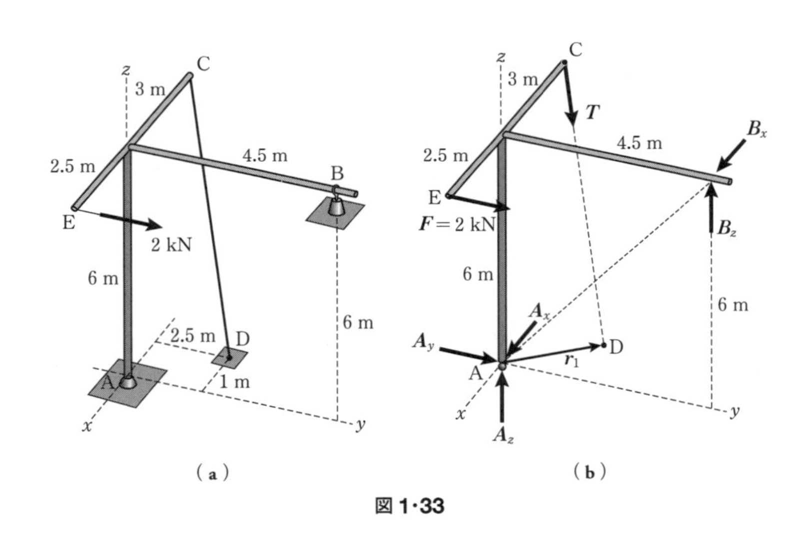

図 1·33

［解］ まず，棒に作用する F.B.D. を描くと，図 **1·33(b)** に示す通りである．点 A に作用する力と点 B に作用する力は，それぞれ 3 方向と 2 方向と求めるべき変数が多い．したがって，この点 A と点 B を結ぶ直線まわりの力のモーメントのつりあいを求めることによって，点 C に作用する力 $\boldsymbol{T}$ と点 E に作用する力 $\boldsymbol{F}$ のつりあい計算となり，力 $\boldsymbol{T}$ を求めることができる．力 $\boldsymbol{T}$ を求めることができれば，x 軸まわり，z 軸まわり，および x，y，z 方向の力のつりあいにより棒に作用するすべての力を求めることができる．

力 $\boldsymbol{T}$ における AB 軸まわりの力のモーメントを求める場合，位置ベクトルを求める必要があり，その際には位置ベクトルの始点はAB軸上のいずれの位置でもよく，終点は力の作用線上のいずれの位置でもよい．したがって，始点を点A（原点）とし，終点を点Dに設置することによって計算が簡易になる．このときの位置ベクトルを$\boldsymbol{r}_1$とすれば，AB軸まわりの力のモーメントは，以下の式で求めることができる．

$$M_{\mathrm{AB}} = \boldsymbol{r}_1 \times \boldsymbol{T} \cdot \boldsymbol{n}_{\mathrm{AB}}$$

上式はAB軸まわりに作用する力のモーメントである．ここで，外力$\boldsymbol{T}$をx，y，zに成分表示すると以下となる．

$$\boldsymbol{T} = \frac{T}{\sqrt{(-1+3)^2+(2.5-0)^2+(0-6)^2}}(2,\ 2.5,\ -6)$$

$$= \frac{T}{\sqrt{46.25}}(2\boldsymbol{i}+2.5\boldsymbol{j}-6\boldsymbol{k})$$

また，AB方向における単位ベクトル$\boldsymbol{n}_{\mathrm{AB}}$は以下となる．

$$\boldsymbol{n}_{\mathrm{AB}} = \frac{1}{\sqrt{4.5^2+6^2}}(0,\ 4.5,\ 6) = 0.6\boldsymbol{j}+0.8\boldsymbol{k}$$

位置ベクトル$\boldsymbol{r}_1 = -\boldsymbol{i}+2.5\boldsymbol{j}$となるため，AB軸まわりのモーメントは次式で求めることができる．

$$M_{\mathrm{AB}} = \boldsymbol{r}_1 \times \boldsymbol{T} \cdot \boldsymbol{n}_{\mathrm{AB}} = \frac{T}{\sqrt{46.25}}(-15,\ -6,\ -7.5)\cdot(0,\ 0.6,\ 0.8)$$

$$= \frac{-9.6T}{\sqrt{46.25}}$$

一方，点Eに作用する外力$F = 2$ kNがAB軸まわりへの力のモーメントを求めると，位置ベクトル$\boldsymbol{r}_2$をベクトルAEとすると，以下の式となる．

$$M'_{\mathrm{AB}} = \boldsymbol{r}_2 \times \boldsymbol{F} \cdot \boldsymbol{n}_{\mathrm{AB}} = 4000$$

したがって，AB軸まわりの力のモーメントはゼロでなければならず，$M_{\mathrm{AB}} + M'_{\mathrm{AB}} = 0$となり，$T = 2.83$ kNとなる．したがって，CDに作用する力Tのベクトル成分は以下となる．

$$\boldsymbol{T} = 833\boldsymbol{i} + 1042\boldsymbol{j} - 2500\boldsymbol{k}$$

よって，他の外力は次式で求めることができる．

［$\sum M_x = 0$］ $-6F - 6T_y + 4.5B_z = 0$より，$B_z = -4.06$ kN

［$\sum M_z = 0$］ $2.5F - 3T_y - 4.5B_x = 0$より，$B_x = 0.417$ kN

［$\sum F_x = 0$］ $A_x + T_x + B_x = 0$より，$A_x = -1.250$ kN

$[\sum F_y = 0]$ $A_y + F + T_y = 0$ より，$A_y = -3.04$ kN

$[\sum F_z = 0]$ $A_z + T_z + B_z = 0$ より，$A_z = -1.556$ kN

［補足］ 力 T における AB 軸まわりの力のモーメントを求める際の位置ベクトル AD をベクトル AB，ベクトル BD，あるいはベクトル BC へ変更しても解は変わらない．

1·3 演習問題

【問題 1·1】 ＿＿＿ に適切な語句を入れて，以下の文章を完結せよ．

① 力とは物体に作用し，物体の運動状態を変化させたり，物体を変形させる原因となる働きであり，(a) ＿＿＿，(b) ＿＿＿，(c) ＿＿＿，(d) ＿＿＿ を示すことで決まる物理量，すなわち (e) ＿＿＿ である．なお，力の作用方向を示す直線を (f) ＿＿＿ と呼ぶ．

② 質量 50 kg の物体に 3 m/s^2 の加速度を与える力は (g) ＿＿＿ N である．

③ 物理量の中で，大きさだけで決まる量をスカラー量，力のように大きさだけでは決まらない量をベクトル量と呼ぶ．以下の物理量のうちでベクトル量はどれか．質量，体積，速度，変位，エネルギー　　答 (h) ＿＿＿

④ 力はベクトルであるから，複数の力と等価な力をベクトルの定理を適用して求められる．たとえば，1 点に作用している方向の異なる 2 力 $\boldsymbol{F}_1$，$\boldsymbol{F}_2$ は，ベクトルの和に関する法則，(i) ＿＿＿ によって 1 つの力 $\boldsymbol{R}$ に置き換えられる（図 **1·3**）．また，逆に 1 つの力 $\boldsymbol{R}$ を 2 力 $\boldsymbol{F}_1$，$\boldsymbol{F}_2$ に分解できる．ここで，$\boldsymbol{R}$ を (j) ＿＿＿，$\boldsymbol{F}_1$，$\boldsymbol{F}_2$ を (k) ＿＿＿ と呼ぶ．3 つ以上の力が 1 点に作用する場合も同様である（図 **1·6**）．ここで最後の力の終点がはじめの力の始点に一致した場合，合力 $\boldsymbol{R}$ はゼロとなる．物体に作用する力の合力がゼロとなるとき，力は (l) ＿＿＿ の状態にあるという．

⑤ 剛体に作用している力の作用点を，その力の作用線上の他の点に移動させて作用させても，剛体の運動は変化 (m) ＿＿＿．また，元の力の作用線と平行な作用線上に移動させて作用させた場合には変化 (n) ＿＿＿．

【問題 1·2】 図 **1·34** のように，n 個の直径 d，質量 m の球が幅 $1.5d$ のなめらかな壁面の溝の中に入っている．一番下の球に生ずる水平反力 $\boldsymbol{N_x}$，垂直反力 $\boldsymbol{N_y}$ を求めよ．また質量 5 kg で 11 個の球が詰められている場合の水平，垂直反力はいくらか．

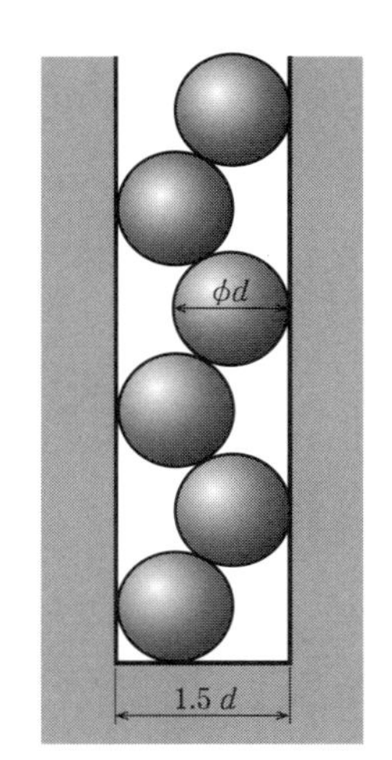

図 **1·34**

［**解**］ 上から（$n-1$）個目までのすべての球は，垂直な壁および下方に位置する球と接触し，それぞれに力を作用させている．まず図 **1·35**(**a**)に示した一番上の 1 個目の球について，壁（w 方向）への作用力 $\boldsymbol{N_{w1}}$ と 2 個目の球（c 方向）への作用力 $\boldsymbol{N_{c1}}$ を求める．いま 2 個目の球との接触角を θ とし，1 個目の球の重力 mg を w，c 方向に分解すると，それぞれの分力は次式となる．

$N_{w1}=$ (a) ［　　］，　$N_{c1}=$ (b) ［　　］

次に 2 個目の球の壁への作用力 $\boldsymbol{N_{w2}}$ と 3 個目への作用力 $\boldsymbol{N_{c2}}$ を求める．この場合には 2 個目の球の重力 mg を w，c 方向に分解するだけでなく，$\boldsymbol{N_{c1}}$ についても w，c 方向に分解し，mg と $\boldsymbol{N_{c1}}$ の w，c 方向成分の和がそれぞれ $\boldsymbol{N_{w2}}$ と $\boldsymbol{N_{c2}}$ に等しくなると考える．したがって N_{w2} と N_{c2} は，m，g および θ を用いて表すと次式となる．

$N_{w2}=$ (c) ［　　］，　$N_{c2}=$ (d) ［　　］

3 個目以降の球についても以上と同様に求められるが，1 つ下方の球へ与える c 方向の分力は $mg/\sin\theta$ ずつ増加していき，最後，n 個目に与える（$n-1$）個目からの外力 $\boldsymbol{N_{c(n-1)}}$ は，$N_{c(n-1)}=$ (e) ［　　］ となる．いま一番底の球に作用する反力 N_x，N_y を図 **1·35**(**b**)のようにおくと，N_x，N_y，重力 mg と $N_{c(n-1)}$ は力のつ

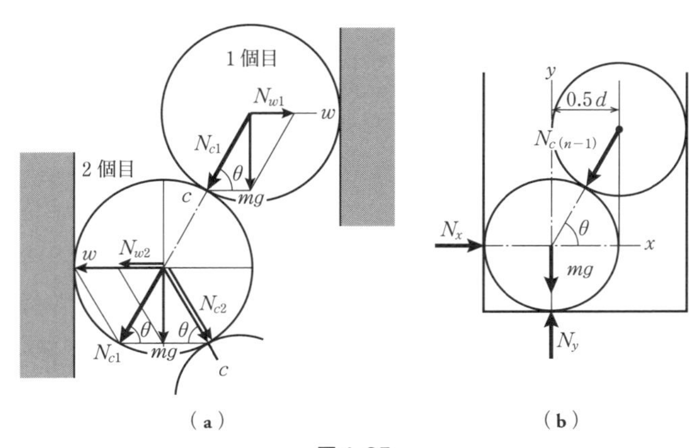

図 **1·35**

りあいの状態にある．そこで x，y 方向の力のつりあいの条件から

x 方向　$N_x \cos 0° + N_y \cos 90° + N_{c(n-1)} \cos(180° + \theta) + mg \cos 270° = 0$

y 方向　$N_x \sin 0° + N_y \sin 90° + N_{c(n-1)} \sin(180° + \theta) + mg \sin 270° = 0$

なる2つの式が得られ，$N_{c(n-1)}$ を代入すると N_x，N_y が求まる．

$$N_x = \text{(f)}\ \boxed{},\qquad N_y = \text{(g)}\ \boxed{}$$

下方の球と接触する角度 θ は，図 **1·35**(**b**)より $\cos\theta = 0.5d/$ (h) $\boxed{}$ となり，θ は (i) $\boxed{}$ ° である．したがって，質量 m が 5 kg で 11 個の球が詰められている場合の反力を求めると，$N_x =$ (j) $\boxed{}$，$N_y =$ (k) $\boxed{}$ となる．

【問題 1·3】 図 **1·36** のように，等間隔に3つの力 $\boldsymbol{P}$ がロープに作用している．中央のたわみが δ_0 のとき，他の力の作用点のたわみ δ を求めよ．

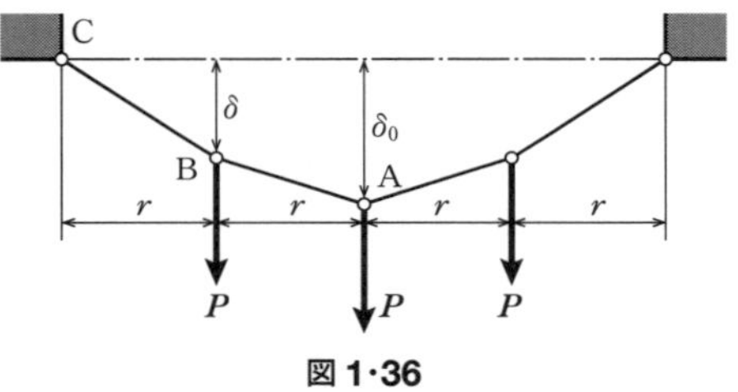

図 1·36

［**解**］ 図 **1·36** に示した3力は，A 点に対して左右対称である．そこで，まず A 点の力のつりあいを考える．図 **1·37**(**a**)に示すように，AB 間の張力を $\boldsymbol{F}_1$，ロープ AB が水平となす角を θ_1 とする．このとき，$\tan\theta_1$ は δ，δ_0 を用いて

$$\tan\theta_1 = \text{(a)}\ \boxed{}/r \qquad \cdots (1)$$

となる．A 点における x 方向の力のつりあいは，左右対称より明らかに成り立つ．そこで y 方向のつりあいを考えると次式が得られる．

$$2\times \text{(b)}\ \boxed{} - P = 0 \qquad \cdots (2)$$

式(**2**)より $F_1 =$ (c) $\boxed{}$ $\qquad \cdots$ (**3**)

次に図 **1·37**(**b**)に示すように，BC 間の張力を $\boldsymbol{F}_2$，ロープ BC が水平となす角を θ_2 とすると，θ_2 と δ の関係は次式となる．

$$\tan\theta_2 = \text{(d)}\ \boxed{}/r \qquad \cdots (4)$$

B 点の力のつりあいを x，y 方向で考えると，次の2式が得られる．

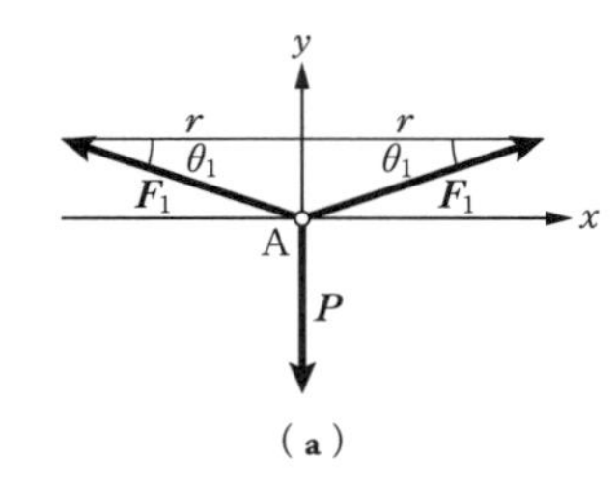

(a)

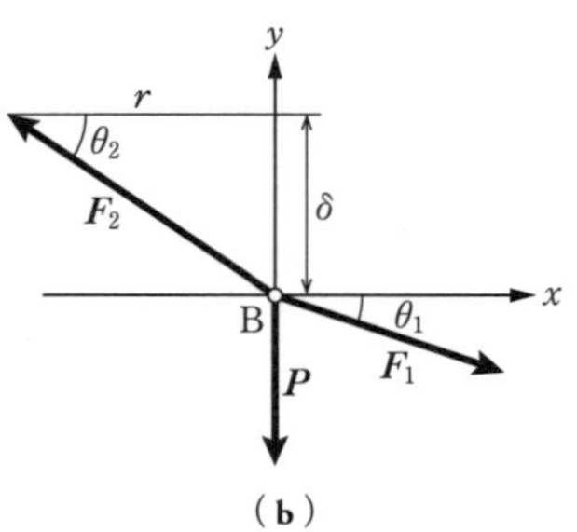

(b)

図 1·37

x 方向のつりあいより

$$F_1 \cos\theta_1 - {}^{(e)}\boxed{} = 0 \quad \cdots (5)$$

y 方向のつりあいより

$$^{(f)}\boxed{} + F_2 \sin\theta_2 - P = 0 \quad \cdots (6)$$

式(3)，式(5)および式(6)を用いて，F_1，F_2 および P を消去し，θ_1，θ_2 のみの関係を求めると次式が得られる．

$$\tan\theta_2/\tan\theta_1 = {}^{(g)}\boxed{}$$

ここで式(1)，式(4)の関係をこの式に代入し整理すると，以下の解が得られる．

$$\delta = {}^{(h)}\boxed{}\,\delta_0$$

【問題 1·4】 図 1·38 のように，滑車を介したスライダによって質量 m の物体を引き上げる．スライダに作用させる力 $\boldsymbol{F}$ と角度 θ の関係を求めよ．

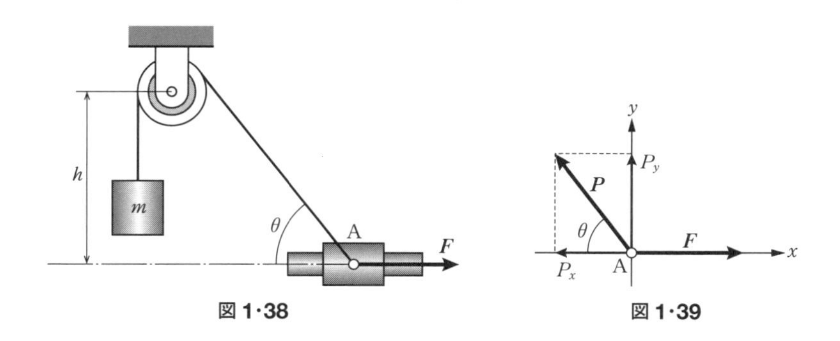

図 1·38　　図 1·39

［解］ ロープの張力を $\boldsymbol{P}$ とすると，$\boldsymbol{P}$ は滑車を介して質量 m の物体の重力とつりあっているから $P = {}^{(a)}\boxed{}$ である．

次に，スライダの点 A に作用する力は図 1·39 のようになり，このうちロープの張力 $\boldsymbol{P}$ の y 方向成分 P_y は，レールからスライダが受ける ${}^{(b)}\boxed{}$ とつりあわなければならない．また x 方向のつりあいは次式のように表せる．

$$F - P_x = 0$$

P_x は θ を使って $P_x = {}^{(c)}\boxed{}$ と表せ，F と m，θ の関係は次式となる．

$$F = {}^{(d)}\boxed{}$$

【問題 1·5】 図 1·40 のように，ロボットアームの先端が物体からの水平力 $\boldsymbol{F}$ を受けた．アームの付け根 O 点における力 $\boldsymbol{F}$ の等価力 $\boldsymbol{F_0}$ および M_0 を求めよ．

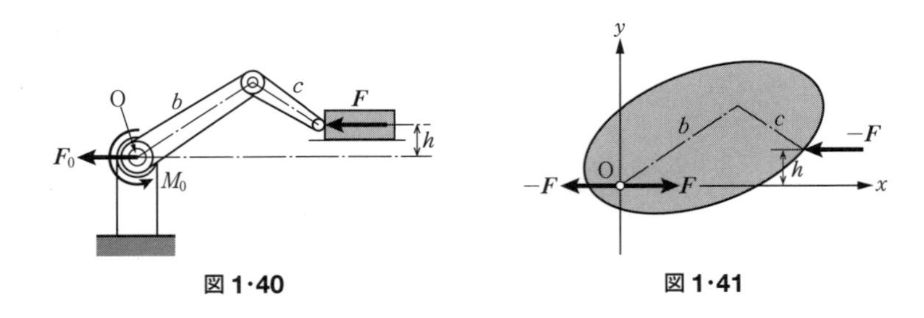

図 1·40　　図 1·41

［解］ ロボットアームを剛体と考えれば，図 **1·40** は図 **1·41** と同じである．この問題は先に示した図 **1·13** と同様の考え方で解くことができ，寸法 b, c, h のうち，(a) ＿＿＿ だけが必要寸法となる．いまO点にアーム先端の力と同じ作用線方向で，たがいに向きが反対の2力 $\boldsymbol{F}$, $-\boldsymbol{F}$ を加える．このときO点に作用している $\boldsymbol{F}$ とアーム先端の力 $-\boldsymbol{F}$ は (b) ＿＿＿ の関係にあるので，2力によって生ずるモーメント M は反時計回転を正とすると $M=$ (c) ＿＿＿ となる．モーメント M は剛体内いずれの位置でも (d) ＿＿＿ であるから，O点にはモーメント M と (e) ＿＿＿ の力が働いていることと等価である．したがって，アーム先端に働く力 $-\boldsymbol{F}$ のO点における等価力は，$F_0=-F$ および $M_0=$ (f) ＿＿＿ となる．

【問題 1·6】 図 **1·42** のように，ベルトコンベヤに質量 m_1 と m_2 の荷物が載せられて静止している．ベルトをこの位置で静止させるには，半径 r のローラBにどれだけのモーメント M_B が必要となるかを求めよ．また m_1, m_2 がそれぞれ 50 kg，70 kg，ベルトの傾斜 θ が 30°，ローラの半径が 200 mm のとき，モーメント M_B はいくらか．ただし，モーメントの符号は反時計回転を正とする．

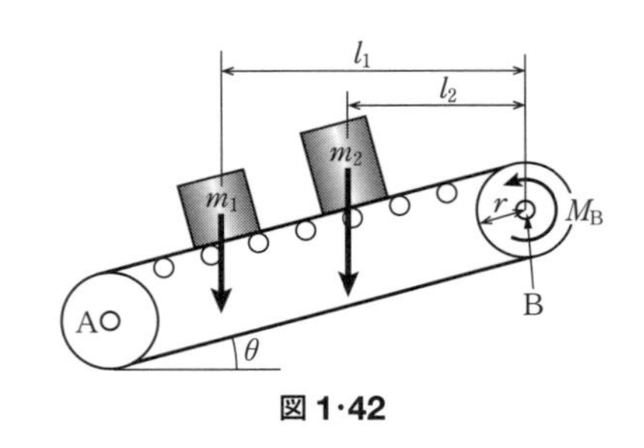

図 1·42

［解］ いま傾き θ が 0° のベルトコンベヤに m_1 と m_2 の荷物が載せられている場合，荷物の重力はベルトに (a) ＿＿＿ 方向のみに作用し，ベルトに (b) ＿＿＿ 方向の分力は生じない．したがって，モーメント M_B が (c) ＿＿＿ でもベルトは静止状態にある．しかしベルトを θ 傾けた場合，荷物の重力によるベルトに平行方向の分力が (d) ＿＿＿，ローラBに M_B を与えないと荷物は静止しない．したがって，この場合には荷物の平行方向分力によるローラ軸まわりのモーメントとつりあうだけ

のモーメント M_B をローラに作用させる必要がある．

図 **1·42** において，荷物 m_1，m_2 による重力をベルト面に垂直方向および平行方向に分解すると，図 **1·43** のようになる．このうちベルト面垂直方向分力 $\boldsymbol{F}_{1y}$，$\boldsymbol{F}_{2y}$ は，ベルト面からの垂直反力と (e) ☐ になる必要があるから，ローラに作用させるモーメント M_B とは関係が (f) ☐．

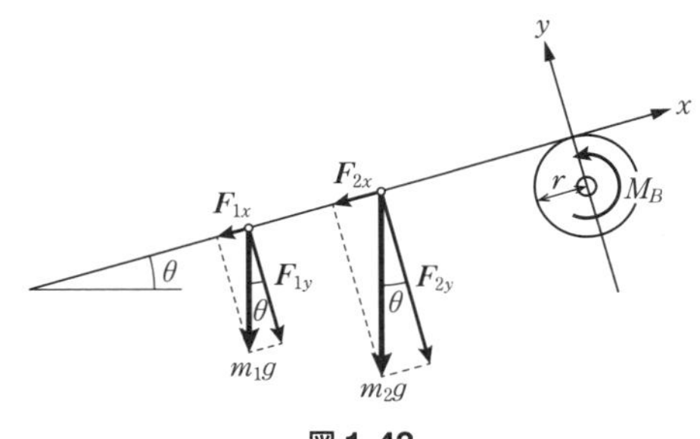

図 1·43

またベルトに平行方向の分力 $\boldsymbol{F}_{1x}$，$\boldsymbol{F}_{2x}$ は，θ を用いてそれぞれ次のようになる．

$F_{1x}=$ (g) ☐，　$F_{2x}=$ (h) ☐

ローラ B に作用させるモーメント M_B を図のような方向に仮定すると，ローラ軸におけるモーメントのつりあい方程式は次のようになる．

(i) ☐ $+M_B=0$

上式を整理して M_B を m_1，m_2，θ そして r を用いて求めると，次のように負の値となり，実際のモーメントは図に仮定した向きと逆向きでなければならないことがわかる．

$M_B=-$ (j) ☐

m_1，m_2 が 50 kg，70 kg，θ が 30°，ローラ半径が 200 mm のときのモーメントを算出すると $M_B=$ (k) ☐ となる．なお M_B の向きは (l) ☐ 方向である．

【問題 1·7】 図 **1·44** のような剛体に，力 $\boldsymbol{F}_1$，$\boldsymbol{F}_2$，モーメント M_1，M_2 が作用している．O 点で図と等価な状態を得るには，どのような力とモーメントを作用させる必要があるか．

［解］ O 点での等価力を求めるには，合力 $\boldsymbol{R}$ および O 点まわりのモーメントを求める必要がある．まず合力 $\boldsymbol{R}$ の x，y 方向成分を R_x，R_y とすると

$R_x=$ (a) ☐，　$R_y=$ (b) ☐

となり

合力 $\boldsymbol{R}$ の大きさは　$R=\sqrt{\text{(c)} ☐}$

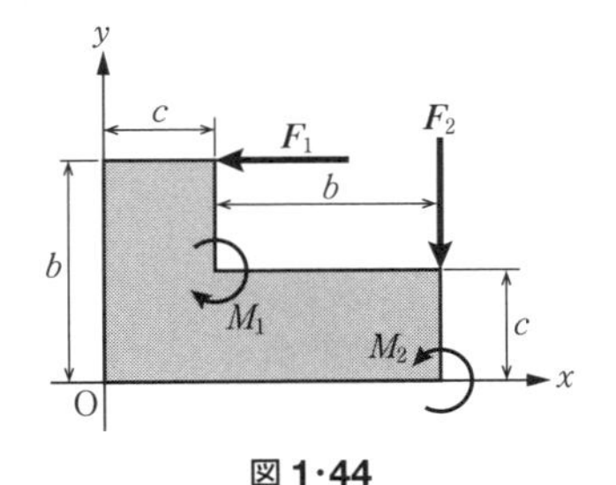

図 1·44

作用線の方向 θ は　　$\theta = \tan^{-1}($(d) □$)$

となる．

図示した F_1，F_2 の方向では，$\tan\theta$ は正，$\cos\theta = -$ (e) □ で負の値となる．よって R の方向は x 軸に対して $\pi + \theta$ となり，R の向きは (f) □ 下方向となる．

次に反時計回転を正とすると，O 点まわりのモーメント M_O は次式となる．

$M_O = F_1$ (g) □ $- F_2$ (h) □ $-$ (i) □ $+$ (j) □

また O 点から合力 R の作用線までの距離を h とすると $M_O = Rh$ となる．

いま O 点上に合力 R の作用線と同じ方向で，たがいに向きの反対な R，$-R$ の力を加えると，O 点上の力 (k) □ と実際の合力 R は偶力であり，この偶力によるモーメントは (l) □ に等しくなければならない．したがって，図 **1·44** で示した状態を O 点で作るには，O 点に力 R とモーメント M_O を作用させればよい．

【問題 1·8】 物体に平面内で m 個の力 F_1，F_2，…，F_m と n 個の力のモーメント M_1，M_2，…，M_n（回転軸は平面に垂直とする）が作用してつりあい状態にあるとき，① 任意の i 個の力の総和と残りの $m-i$ 個の力の総和の関係を求めよ．② 任意の j 個のモーメントと i 個の力による原点まわりのモーメントの総和と，残りの $n-j$ 個のモーメントと $m-i$ 個の力による原点まわりのモーメントの総和との関係を求めよ．

［解］ ① 物体の力のつりあいの式は次式となる．

$$\sum_{k=1}^{m} F_k = \text{(a)}\ \square \qquad \cdots (1)$$

この式の左辺は $\sum_{k=1}^{m} F_k = \sum_{k=1}^{i} F_k + \sum_{k=i+1}^{m} F_k$ と表せる．ここで，力の番号は任意につけられるから，上式右辺の (b) □ は，任意の i 個の力の合力 R_i を，(c) □ は残りの $m-i$ 個の力の合力 R_{m-i} を意味する．よって式(**1**)より次式が得られる．

$R_i =$ (d) □

したがって R_i と R_{m-i} とは，大きさは (e) □，向きが (f) □ となる．

② 原点からある力 F_k の作用線までの (g) □ を r_k とすると，原点まわりのモーメントのつりあいの式は次式となる．

$$\sum_{k=1}^{m} F_k \cdot r_k + \sum_{k=1}^{n} M_k = 0 \qquad \cdots (2)$$

上式のうち，力によって O 点に作用するモーメントの総和は次式で表される．

$$\sum_{k=1}^{m} F_k \cdot r_k = \sum_{k=1}^{i} F_k \cdot r_k + \sum_{k=i+1}^{m} F_k \cdot r_k$$

力およびそれに対応する腕の長さの番号は任意につけられるから，上式の右辺の中で (h) [　　] は任意の i 個の力によるモーメントの和 M_i，また (i) [　　] は残りの $m-i$ 個の力によるモーメントの和 M_{m-i} を意味する．同様にして，n 個のモーメントの総和も任意の j 個の和 M_j と残り $n-j$ 個の和 M_{n-j} を用いて，以下のように表せる．

$$\sum_{k=1}^{n} M_k = \sum_{k=1}^{j} M_k + \sum_{k=j+1}^{n} M_k = \text{(j)}\ \boxed{}$$

したがって M_i，M_{m-i}，M_j および M_{n-j} を式(2)に代入すれば次式となり，

$$M_i + M_j = -(\text{(k)}\ \boxed{})$$

$(M_i + M_j)$ と $(M_{m-i} + M_{n-j})$ とは，大きさが (l) [　　]，向きが (m) [　　] になる．

【問題 1·9】 図 1·45 のように，質量 m の物体をロープで吊るした．ロープに生ずる張力 F_{AB}，F_{BC} を求めよ．

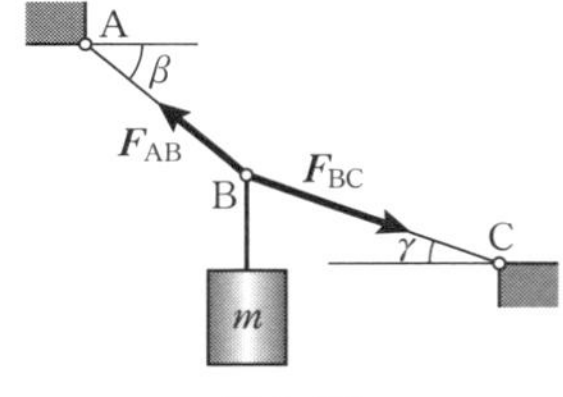

図 1·45

【問題 1·10】 図 1·46 のように，質量 m の円柱がなめらかな壁の間に置かれている．両方の壁から受ける反力 N_A，N_B を求めよ．

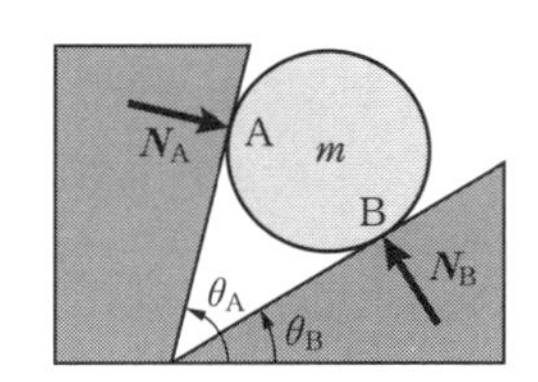

図 1·46

【問題 1·11】 図 1·47 のように，摩擦のない滑車を介して 2 つの物体が吊るされ，角度 θ の状態でつりあっている．この物体の質量 m_1 と m_2 の比を求めよ．

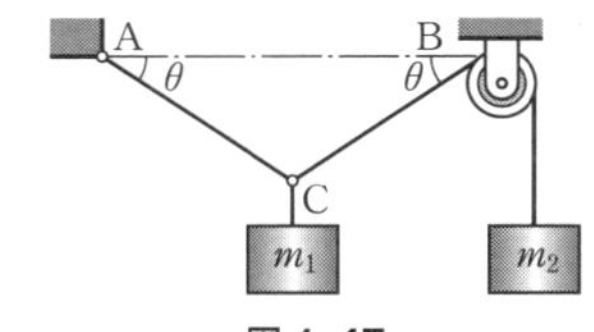

図 1·47

【問題 1·12】 図 1·48 のようなピストン・クランク機構において，ピストンに作用した力 P とつりあわせるためには，クランク軸 O にどれだけのモーメント M を作用させなければならないか．

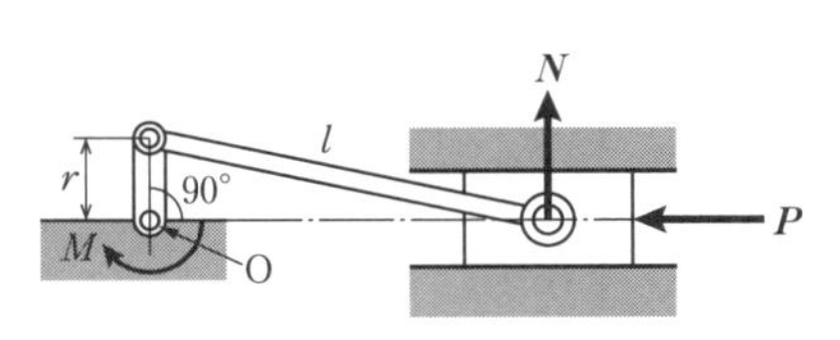

図 1·48

また，このときピストンの壁面に作用する力 N はいくらか．モーメントは反時計回転を正とする．

【問題 1·13】 図 1·49 のように，質量 m_1 の物体をドラム（半径 r）に，また質量 m_2 の物体をドラムに固定された長さ l の棒の先端に吊るしたとき，ドラムが θ だけ回転してつりあった．このとき，m_1/m_2 を θ，r および l を用いて表せ．

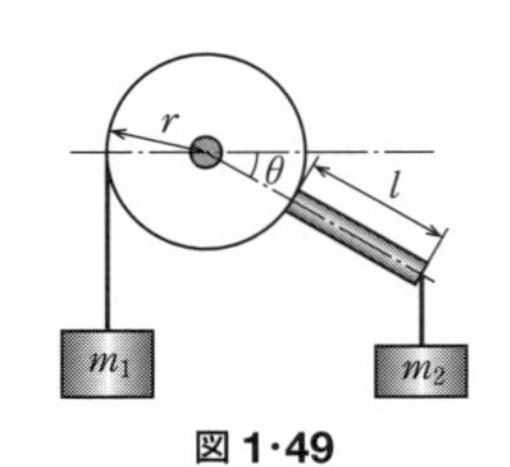

図 1·49

【問題 1·14】 1辺2 m の正三角形の剛体に，図 1·50 のような3力が作用している．このときの合力 R の大きさ，向きおよびC点からの作用線の位置を求めよ．

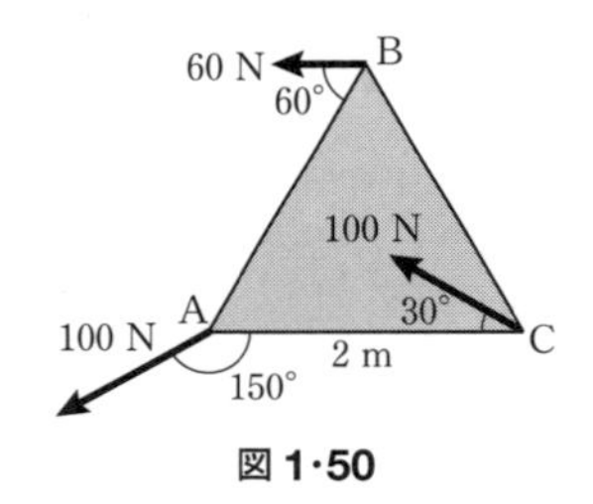

図 1·50

【問題 1·15】 図 1·51 のように，棒状の剛体 AB の A 点がロープで天井に連結されている．いま剛体の中央に質量 m の物体を吊るし，B 点に水平力 F を作用させたとき，図中の角度 β，θ およびロープの張力 F_{AO} を求めよ．また質量 20 kg，水平力 300 N のときのこれらの値を求めよ．ただし，剛体の質量はないものとする．

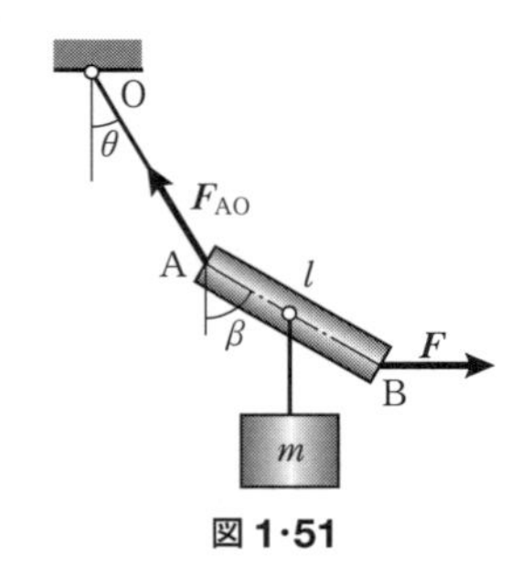

図 1·51

【問題 1·16】 図 1·52 のように，コの字形の部材がボルトとナットで固定されている．この部材の先端に図に示すような力 F が作用したとき，F による O 点でのモーメント M を求めよ．ただし，モーメントは反時計回転を正とする．

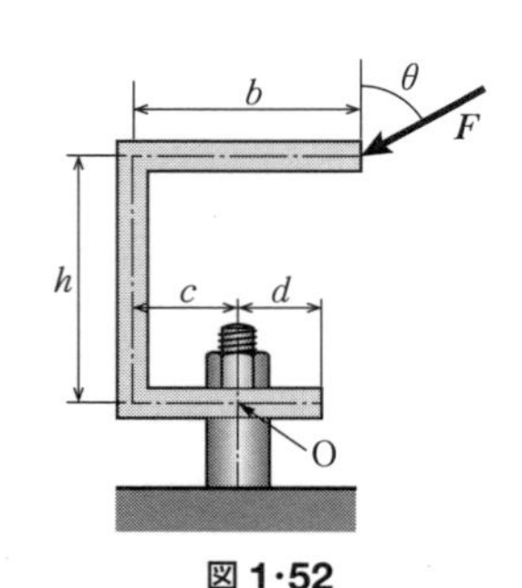

図 1·52

【問題 1·17】 図 1·53 のような円形偏心カム機構がある．A 部は固定され，質量 m の物体を載せた B 部は，円形偏心カムの回転により上下に動く．いま偏心量 e，半径 r のカムが，図に示した回転角 θ の位置で B 部の C 点と接触し静止しているとき，カム軸 O

にいくらのモーメントMを作用させる必要があるか．またθが45°のとき，カム軸Oに＋0.5 mgeなるモーメントを作用させた．カムの回転方向を求めよ．ただし，モーメントは反時計回転を正とする．

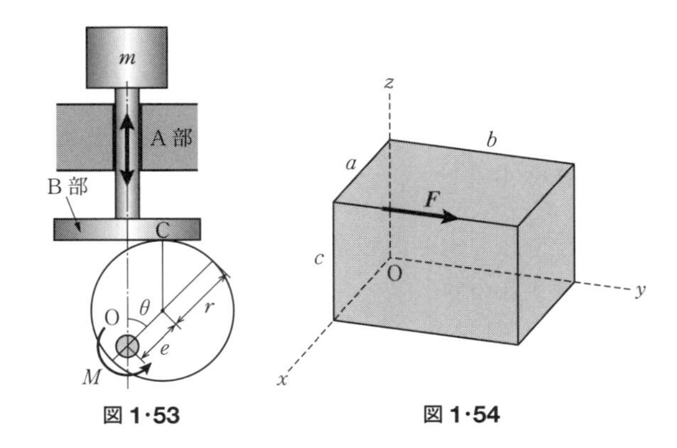

図1·53　図1·54

【問題1·18】　図**1·54**のように，力$\boldsymbol{F}$が作用する．点Oにおける力のモーメントを求めよ．

【問題1·19】　図**1·55**のように，地面に固定された剛体ポールの先端Aと地表Bをワイヤで接続し，張力10 kNを作用させた．z軸まわりのモーメントを求めよ．

【問題1·20】　図**1·56**のように，クレーンのAからワイヤで物体Bを引張る．ワイヤの張力が21 kNのとき，ベースである点Oにおける力のモーメントを求めよ．

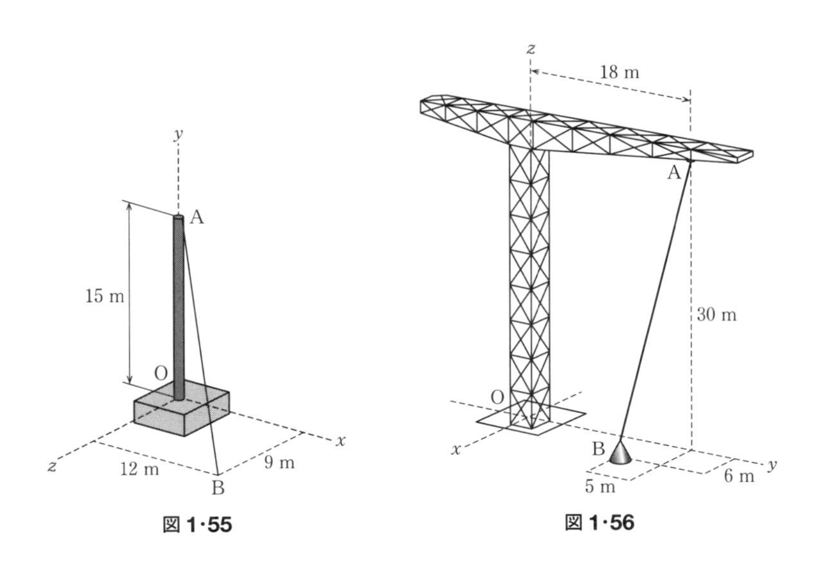

図1·55　図1·56

【問題 1·21】 図 1·57 のように，軽量の素材で曲げた棒が，点 O では回転ができるピンヒンジで固定され，棒と壁が垂直となる状態で 3 本のワイヤで荷重 400 kg のおもりを支える．各ケーブル張力と点 O からの反力を求めよ．ただし，棒の自重は考慮しない．

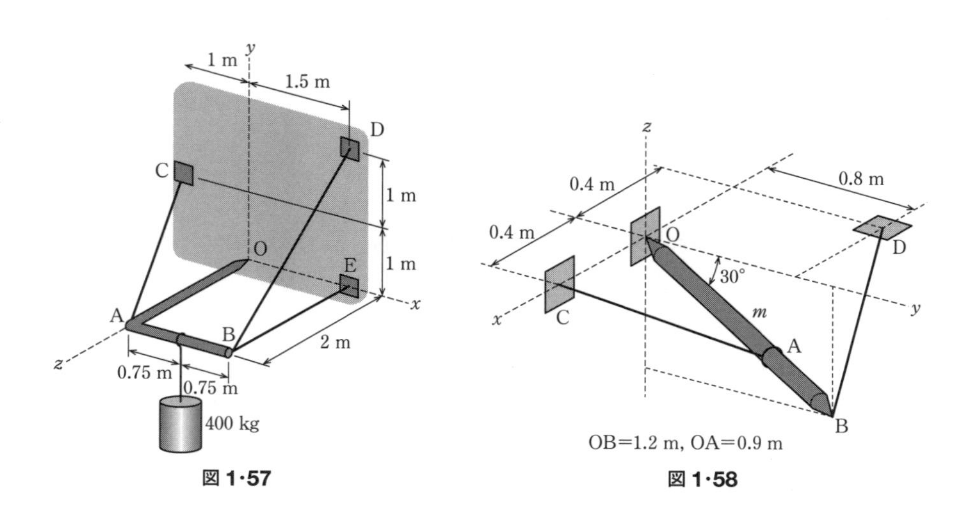

図 1·57

図 1·58

【問題 1·22】 図 1·58 のように，長さあたりに均一で，質量 m の棒がワイヤで支えられ，点 O で回転ができるピンヒンジで固定されている．点 C と点 O は xz 平面上で固定され，点 D は xy 平面上で固定される．棒が yz 平面上に位置した状態でつりあっているとき，2 本のワイヤ張力をそれぞれ求めよ．

2

集中力と支点の反力

本章では，種々物体に**集中力**，**集中モーメント**が作用した状態で静止している場合の支持端などにおける力，モーメントの求め方を学ぶ．

2·1 基礎事項

2·1·1 支点の種類と支点に作用する力とモーメント

物体を支え，その動きを拘束する働きをするものを**支点**と呼ぶ．支点は2次元的にみた平面問題の場合，代表的なものとして図 **2·1** の3つの支持方法がある．また，支点にはその種類に応じ，**作用・反作用の法則（運動の第3法則）**によって，図のような**反力** R，**支持モーメント** M が生ずる．

移動支点：支点における回転と1方向に移動可能な支持．支点の反力は移動面に垂直な R のみとなる．支持モーメントは存在しない．

回転支点：支点における回転だけ可能な支持であり，支点は移動できない．支点

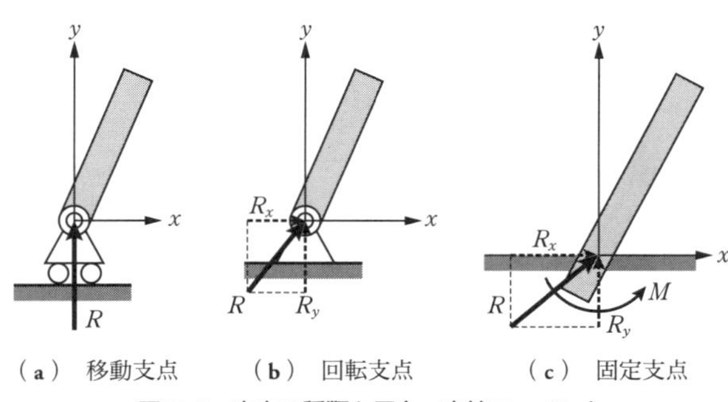

図 2·1　支点の種類と反力，支持モーメント

の反力の方向は作用力により変わる．支持モーメントは存在しない．解析する場合，反力 R を水平成分 R_x，垂直成分 R_y に分けて考えるとよい．

固定支点：支点において回転も移動もできない支持であり，支点の反力の方向は作用力によって変化する．解析する場合には反力を垂直，水平成分に分けて考えるとよい．支持モーメントは一般に存在する．

1章1·1·5項に述べたように，物体に作用する全作用力（支点があれば，支点の反力，支持モーメントも含む）の合力 R および全作用力による合モーメント M がともにゼロのとき，物体は**つりあい状態**にあるといい，このとき物体は静止状態を保つ．物体に作用するすべての力の作用線が1平面内にある平面問題の場合，物体がつりあい状態で静止するためには，1章に示した力のつりあい条件式(1·14)，式(1·15)(物体が平面内で平行移動，すなわち**並進運動**しないための条件)，およびモーメントのつりあい条件式(1·16)(物体が平面内で回転移動，すなわち**回転運動**しないための条件）が，ともに成立している必要がある．なお，物体の運動に関しては5章以降で扱う．

2·1·2 骨組構造，リンク機構に生ずる力と力のモーメント

複数の棒状部材をたがいに結合して作られた構造のことを**骨組構造**と呼ぶ．**トラス構造**，**ラーメン（フレーム）構造**，**アーチ構造**などがある．

また，図2·2(c)のように，複数の部材をたがいに組合せ，自由度をもたせて機械の運動伝達などの機構として用いられるものを**リンク機構**と呼び，機械の機構として重要なものである．

ここでは，これらの中で簡単な構造，機構に生ずる静止状態での反力，支持モーメントの求め方を解説する（4章で別解法を扱う）．

トラス構造：図2·2(a)のように，部材と部材を回転支持で結合した構造であり，

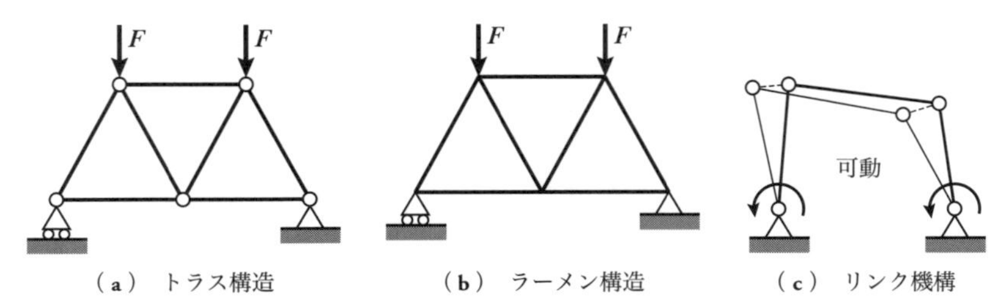

(a) トラス構造　(b) ラーメン構造　(c) リンク機構

図2·2 骨組構造とリンク機構

厳密には変形物体の力学（**材料力学**）や**有限要素法**を用いて解く．結合点を**節点**といい，トラス構造の場合の節点を**滑節**と呼ぶ．

ラーメン（フレーム）構造：図 **2·2(b)** のように，部材をたがいに回転できない節点（**剛節**）で結合した構造であり，一般に未知力の数が多く，剛体の力学では部材力を求められない場合が多い．

自由物体法：構造ないし機構を構成している個々の部材（1 部材の場合も含む）に分割し，部材ごとに作用している力，モーメントのつりあい条件式を求め，連立して全体の力，モーメントの状態を解析する方法（例題 **2·7** 参照）．

節点法：トラス構造の節点ごとの力のつりあい式から，各部材の作用力を決める方法（例題 **2·8** 参照）．

切断法：トラス構造を適当な部材中で 2 つに切断し，一方の側のつりあい式から未知力を求める方法．切断時に，未知力は 3 つ以下であることが必要である．

トラス構造の部材は，その部材の両端の節点を結ぶ方向の力だけを節点から受ける〔**図 2·3(a)**，**(b)**〕．軸線方向と直角な力 F_A があると，つりあいを保つため，F_A と大きさ等しく逆向きの力 F_B も必要となり，F_A，F_B はモーメント $F_A l$ をもたらすことになるが，トラス構造の節点は回転支点であり，$F_A l$ とつりあうモーメントは節点に存在せず，$F_A l$ すなわち F_A もゼロでなければならないことになる．

ただし，支点その他の場所にモーメントが作用したり，部材途中に軸線に直角な力が作用している場合はこの限りではない〔図 **2·3(c)**〕．

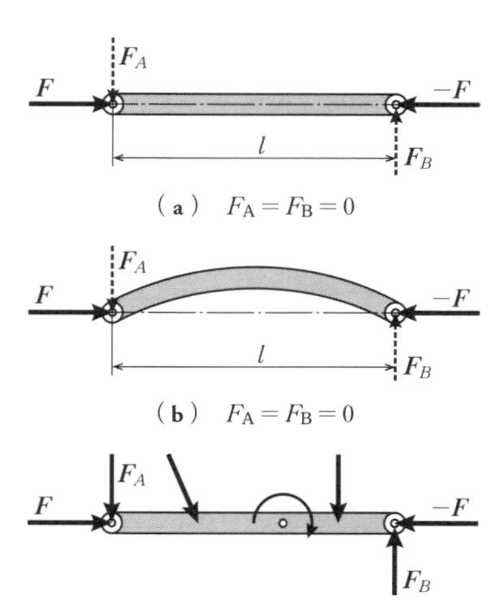

図 2·3 回転支点と反力の作用

2·2 基本例題

【例題 2·1】 図 **2·4** に示すような構造物に P なる力が作用している．固定支点 O に生ずる反力と支持モーメントを求めよ．

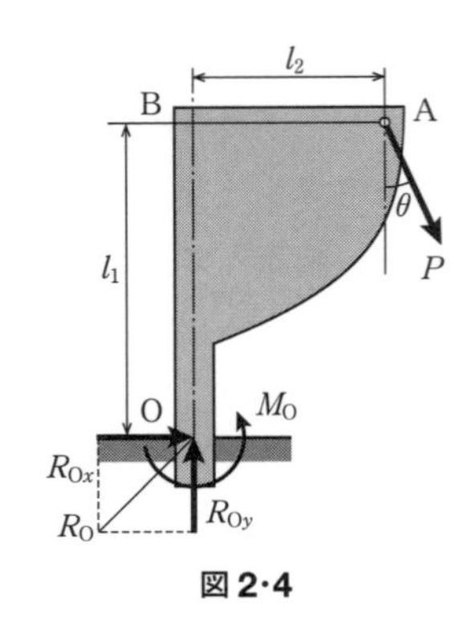

図 2·4

［**解**］ O点の支持は固定支持であるので，一般に支点には図 **2·1**(c)に示すように反力と支持モーメントが存在する．したがって，本問の場合にも図 **2·4** のように反力 R_O （R_O の水平，垂直分力を R_{Ox}，R_{Oy}），支持モーメント M_O を仮定する．

この構造には，力 P，反力 R_O，支持モーメント M_O が作用してつりあい状態にあるので，**1** 章の式(**1·14**)～式(**1·16**)の関係を適用し，力 P の水平，垂直方向成分が $P\sin\theta$，$P\cos\theta$ であることを考慮すれば

水平方向の力のつりあい条件（水平方向に移動しない条件）から

$$P\sin\theta + R_{Ox} = 0$$

垂直方向の力のつりあい条件（垂直方向に移動しない条件）から

$$R_{Oy} - P\cos\theta = 0$$

が得られる．また，モーメントのつりあい条件（物体が回転しない条件）をO点まわりで考えて

$$M_O - P\sin\theta\cdot l_1 - P\cos\theta\cdot l_2 = 0$$

となる．以上の式から

$$R_{Ox} = -P\sin\theta,\ R_{Oy} = P\cos\theta$$

$$M_O = P\sin\theta\cdot l_1 + P\cos\theta\cdot l_2$$

が求められる．ここで R_{Ox} は負の値となっているが，これは図に仮定した反力の向きが逆であることを示している．なお，R_{Ox} と R_{Oy} の合力 R_O は式(**1·6**)を用いて，$R_O = \sqrt{R_{Ox}{}^2 + R_{Oy}{}^2} = P$ となる．

【例題 2·2】 図 **2·5** に示すように，長さ l = 3.5 m の棒の中点に質量 10 kg のおもりを吊るし，ロープで引く．ロープの張力と地面からの反力を求めよ．

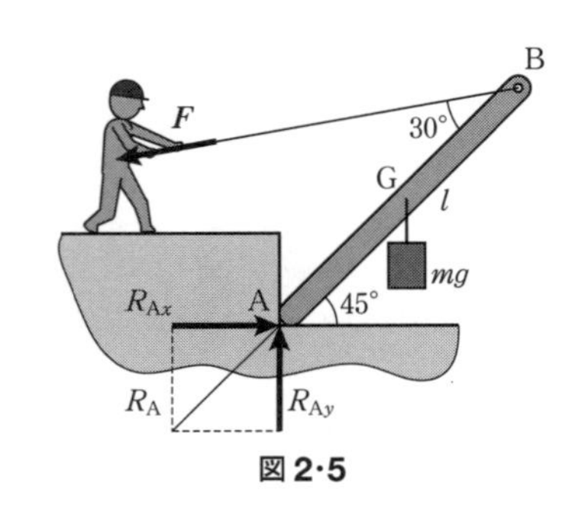

図 2·5

［**解**］ 棒には図に示すように，おもりの重力 mg，ロープの張力 F および回転支点と考えられる A 点に地面から反力 R_A が作用する．なお，反力 R_A の水平，垂直方向成分を R_{Ax}，

R_{Ay} とし，図の向きに仮定する．

まず，水平，垂直方向の力のつりあい条件（棒が平行移動しない条件）は

$$R_{Ax} - F\cos 15° = 0$$

$$R_{Ay} - mg - F\sin 15° = 0$$

となる．また，A 点まわりのモーメントのつりあい条件（回転しない条件）から

$$F\cos 15° l \sin 45° - F\sin 15° l \cos 45° - \frac{mgl}{2}\cos 45° = 0$$

となり，以上から $F = mg/\sqrt{2} = 69$ N，$R_{Ax} = 67$ N，$R_{Ay} = 116$ N が求まる．したがって，合力 $R_A = \sqrt{R_{Ax}{}^2 + R_{Ay}{}^2} = 134$ N となる．

また，合力の作用する方向は式(**1·7**)を用いて

$$\beta = \tan^{-1}(R_{Ay}/R_{Ax}) = 60°$$

となる．おもりが中点ではなく B 点に吊るされた場合，合力の方向は棒の方向と一致することを確かめてみよ．

【例題 2·3】 図 **2·6** に示す単純支持ばりに $P = 4$ kN の集中荷重が作用している場合の支点反力を求めよ．ただし $l_1 = 6$ m，$l_2 = 4$ m とする．

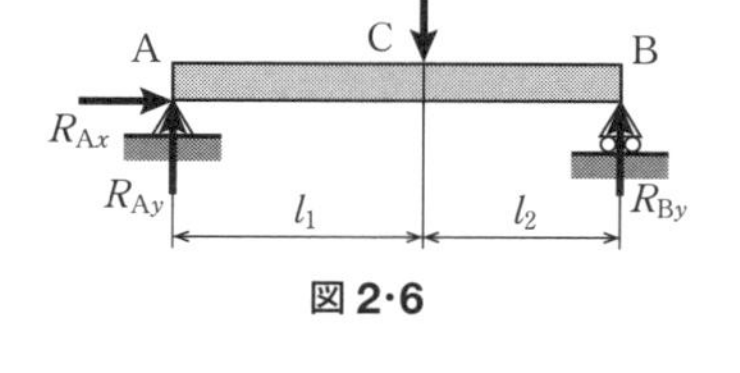

図 2·6

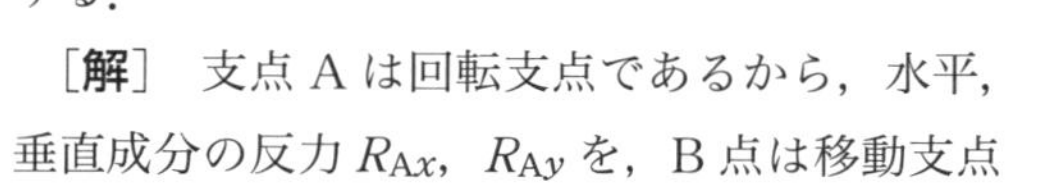

［**解**］ 支点 A は回転支点であるから，水平，垂直成分の反力 R_{Ax}，R_{Ay} を，B 点は移動支点であるから移動面に垂直な方向の反力 R_{By} のみを仮定する．

ここで，水平，垂直方向の力のつりあい条件（はりが平行移動しない条件）は

$$R_{Ax} = 0,\ R_{Ay} + R_{By} = P$$

となる．このことから水平方向の反力 R_{Ax} は存在しないことがただちにわかる．物体に作用する力の状態がきちんと把握でき，R_{Ax} は明らかにゼロとなることがわかる場合には，はじめから反力 R_{Ax} をゼロとし，無視してもよいが注意すること．

また A 点まわりのモーメントのつりあい条件（はりが回転しない条件）は

$$R_{By}(l_1 + l_2) - Pl_1 = 0$$

となるから

$$R_{Ay} = \frac{Pl_2}{l_1 + l_2},\ R_{By} = \frac{Pl_1}{l_1 + l_2}$$

が得られ，数値を代入すれば，$R_{Ay} = 1.6$ kN，$R_{By} = 2.4$ kN となる．なお，B 点ま

わりのモーメントのつりあい条件から R_{Ay} を求めてもよい.

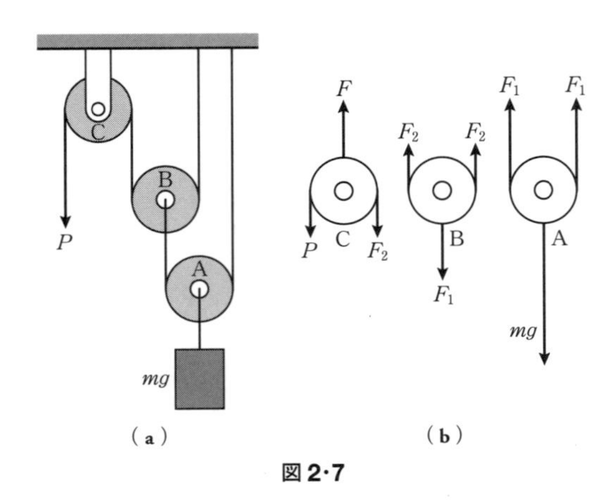

図 2·7

【例題 2·4】 図 2·7(a)のように，質量 m が 100 kg の物体を直径が同一な 3 つの滑車を介して引き上げる．必要な力 P を求めよ．ただし，滑車の質量は無視する．

［解］ 滑車に力が作用しているときの自由物体図を図(b)に示す．質量 m による重力は 980 N である．滑車 A に作用する力は，この重力と上向きのロープの張力 $2F_1$ であり，これらがつりあう（ここで，滑車の左右の力が等しく F_1 となることは滑車の軸まわりのモーメントのつりあいから得られる．疑問と思う場合は，本章問題 **2·1** の問 ② を参照のこと）.

したがって，力のつりあいから，$F_1 = 490$ N が求まる．同じく，滑車 B の両側の張力を F_2 とすると，$F_2 = F_1/2 = 245$ N が得られ，滑車 C の両側の力 P と F_2 も同じく等しいので，$P = 245$ N となる.

【例題 2·5】 単純支持ばりの C 点に，図 **2·8** に示すような 1 対の力（偶力）が作用する．この場合の支点反力を求めよ.

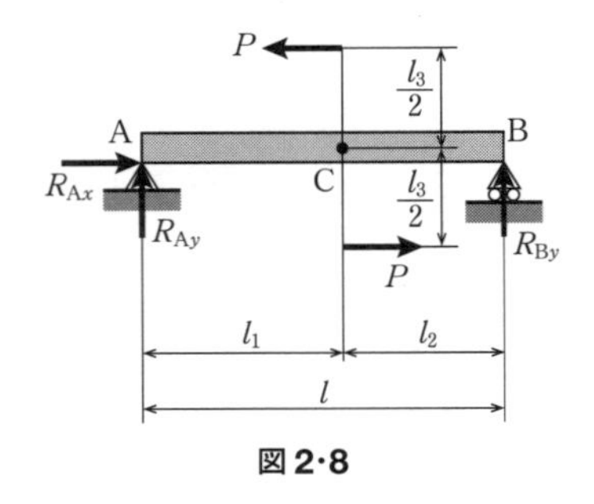

図 2·8

［解］ A 点は回転支点のため，水平，垂直方向の支点反力 R_{Ax}，R_{Ay} を仮定する．また，B 点は移動支点のため，移動面に垂直方向の反力 R_{By} を仮定する.

水平，垂直方向の力のつりあい条件（はりが平行移動しない条件）から

$$R_{Ax} + P - P = 0$$

$$R_{Ay} + R_{By} = 0$$

となり，$R_{Ay} = -R_{By}$ が求まる.

次に，モーメントのつりあい条件として，B 点まわりに回転しない条件から

$$-R_{Ay}(l_1+l_2)+\frac{Pl_3}{2}+\frac{Pl_3}{2}=0$$

となる．したがって，反力は以下のようになる．

$$R_{Ax}=0$$

$$R_{Ay}=-R_{By}=\frac{Pl_3}{l_1+l_2}=\frac{Pl_3}{l}$$

本問題のような，大きさ等しく逆向きの1対の力は，**1**章で説明したように，偶力である．偶力はどの場所に対しても同一の力のモーメント（物体を回転させようとする力の働き）を及ぼす．したがって，偶力をC点以外のAB間の他の場所に移して作用させても支点A, Bの反力は変わらないことも，求められた結果の中に l_1, l_2 が含まれていないことからわかる．また，M_0（$=Pl_3$）なるモーメント（回転矢印）で示すことと，図のような1対の力で示すことは力学的に同じである（図 **1·10** 参照）．

なお，図 **2·9** のように，支点AB間の距離が図 **2·8** と同じはりであれば，D点やE点のようなところに M_0（$=Pl_3$）なるモーメントが作用した場合も，反力は上記の値と等しくなる．確認してみよ．

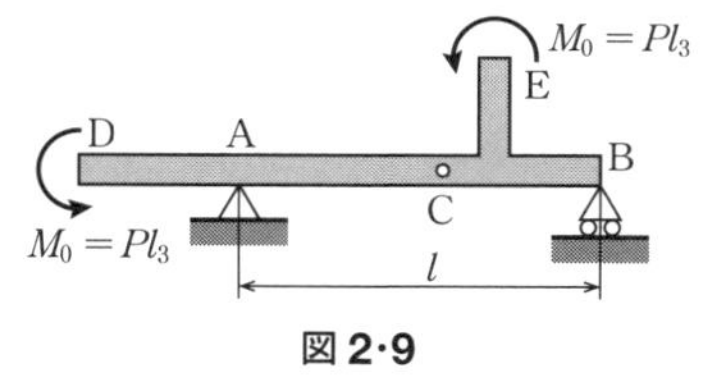

図 2·9

【例題 2·6】 図 **2·10** のような力を受けるはりに生ずる支点反力を求めよ．ただし，$\tan\theta=1/2$，$P_1=6$ kN，$P_2=2$ kN，$P_3=5$ kN，$l_1=2$ m，$l_2=3$ m，$l_3=2.5$ m とする．

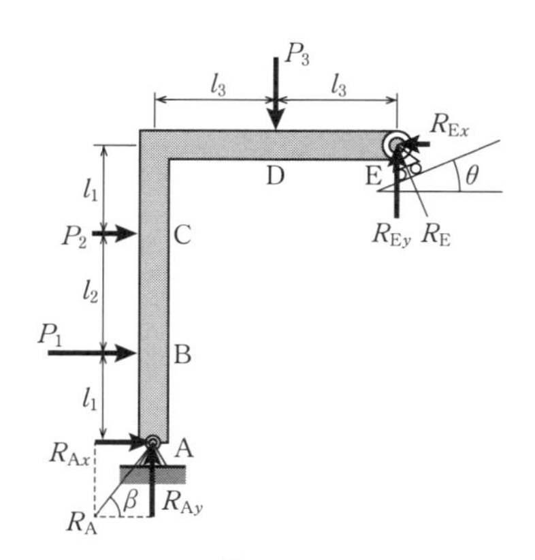

図 2·10

［**解**］ Aは回転支点のため，支点反力 R_A の水平，垂直成分を R_{Ax}，R_{Ay} と仮定する．

E点は移動支点であるので反力は移動面に垂直な R_E となるが，計算を行う上では水平，垂直成分で考えると考えやすいので，R_{Ex}，R_{Ey} のように仮定する．

$\tan\theta=1/2$ であるから，E点の水平，垂直成分を R_E で示せば

$$R_{Ex}=R_E/\sqrt{5}，\ R_{Ey}=2R_E/\sqrt{5}$$

となる．

まず，水平，垂直方向の力のつりあい条件式（はりが平行移動しない条件）は

$$R_{Ax}+P_1+P_2-R_{Ex}=0$$

$$R_{Ay}+R_{Ey}-P_3=0$$

となる．次にA点まわりのモーメントのつりあい（A点まわりで回転しない）条件は

$$2l_3R_{Ey}+(2l_1+l_2)R_{Ex}-l_1P_1-(l_1+l_2)P_2-l_3P_3=0$$

である．この式に R_{Ex}，R_{Ey} を代入して R_E がまず次のように求まる．

$$R_E=\sqrt{5}\,\frac{P_1l_1+P_2(l_1+l_2)+P_3l_3}{2l_1+l_2+4l_3}$$

したがって，R_{Ex}，R_{Ey} も求まる．

また，力のつりあい条件式に R_{Ex}，R_{Ey} を代入すれば

$$R_{Ax}=\frac{-P_1(l_1+l_2+4l_3)-P_2(l_1+4l_3)+P_3l_3}{2l_1+l_2+4l_3}$$

$$R_{Ay}=\frac{-2P_1l_1-2P_2(l_1+l_2)+P_3(2l_1+l_2+2l_3)}{2l_1+l_2+4l_3}$$

が求まる．A点の支点反力 R_A の大きさと方向 β は

$$R_A=\sqrt{{R_{Ax}}^2+{R_{Ay}}^2}$$

$$\beta=\tan^{-1}(R_{Ay}/R_{Ax})$$

に代入して求められる〔式(**1·6**)，式(**1·7**)参照〕．

これらの値に与えられた数値を代入すると，$R_A=6.0$ kN，$R_E=4.5$ kN，$\beta=-8.9°$ となる．R_A は左上向きとなる．

【例題2·7】 図**2·11**(**a**)に示すように，同一長さ l の部材を結合し，その中点

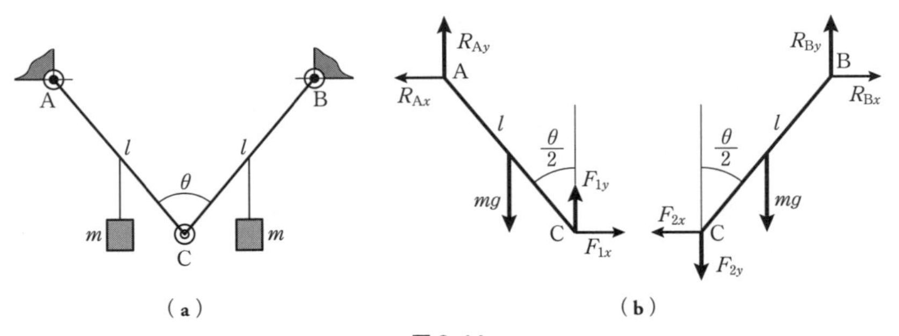

図2·11

にそれぞれ質量 m の物体を吊るしてある．部材端 A，B に生ずる支点反力の水平，垂直成分を求めよ．ただし，部材の質量は無視する．

［**解**］ この問題は，部材 AC，BC を図（**b**）のように分離して，自由物体法にて解いてみる．まず，A，B 支点の反力の水平，垂直成分を図の向きに $R_{\mathrm{A}x}$，$R_{\mathrm{A}y}$，$R_{\mathrm{B}x}$，$R_{\mathrm{B}y}$ と仮定する．また，節点 C において，AC 部材が BC 部材から受ける力の水平，垂直成分を図の向きに F_{1x}，F_{1y}，BC 部材が AC 部材から受ける力の水平，垂直成分を同じく F_{2x}，F_{2y} と仮定する．

ここで，部材は結合状態でつりあい状態にあり，静止しているので，自由物体としたものも，それぞれの部材に作用している力によって，つりあい状態を保ち，静止している必要がある．

まず，作用・反作用の法則によって，節点 C では

$$F_{1x}=F_{2x}$$

$$F_{1y}=F_{2y}$$

でなければならない．

次に，AC 部材の水平，垂直方向の力のつりあい条件から

$$F_{1x}-R_{\mathrm{A}x}=0$$

$$F_{1y}+R_{\mathrm{A}y}-mg=0$$

となり，AC 部材の A 点まわりのモーメントのつりあい条件から

$$F_{1x}l\cos\frac{\theta}{2}+F_{1y}l\sin\frac{\theta}{2}-mg\frac{l}{2}\sin\frac{\theta}{2}=0$$

が得られる．同様にして，BC 部材の水平，垂直方向の力のつりあい条件および B 点まわりのモーメントのつりあい条件から以下の 3 式が得られる．

$$R_{\mathrm{B}x}-F_{2x}=0$$

$$R_{\mathrm{B}y}-F_{2y}-mg=0$$

$$F_{2y}l\sin\frac{\theta}{2}+mg\frac{l}{2}\sin\frac{\theta}{2}-F_{2x}l\cos\frac{\theta}{2}=0$$

以上の 8 条件式を連立して，反力等を求めると以下のようになる．

$$R_{\mathrm{A}x}=R_{\mathrm{B}x}=F_{1x}=F_{2x}=\frac{mg}{2}\tan\frac{\theta}{2}$$

$$R_{\mathrm{A}y}=R_{\mathrm{B}y}=mg$$

$$F_{1x}=F_{2y}=0$$

（注） 計算手順：BC 部材の条件式の F_{2x}，F_{2y} を F_{1x}，F_{1y} で置き換える．AC

部材の条件式から R_{Ax}，R_{Ay}，F_{1y} を F_{1x} にて表す．得られた F_{1y} の式をBC部材のモーメントのつりあい条件式に代入すれば，まず F_{1x} が求まる．別解が4章で扱われる（例題4·5参照）．

【例題2·8】 図2·12(a)に示すトラスに働く支点反力と部材に生ずる力を求めよ．ただし $P=1000$ N とする．

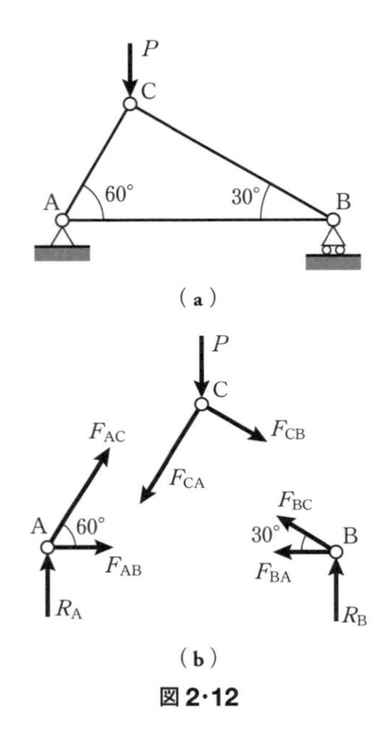

図2·12

［解］ 支点A，Bに生ずる反力はいずれも垂直方向を向くので，それらを R_A，R_B とする（例題2·5参照）．また，各節点に作用している力を図(b)のように仮定する．部材に働く力の向きは一般にはわからないので，部材にはすべて引張力が作用するものと仮定する（力の値が負となったときは圧縮力が働いているものと考える）．

したがって，節点にも反作用力として引張力が作用するとみなせるので，図(b)に示す力が各節点に作用しているものとする（節点法）．なお，節点に作用する力は図2·3に説明したように，この場合すべて部材方向となる．したがって各節点の水平，垂直成分のつりあい式は次のようになる．

A点：$F_{AC}\cos 60^\circ + F_{AB} = 0$，$F_{AC}\sin 60^\circ + R_A = 0$

B点：$F_{BC}\cos 30^\circ + F_{BA} = 0$，$F_{BC}\sin 30^\circ + R_B = 0$

C点：$F_{CB}\sin 60^\circ - F_{CA}\sin 30^\circ = 0$

$$F_{CA}\cos 30^\circ + F_{CB}\cos 60^\circ + P = 0$$

また，作用・反作用の法則および部材の力のつりあい条件から，$F_{AB}=F_{BA}$，$F_{BC}=F_{CB}$，$F_{AC}=F_{CA}$ となる．

これらの式から，支点反力 $R_A=750$ N，$R_B=250$ N，各節点の張力 $F_{AB}=F_{BA}=433$ N，$F_{AC}=F_{CA}=-866$ N，$F_{BC}=F_{CB}=-500$ N が求まる．値が負のところでは部材に圧縮力が作用していることを意味する．

2·3 演習問題

【問題 2·1】 ［　　］に適切な語を入れて以下の文章を完結せよ．

① 1 章の図 1·2 の力 F_1 と F_2 は (a)［　　］の関係，F_3 と F_4 は (b)［　　］の関係，F_3 と mg は (c)［　　］の関係にある力である．なお，F_1 は天井が糸に，F_2 は糸が天井に及ぼす力であり，F_3 は糸が物体に，F_4 は物体が糸に及ぼす力である．

② 図 2·13 のように，質量および摩擦が十分小さな 2 つの滑車を介して，同一質量の 2 物体がロープで吊るされ，つりあっている．

左側の滑車の支点反力の水平，垂直成分を R_{Ax}，R_{Ay}，ロープの張力を図(b)，(c)のように F_{Ay}，F_{Ax} とすると，F_{Ay} は質量 m の重力とつりあうから (d)［　　］となる．また，モーメントは (e)［　　］回転を正とするので，支点 A まわりの力のモーメントは (f)［　　］となるが，滑車は静止しているので，つりあい条件から，これはゼロでなければならず，F_{Ax} は (g)［　　］となる．

なお，滑車に作用する 4 力 R_{Ax}，R_{Ay}，F_{Ay}，F_{Ax} の x 方向，y 方向の力のつりあいから R_{Ax} は (h)［　　］，R_{Ay} は (i)［　　］となる．このように，摩擦のない滑車の前後でロープの張力は等しくなる．滑車の運動を考えるときは，この限りでない（7 章参照）．

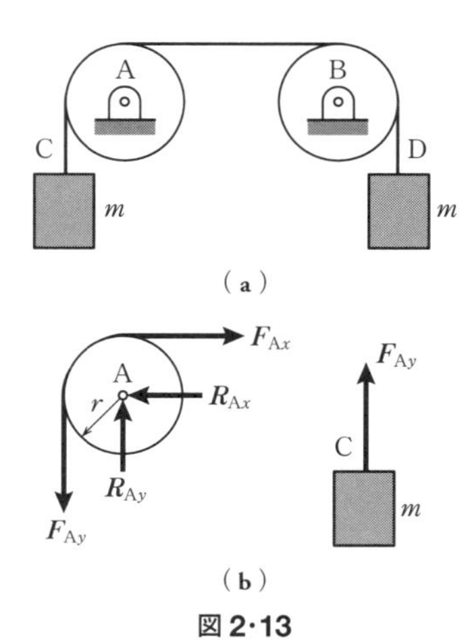

図 2·13

③ 図 2·14 のように，はりに力 F_1，F_2 が作用し，支点にはこれに応じた反力 R_A，R_B が生じている．このとき，CD 間の A 点より距離 x にある点 E の左側に作用している力の総和 F_E は，上向きの力を正とすると (j)［　　］である．また，E 点の右側にある力の総和 F_E' は (k)［　　］である．

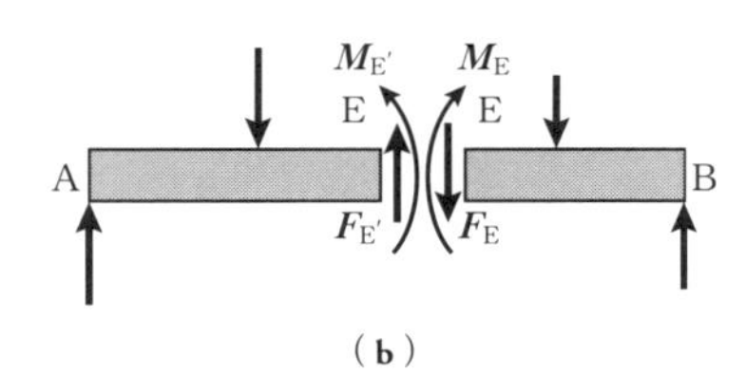

図 2·14

また，E点より左側に作用している力によるE点のモーメント M_E は，反時計回転を正とすると (l) [　　] となり，E点より右側に作用している力によるE点のモーメント $M_{E'}$ は次のようになる．

$$M_{E'} = R_B(l - x) - F_2(l_2 - x)$$

もし，はりに作用する力がつりあい状態にあるとき，すなわち

$$R_A + R_B - F_1 - F_2 = 0$$

$$R_B l - F_1 l_1 - F_2 l_2 = 0$$

であるとき，F_E と F_E' の絶対値は (m) [　　]，符号は (n) [　　] となり，M_E と $M_{E'}$ の絶対値は (o) [　　]，符号は (p) [　　] となる．

このように物体内部において，断面の一方の側の力の総和は，もう一方の側の力の総和に等しく，符号は逆となる．モーメントに対しても同様のことがいえる．これは，(q) [　　] によるもので，図 **2・14** の場合の F_E は (r) [　　] 側が (s) [　　] 側に及ぼす作用力であり，F_E' はその反作用力となる．同様にして M_E と $M_{E'}$ は作用・反作用のモーメントとなる．このような物体内部の力，モーメントの状態などは**材料力学**で扱う．

【問題 2・2】 半径 r_1 と r_2 の滑車を同じ軸に固定し，すべらない鎖をかけ，図 **2・15** に示す位置で力 P を加えて引く場合，引き上げることが可能な質量 m を求めよ．ただし，$P = 490$ N，$r_1 = 150$ mm，$r_2 = 200$ mm とする．

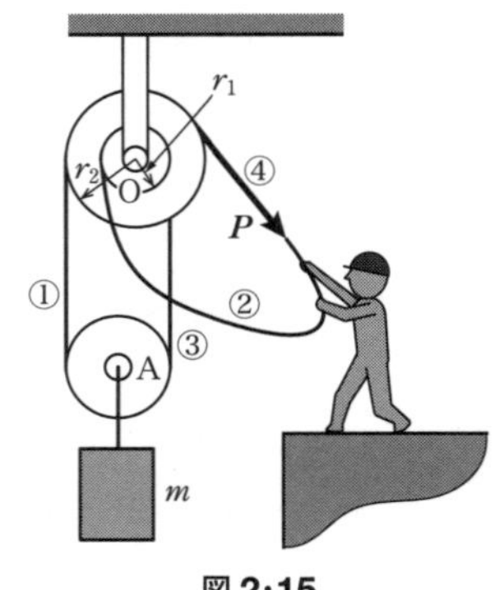

図 2・15

［解］ O点まわりに力のモーメントを起こすものは図中①～④の4本の鎖による力以外にはない．この中で②はゆるんでいるため，力は働いていないと考えてよい．また，物体は①，③の2本の鎖で支えられているから，これらの張力は等しく (a) [　　] である（例題 **2・4** 参照）．したがって，O点まわりの力のモーメントは

反時計回転のモーメント：$M_{O1} =$ (b) [　　]

時計回転のモーメント：$M_{O2} = Pr_2 +$ (c) [　　]

となる．ここで，$M_{O1} \leqq M_{O2}$ のときに物体を引き上げることができるので，可能な最大の質量は，$M_{O1} = M_{O2}$ の場合であり，次式となる．

$m =$ (d) [　　]

この式に与えられた数値を代入すると，m は (e) ［　　］ kg となる．

この型式のものを差動滑車と呼び，重量物の吊下げに利用する．r_1 の値を大きくして r_2 に近づけると，わずかな力で大きな荷重を引き上げられる．

【問題 2·3】 図 **2·16** に示す自重が $P = 20$ kN であるクレーンを使って質量 m が 100 kg の荷物をもち上げる．クレーンは A 点でピン，B 点で移動可能なピンで保持されている．クレーンの重力がすべて G 点にかかるものとして，A，B 点の反力を求めよ．ただし，$h = 0.9$ m，$l_1 = 1.2$ m，$l_2 = 2.4$ m とする．

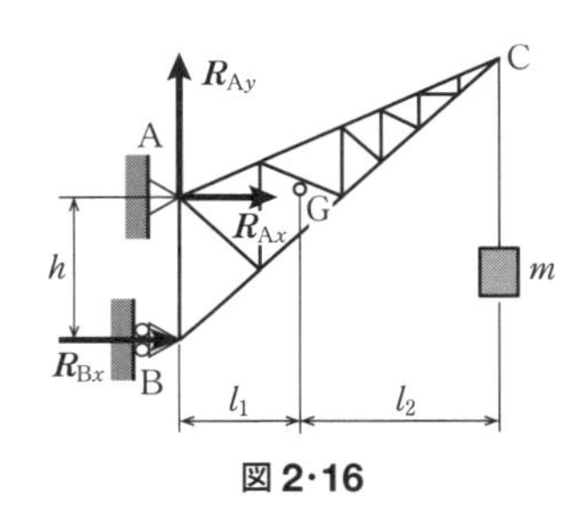

図 2·16

［**解**］ A 点は回転支点であるから，支点から部材へ作用する力の水平，垂直成分を図の向きに R_{Ax}，R_{Ay} と仮定する．また B 点は移動支点であるから，移動面に垂直な水平方向反力 R_{Bx} だけを図の向きに仮定すると

水平方向の力のつりあいから，(a) ［　　］ $= 0$

垂直方向の力のつりあいから，(b) ［　　］ $= 0$

A 点まわりのモーメントのつりあいから，(c) ［　　］ $= 0$

が得られる．以上の式から R_{Ax}，R_{Ay}，R_{Bx} を求め，数値を代入すれば

$R_{Ax} =$ (d) ［　　］ kN，$R_{Ay} =$ (e) ［　　］ kN，$R_{Bx} =$ (f) ［　　］ kN

となる．ここで R_{Ax} は負の値であるので，R_{Ax} の向きは仮定した向きと逆の左向きであることがわかる．

また，A 点の合力 R_A およびその作用方向は，式(**1·6**)，式(**1·7**)を用いて求めることができる．R_{Ax} が負であるから，合力 R_A の作用方向は図に示した矢印方向ではなく，左上方向となる．

【問題 2·4】 図 **2·17** に示すように，なめらかな壁 O と角 B に接した状態で質量 m の一様な太さの棒を静止させるためには，角度 θ をいくらにしたらよいか．ただし，棒の重力はすべて中点 G に作用するものとする．

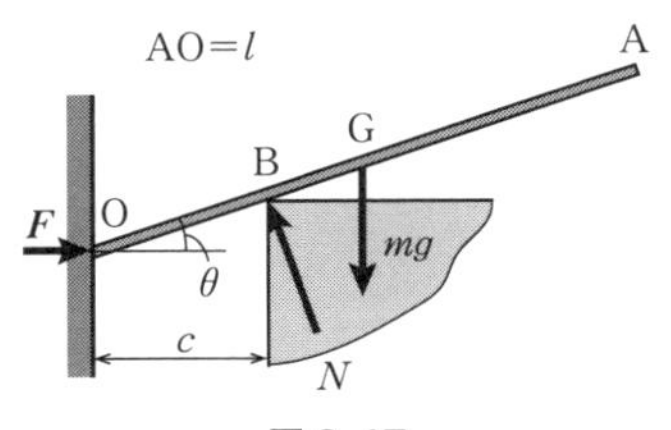

図 2·17

［**解**］ 棒の接触点 O，B では摩擦力がないの

で反力は棒の移動方向に垂直であるから，それぞれ図のように F，N と仮定してよい．したがって水平，垂直方向の力のつりあい式はそれぞれ

$F-$ (a) ［　　　］ $=0$

(b) ［　　　］ $=0$

となる．また O 点まわりのモーメントのつりあい式は

(c) ［　　　］ $=0$

となる．以上より θ を求めると次のようになる．

$\cos\theta=$ (d) ［　　　］

【問題 2·5】 図 **2·18** に示す曲線と直線からなるはりの支点反力を求めよ．

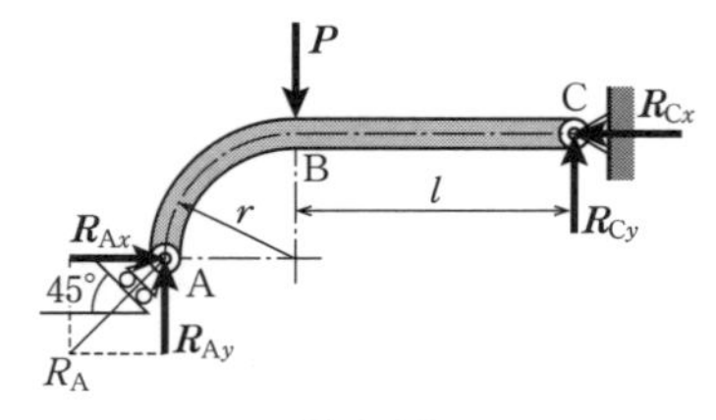

図 2·18

［**解**］ 移動支点 A の反力は移動面に垂直であり，45° の角度で傾斜しているため，その水平，垂直成分を R_{Ax}，R_{Ay}，また C 点は回転支点であるので，水平，垂直成分を R_{Cx}，R_{Cy} として，それぞれ図の向きに仮定する．

A 点の水平，垂直成分は，その合力を R_A とすると，合力が 45° の移動面に垂直であるので，R_{Ax}，R_{Ay} を R_A を用いて示せば，$R_{Ax}=$ (a) ［　　　］，$R_{Ay}=$ (b) ［　　　］ となる（例題 **2·6** 参照）．

また，水平，垂直方向の力のつりあい条件は

(c) ［　　　］ $=0$

(d) ［　　　］ $=0$

となり，C 点まわりのモーメントのつりあい条件は

(e) ［　　　］ $=0$

のようになる．以上の式から，R_A, R_{Ax}, R_{Ay}, R_{Cx}, R_{Cy} が求まり，$R_A=$ (f) ［　　　］，$R_{Ax}=R_{Ay}=$ (g) ［　　　］，$R_{Cx}=P$，$R_{Cy}=0$ となる．したがって，C 点の合力 R_C は式(**1·6**)から P となり，作用方向は (h) ［　　　］ であることがわかる．

【問題 2·6】 図 **2·19** のように，2 本の棒が B 点でスライダを介して結合されている．図の角度のとき，D 点に水平力 P を作用させ，静的につりあ

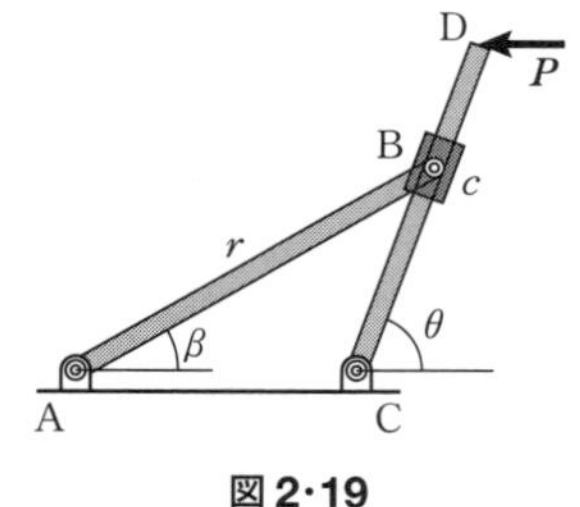

図 2·19

わせるには，A点にどれだけのモーメントを作用させる必要があるか．また，支点反力はいくらか．ただし，$AB = r$，$CD = c$とする．

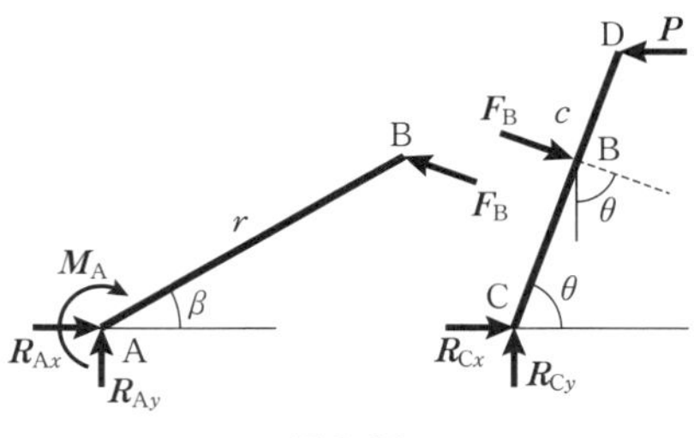

図2・20

［解］ 図2・20のように，2部材に分けて考える．反力およびA点に作用すべきモーメントを図の向きに仮定する．また，B点は移動支点となるので，たがいの反力はCD部材に垂直になる．

したがって，AB部材の水平，垂直方向の力のつりあい条件から

$$R_{Ax} - F_B \sin\theta = 0$$

(a) ［　　　］ $= 0$

となり，AB部材のB点まわりのモーメントのつりあい条件から

$$R_{Ax}\, r \sin\beta - R_{Ay}\, r \cos\beta - M_A = 0$$

が得られる．また，CD部材の水平，垂直方向の力のつりあいから

$$R_{Cx} + F_B \sin\theta - P = 0$$

(b) ［　　　］ $= 0$

となり，CD部材のC点まわりのモーメントのつりあい条件から

(c) ［　　　］ $= 0$

が得られる（$BC = r\sin\beta/\sin\theta$であることに注意）．以上を連立すれば

$R_{Ax} =$ (d) ［　　　］

$$R_{Ay} = -\frac{Pc \sin^2\theta \cdot \cos\theta}{r \sin\beta}$$

$M_A =$ (e) ［　　　］

のようになる．

【問題2・7】 図2・21に示すように単純支持ばりに集中荷重P_1，P_2，P_3が作用している．支点A，Bに生ずる反力を求めよ．

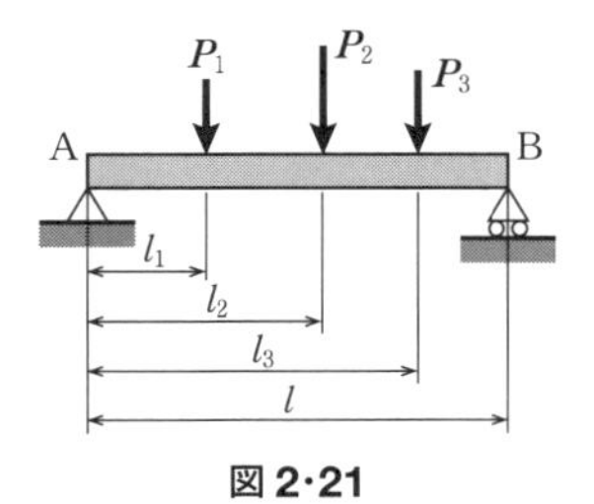

図2・21

【問題2・8】 図2・22に示すケーブルカーが鉛直とθをなす線路上で停止している．車両と乗客の総

重量は mg であり，線路から b の距離で，2つの車輪から等距離の点に総重量が作用しているものとみなす．

また，車両は線路から h の位置に取り付けられている線路に平行なケーブルで支えられている．このケーブルに生ずる張力と車輪に作用する反力を求めよ．ただし，$\theta=50°$，$mg=25$ kN，$b=800$ mm，$2c=2000$ mm，$h=600$ mm とする．

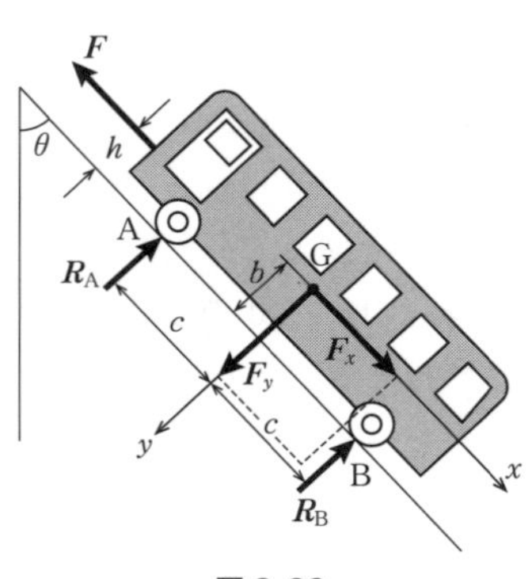

図 2·22

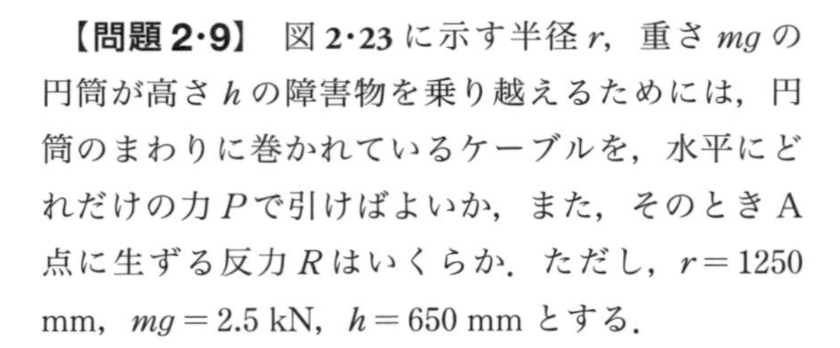

【問題 2·9】 図 2·23 に示す半径 r，重さ mg の円筒が高さ h の障害物を乗り越えるためには，円筒のまわりに巻かれているケーブルを，水平にどれだけの力 P で引けばよいか，また，そのとき A 点に生ずる反力 R はいくらか．ただし，$r=1250$ mm，$mg=2.5$ kN，$h=650$ mm とする．

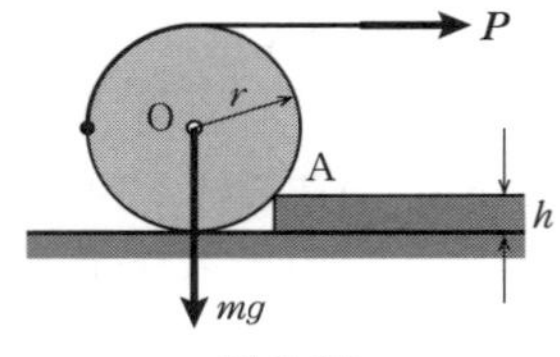

図 2·23

【問題 2·10】 図 2·24 のように，θ の斜面に置かれた質量 m_1，m_2 の2つのブロックが，O 点でピン結合されている細長い棒にロープで結び付けられている．棒が斜面の O 点に対して垂直な状態でつりあうためには，図の位置にどれだけの斜面方向の力 P を加えればよいか．ただし斜面はなめらかで，ロープは斜面に平行に結ばれているものとする．

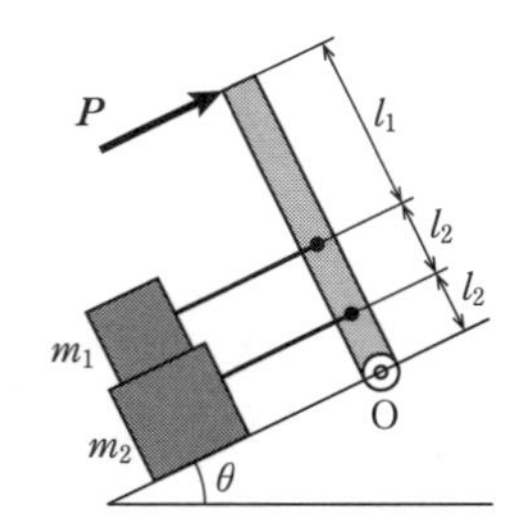

図 2·24

【問題 2·11】 図 2·25 のような，B 点に水平力 P，C 点にモーメント M_0 が作用するはりに生ずる支点反力を求めよ．

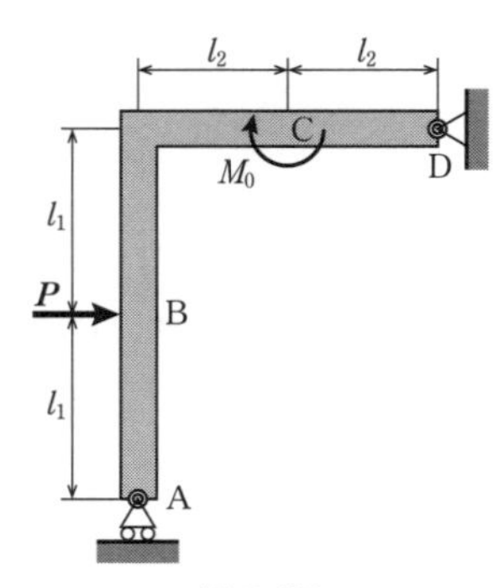

図 2·25

【問題 2·12】 質量 m の物体が図 2·26 に示すてこ OA に取り付けられて静止している．ばね BC は，てこ OA が垂直のとき（$\theta=0$），自由長である．ばね定数をkとして，つりあうときの関係式を求めよ．

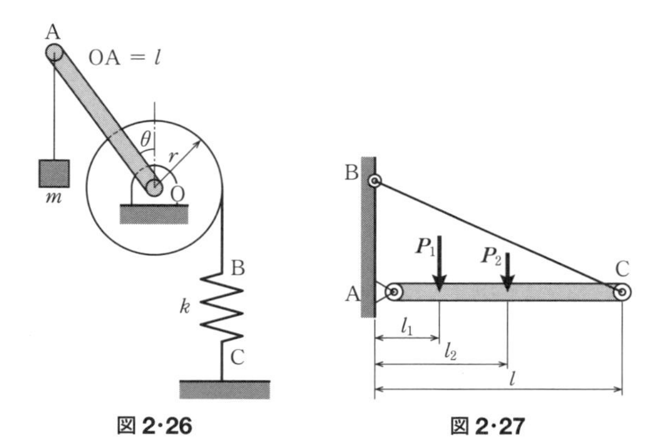

図 2·26　図 2·27

【問題 2·13】 図 2·27 のように，一端が回転支持され，他端がロープで支えられた軽いはりに 2 つの力 P_1，P_2 が働いている．支点 A における水平，垂直方向反力

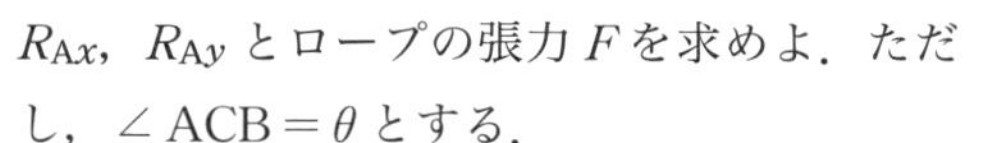

R_{Ax}，R_{Ay} とロープの張力 F を求めよ．ただし，∠ACB = θ とする．

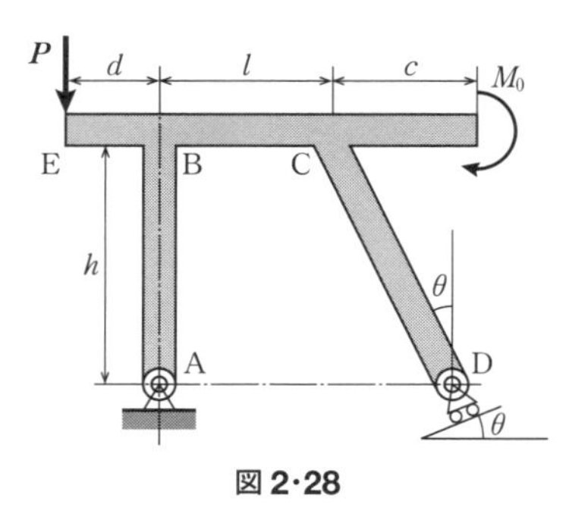

図 2·28

【問題 2·14】 図 2·28 に示す構造物の支点 A，D の反力の水平，垂直成分の値を求めよ．

【問題 2·15】 図 2·29 に示すようなトラスがある．支点反力および各部材に生ずる軸力を求めよ．ただし，AC = BD = l，AB ⊥ BC，AB = CD とする．

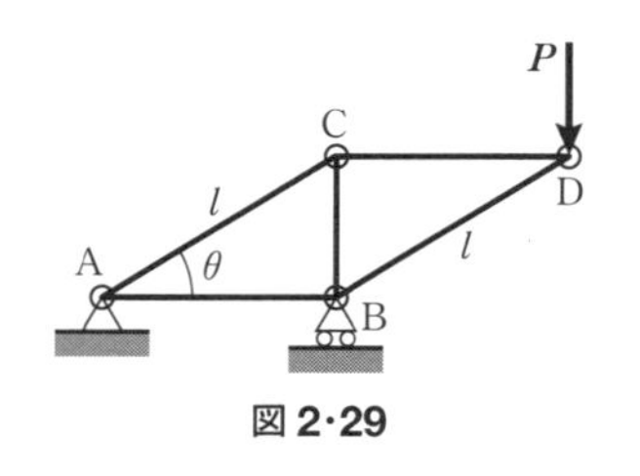

図 2·29

【問題 2·16】 図 2·30 に示すように，C 点でピン結合された 2 本の棒の片方に，モーメント M_0 が作用している．A 点は移動支点，B

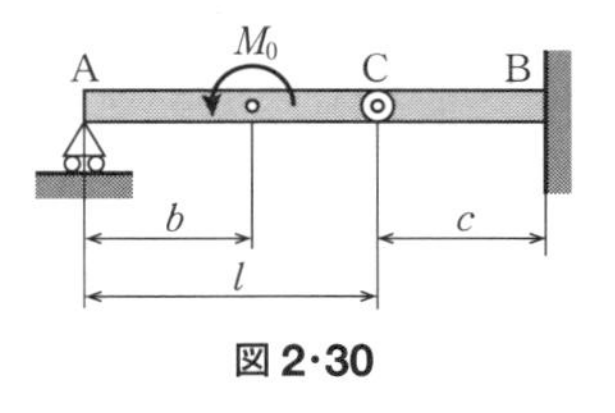

図 2·30

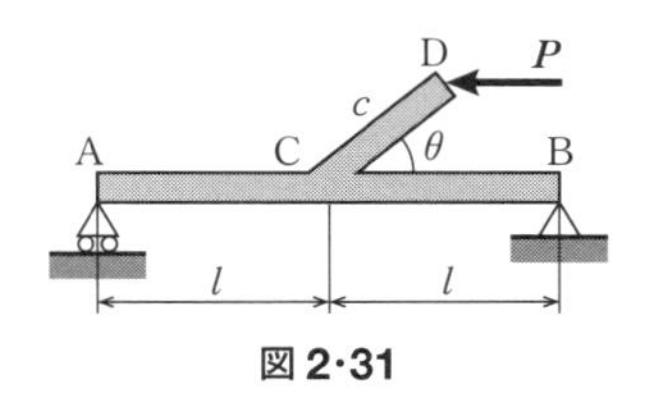

図 2·31

点は固定支点として，A，B 点の支点反力および B 点の支持モーメントを求めよ．

【問題 2･17】 図 **2･31** のような水平力 P を受けるはりの支点 A，B での反力を求めよ．

【問題 2･18】 図 **2･32** のように，長さ $2l$ の部材 AB の中点 D に部材 DC がピン結合されている．B 点に垂直力 P が作用しているとき，C 点の水平，垂直反力を求めよ．ただし，AD＝DC とする．

【問題 2･19】 図 **2･33** のような垂直力 $\boldsymbol{P}$ を受ける構造物において，支点 A，E の水平，垂直反力を求めよ．

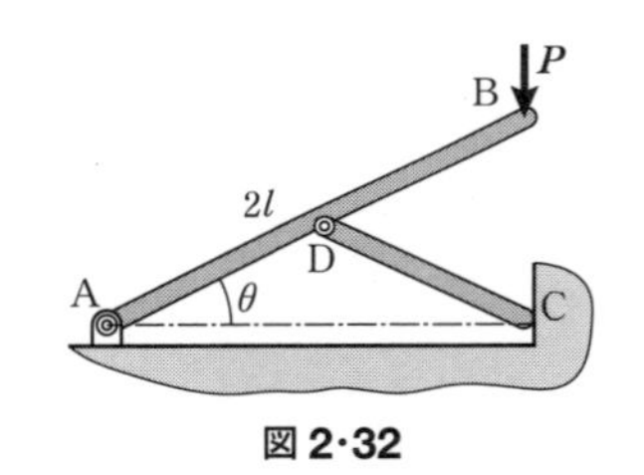

図 2･32

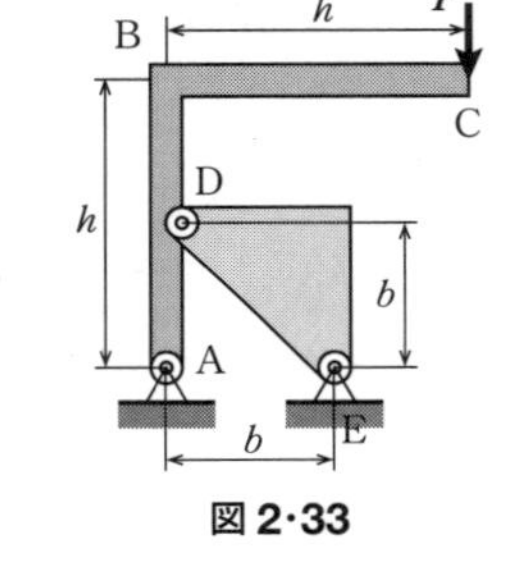

図 2･33

3

分布力と重心

本章では，物体に力が分布して作用した場合の支持端などにおける力，力のモーメントならびに物体の重心の求め方について学ぶ．

3･1 基礎事項

3･1･1 分布力

ある範囲にわたって分布する力（荷重）を**分布力**（**分布荷重**）と呼び，単位長さまたは単位面積あたりの力の大きさで示す．重力などの一方向に向く平行な分布力は，平行力の合成法によって１つの等価力（等価集中荷重）に置換できる．

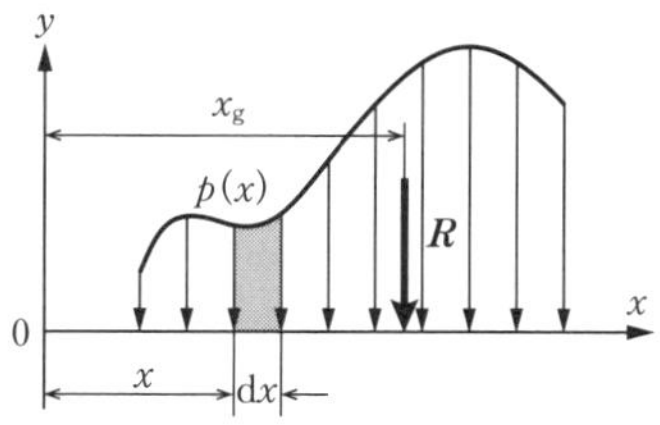

図 **3･1** に示すような単位長さあたり $p(x)$ の平行な分布力の合力 R，作用線の位置 x_g は，式(**1･9**)，式(**1･10**)の（　）内の式を積分形に直して

図 3･1　分布力の合力

$$R = \sum F_i = \int p(x)\mathrm{d}x \tag{3･1}$$

$$x_g = \frac{\sum F_i x_i}{\sum F_i} = \frac{\int x \cdot p(x)\mathrm{d}x}{\int p(x)\mathrm{d}x} \tag{3･2}$$

となる．すなわち，式(**3･1**)は，分布力の大きさを示す曲線 $p(x)$ と x 軸とで囲まれた部分の面積が等価力の大きさを表すことを意味している．また，式(**3･2**)は分布力によるある点（この場合，原点 O）まわりのモーメントの総和と等しいモーメ

ントを等価力が与える位置に等価力の作用線はあることを意味している．

3·1·2　重心

図**3·2**のように，物体（質量 m，体積 V）は無数の微小質量 Δm_i（微小体積 ΔV_i）の集合であり，微小質量は平行な重力 w_i，すなわち

$$w_i = g\Delta m_i = \rho g\Delta x\Delta y\Delta z = \rho g\Delta V_i \qquad (\mathbf{3\cdot3})$$

を受ける．ここで，ρ：密度，Δx，Δy，Δz：微小質量の x，y，z 方向の寸法，g：重力加速度である．平行な2力の合成の式(**1·9**)，式(**1·10**)を適用して，重力の合力 mg とその作用位置の座標G（x_g，y_g，z_g）は以下の式で求められる*1．物体中の密度が均一な場合には（　）内に示した関係となる．

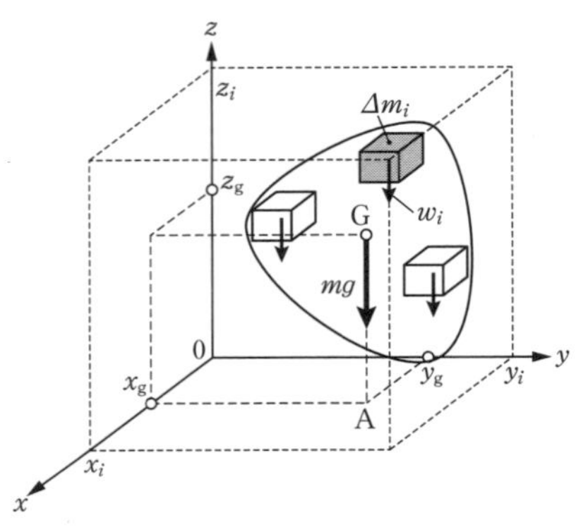

図 3·2　物体の重心

$$w_1 + w_2 + \cdots + w_i + \cdots = \sum w_i = \sum g\Delta m_i = g\int \mathrm{d}m = mg \qquad (\mathbf{3\cdot4})$$

$$x_g = \frac{\sum w_i x_i}{\sum w_i} = \frac{\int x\mathrm{d}m}{\int \mathrm{d}m} \quad \left(= \frac{\int x\mathrm{d}V}{\int \mathrm{d}V} \right) \qquad (\mathbf{3\cdot5})$$

$$y_g = \frac{\sum w_i y_i}{\sum w_i} = \frac{\int y\mathrm{d}m}{\int \mathrm{d}m} \quad \left(= \frac{\int y\mathrm{d}V}{\int \mathrm{d}V} \right) \qquad (\mathbf{3\cdot6})$$

$$z_g = \frac{\sum w_i z_i}{\sum w_i} = \frac{\int z\mathrm{d}m}{\int \mathrm{d}m} \quad \left(= \frac{\int z\mathrm{d}V}{\int \mathrm{d}V} \right) \qquad (\mathbf{3\cdot7})$$

Gは全質点の重力と等価な力の作用点であり，**重心**と呼ぶ．また，図**3·2**の

*1　たとえば，重心の x 座標 x_g がゼロ，すなわち重心が yz 面上にあるときには，式(**3·5**)から，$\int x\mathrm{d}m = 0$（この場合，x は重心からの距離の x 座標と一致する）となる．

GA は重力が z 方向のときの等価力の作用線であり，作用線は重心を通ることを示している．物体中の密度が均一な種々の物体の重心を巻末に示す．なお，$m=\int_m \mathrm{d}m$，$V=\int_V \mathrm{d}V$ であり，右辺はそれぞれ物体全体，体積全体にわたって積分することを意味する．添字の m，V は上記の式中のように省略することもある．

図形の重心：重量の代わりに面積 A，力のモーメントの代わりに**面積のモーメント** $\int x\mathrm{d}A$，$\int y\mathrm{d}A$ を用いて求まり，**図心**とも呼ぶ．図 **3·3** において G は全体の重心，A_i，G_i は有限個に分割したときの i 番目の図形の面積と重心位置を示す．密度一様な均等厚の平板の重心 G（x_g，y_g）もこの関係で求まる．

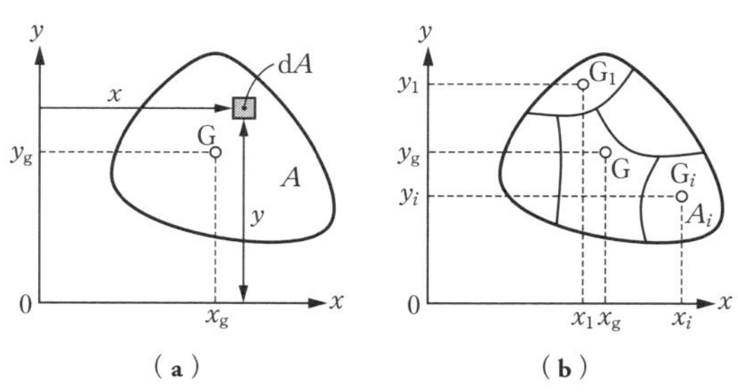

図 3·3　図形の重心

$$x_g=\frac{x_1A_1+x_2A_2+\cdots}{A_1+A_2+\cdots}=\frac{\sum x_iA_i}{\sum A_i}=\frac{\int x\mathrm{d}A}{A} \tag{3·8}$$

$$y_g=\frac{y_1A_1+y_2A_2+\cdots}{A_1+A_2+\cdots}=\frac{\sum y_iA_i}{\sum A_i}=\frac{\int y\mathrm{d}A}{A} \tag{3·9}$$

曲線の重心：曲線（長さ l）の重心 G は線分のモーメントを用いて求まる．図 **3·4** において，G は全体の重心，l_i，G_i は有限個に分割したときの i 番目の線分の

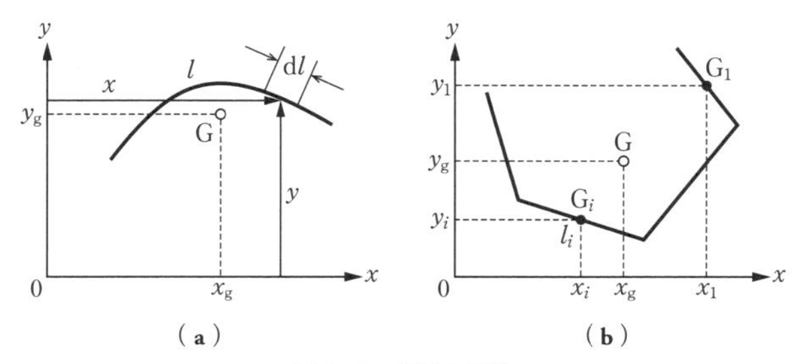

図 3·4　曲線の重心

長さと重心位置を示す．密度，太さが一様な針金の重心G（x_g，y_g）もこの関係で求まる．

$$x_g = \frac{x_1 l_1 + x_2 l_2 + \cdots}{l_1 + l_2 + \cdots} = \frac{\sum x_i l_i}{\sum l_i} = \frac{\int x \mathrm{d}l}{l} \quad (3\cdot10)$$

$$y_g = \frac{y_1 l_1 + y_2 l_2 + \cdots}{l_1 + l_2 + \cdots} = \frac{\sum y_i l_i}{\sum l_i} = \frac{\int y \mathrm{d}l}{l} \quad (3\cdot11)$$

3·1·3　回転体の表面積・体積（パップスの定理）

長さlの曲線Cがx軸まわりに回転してできる回転体の表面積Sは，微小線分dlがx軸まわりを回転したときの表面積が$2\pi y\mathrm{d}l$であることと曲線の重心の定義から，下式となる（図3·5）．ただし，y_gは曲線Cの重心のy座標である．

$$S = \int_C 2\pi y \mathrm{d}l = 2\pi \int_C y \mathrm{d}l = 2\pi y_g l \quad (3\cdot12)$$

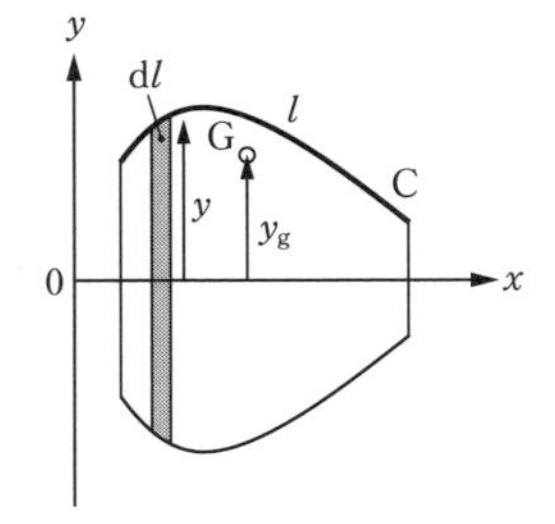

図3·5　回転体の表面積

面積Aの図形がx軸まわりに回転して得られる回転体の体積Vは，微小面積dAがx軸まわりに回転したときの体積が$2\pi y\mathrm{d}A$であることと，図形の重心の定義から，次のようになる（図3·6）．ただし，y_gは図形の重心のy座標である．

$$V = \int_A 2\pi y \mathrm{d}A = 2\pi \int y \mathrm{d}A = 2\pi y_g A \quad (3\cdot13)$$

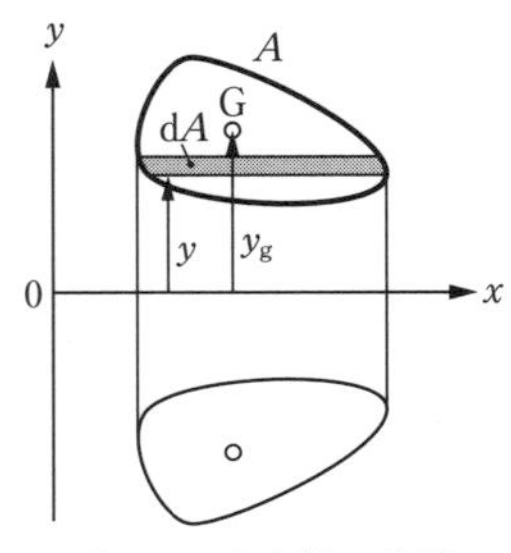

図3·6　回転体の体積

3·1·4　ケーブルの張力

図3·7(b)の**ケーブル**の力のつりあいから，自重による張力Fの水平成分F_xは全長にわたり一定で，垂直成分F_yはケーブルの最下端とその点の間にあるケーブル重量P_xに等しく，また，張力Fは力の三角形から次の式となる．

$$F_x = F_0\ (\text{一定}),\quad F_y = P_x \quad (3\cdot14)$$

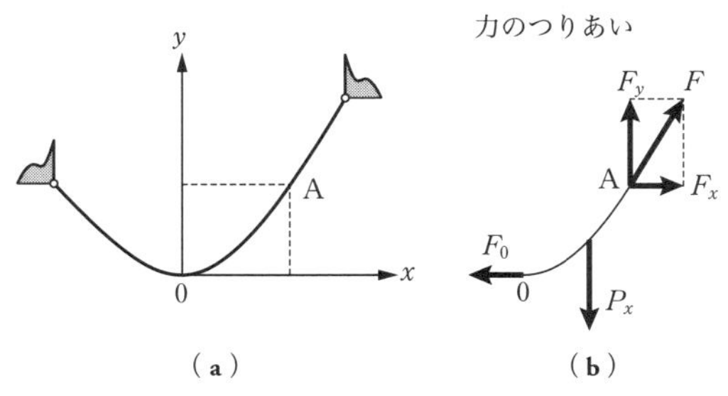

図 3·7 ケーブルに作用する力

$$F=\sqrt{{F_0}^2+{P_x}^2} \tag{3·15}$$

ケーブルの自重によるたわみは**懸垂線**と呼ばれる．一方で図 3·8 に示すようにケーブルが水平方向に等しい荷重分布を受けるときには**放物線ケーブル**と呼ばれる状態になる．

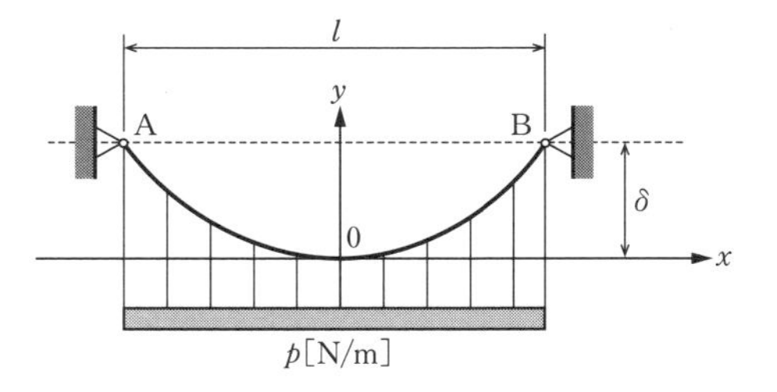

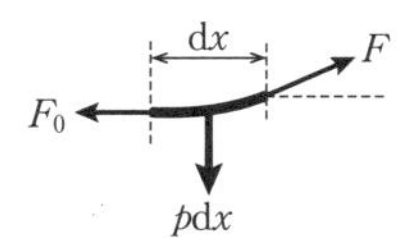

図 3·8 水平に一様の荷重を受けるケーブル

$$y=\frac{px^2}{2F_0} \tag{3·16}$$

$$F_0=\frac{pl^2}{8\delta}=\frac{mgl}{8\delta} \tag{3·17}$$

p はケーブルの単位長の重量，m はケーブルの全質量，δ は最下端のたわみ量である．δ/l を**垂下比**と呼ぶ．

3·1·5 静止流体の圧力と浮力

静止流体の表面から深さ z の位置の圧力 p は流体中の微小部分に作用する力のつりあい，$\mathrm{d}p=\rho g\mathrm{d}z$ を積分して，以下のように求まる（図 3·9 参照）．

$$p=p_0+\rho gz$$

（密度 ρ が一定の場合）

(3·18)

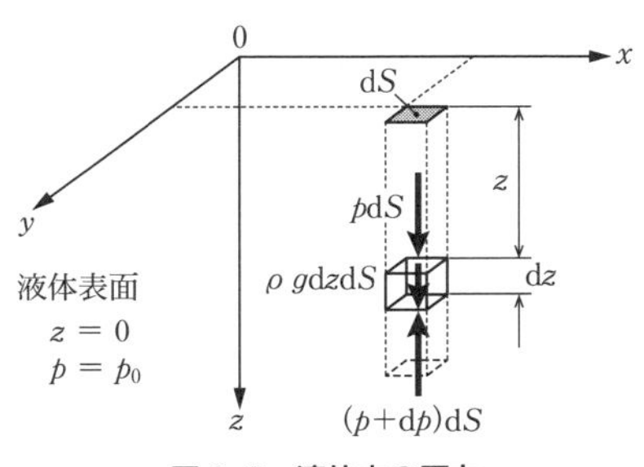

図 3·9 流体中の圧力

$$p = p_0 + \int \rho g \mathrm{d}z \text{（密度}\rho\text{が変化する場合）} \tag{3・19}$$

p_0 は流体表面での圧力（大気圧など），ρ は流体の密度である．**流体圧**は作用面に垂直となり，作用方向に関係なくすべての方向に等しくなる．

流体中にある物体は，その物体の体積と等しい体積の流体が受ける重力に等しい，上向きの力（**浮力**）を受ける（図 **3・10** 参照：**アルキメデスの原理**）．また，浮力の中心は物体によって排除された流体の重心位置となる．

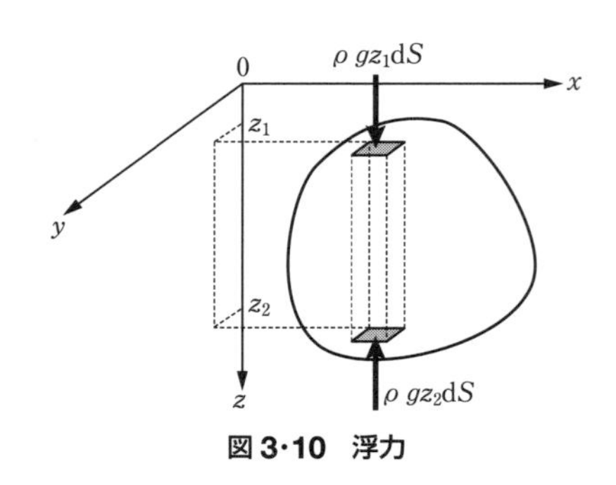

図 3・10　浮力

3・2　基本例題

【例題 3・1】 図 **3・11** のような両端支持ばりに直線的に変化する分布荷重が作用している．等価集中荷重の位置を求めよ．ただし，$l = 6$ m，$p_0 = 9$ kN/m とする．

［**解**］ A 点より x 位置での分布力の大きさは右端 B での分布荷重が p_0，左端 A でゼロであるから

$$p(x) = p_0 \frac{x}{l}$$

となる．したがって，等価集中荷重 P は式(**3・1**)から

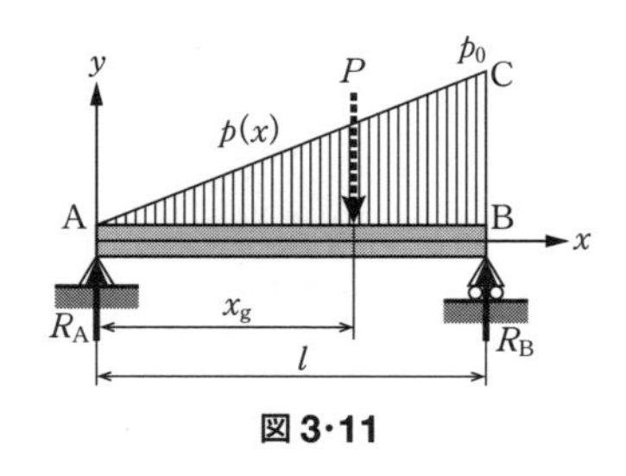

図 3・11

$$P = \int_0^l p_0 \frac{x}{l} \mathrm{d}x = \frac{p_0 l}{2} = 27 \text{ kN}$$

となり，また，その作用位置 x_g は，式(**3・2**)より

$$x_g = \frac{\displaystyle\int_0^l \frac{x^2}{l} p_0 \mathrm{d}x}{P} = 4 \text{ m}$$

となる．なお，式(**3・1**)はこの場合，図の三角形の面積を求めているので，積分を

行わずに三角形の面積から直接次のように求めることができる．

$$P=\frac{1}{2}\times 6\times 9=27\ \mathrm{kN}$$

【例題 3·2】 図 3·12(a)の三角形の重心の位置を求めよ．

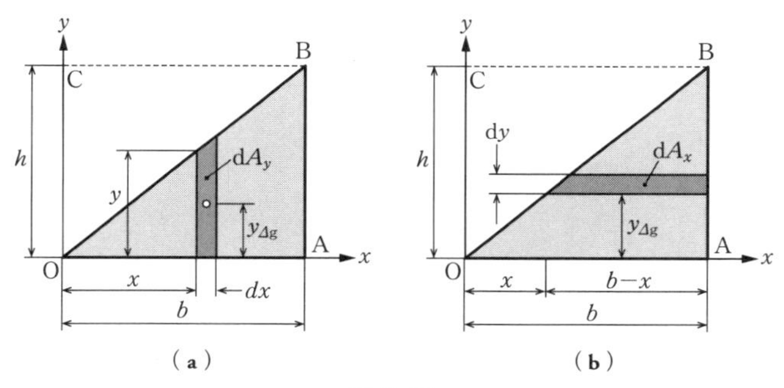

図 3·12

［解］ まず，重心の x 座標 x_g を求める．図(a)において y 軸に平行な微小面積 $\mathrm{d}A_y$ を考えると，$\mathrm{d}A_y=y\mathrm{d}x$ であり，直線 OB は $y=hx/b$ と表されるから△ OAB の面積は

$$A=\int \mathrm{d}A_y=\int_0^b y\mathrm{d}x=\int_0^b \frac{h}{b}x\mathrm{d}x=\frac{h}{b}\left[\frac{x^2}{2}\right]_0^b=\frac{1}{2}bh$$

となる．したがって，重心の x 座標は式(3·8)から次のようになる．

$$x_g=\frac{\int x\mathrm{d}A_y}{\int \mathrm{d}A_y}=\frac{\int_0^b xy\mathrm{d}x}{\int_0^b y\mathrm{d}x}=\frac{\int_0^b \frac{h}{b}x^2\mathrm{d}x}{\int_0^b \frac{h}{b}x\mathrm{d}x}=\frac{\frac{1}{3}b^2h}{\frac{1}{2}bh}=\frac{2}{3}b$$

次に図(b)のように，x 軸に平行な微小面積 $\mathrm{d}A_x$ を考えると，$\mathrm{d}A_x=(b-x)\mathrm{d}y$ であり，$x=by/h$ であるから△ OAB の面積 A は図(a)の場合と同様に求まる．よって，重心の y 座標 y_g は式(3·8)を用いて次のようになる．

$$y_g=\frac{\int y\mathrm{d}A_x}{\int \mathrm{d}A_x}=\frac{\int_0^h y\left(b-\frac{b}{h}y\right)\mathrm{d}y}{\int_0^h \left(b-\frac{b}{h}y\right)\mathrm{d}y}=\frac{\frac{bh^2}{6}}{\frac{bh}{2}}=\frac{h}{3}$$

【例題 3･3】 図 3･13 のような半径 r，中心角 β の扇形 OACB の重心の x，y 座標 x_g，y_g を求めよ．

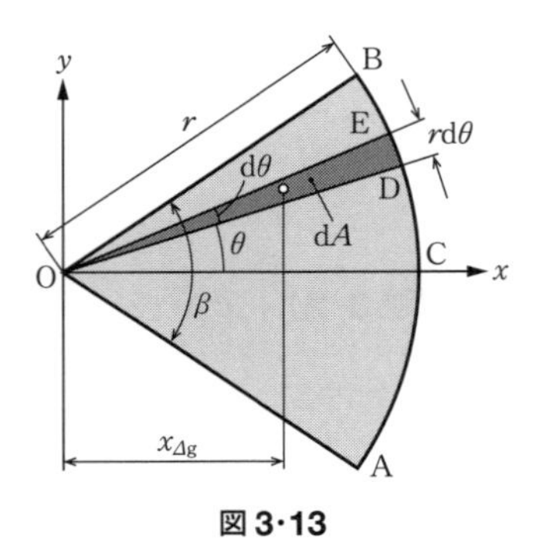

図 3･13

［**解**］ まず扇形を ODE のような微小な三角形の集まりと考える．微小三角形 ODE の高さは r，底辺は $r\mathrm{d}\theta$ で与えられるから，この三角形の面積 $\mathrm{d}A$ は $\mathrm{d}A=(r/2)r\mathrm{d}\theta=r^2\mathrm{d}\theta/2$ となる．また，この微小三角形の重心の x 座標 $x_{\Delta g}$ は前問から，$x_{\Delta g}=(2r/3)\cos\theta$ であるので，扇形全体の重心の x 座標 x_g は式(**3･8**)から次のようになる．

$$x_g=\frac{\int x_{\Delta g}\mathrm{d}A}{A}=\frac{2\int_0^{\frac{\beta}{2}}\frac{2}{3}r\cos\theta\frac{r^2}{2}\mathrm{d}\theta}{2\int_0^{\frac{\beta}{2}}\frac{r^2}{2}\mathrm{d}\theta}=\frac{4r}{3\beta}\sin\frac{\beta}{2}$$

また，図形は x 軸に対して対称であるから，重心の y 座標 y_g はゼロである．

なお，$\beta=\pi/2$ のとき 1/4 円であり，$x_g=\dfrac{8r}{3\pi}\sin\dfrac{\pi}{4}$ となり，

$\beta=\pi$ のとき半円であり，$x_g=\dfrac{4r}{3\pi}$ となる．

【例題 3･4】 図 3･14 のような分布力が片持ばりに作用した場合の等価集中荷重の大きさ（合力の大きさ）ならびにその作用線の位置を求めよ．また，支点 B の支持モーメントはいくらとなるか．

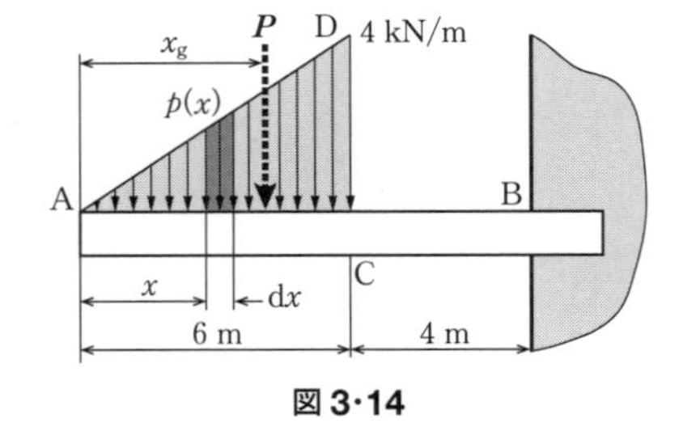

図 3･14

［**解**］ 式(**3･1**)に示すように，分布力の合力の大きさ P は分布力を表す図形の面積で表されるから，この場合には

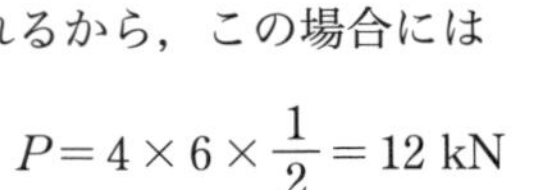

$$P=4\times6\times\frac{1}{2}=12\ \mathrm{kN}$$

である．また，分布力の作用線は定義によって，角形の重心を通るので，その x 座標 x_g は A 点から 4 m の位置である．したがって，分布力（等価力）による B 点

におけるモーメント M_B，すなわち支持モーメントは次のようになる．

$$M_B = P \times 6 = 72\ \mathrm{kN \cdot m}$$

なお，作用・反作用の法則から分布力による BA の等価モーメントは反時計回転方向に作用し，支持モーメントは時計回転方向に作用する．

【例題 3·5】 図 **3·15** に示すように，$y = kx^n$ なる形で分布する荷重による支点反力 R_A，R_B を求めよ．

［解］ 図から $y = kx^n$ は $x = l$ で $y = h$ となる．したがって，$k = h/l^n$ となり，荷重分布の形は

$$y = \frac{h}{l^n} x^n$$

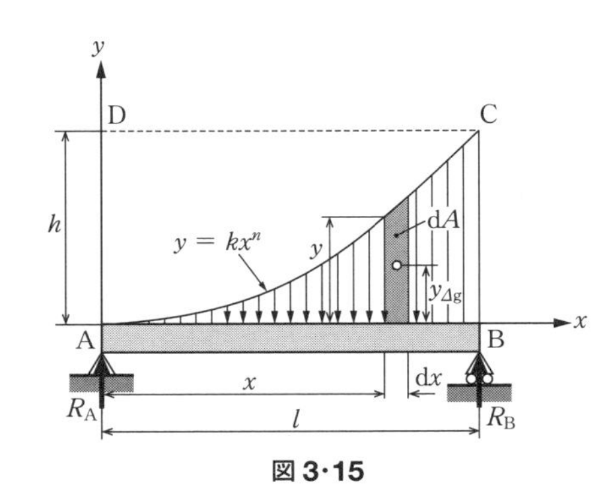

図 3·15

となる．次に，図のような微小要素 $\mathrm{d}A$ の重心の座標を $x_{\Delta g}$, $y_{\Delta g}$ とすると，$x_{\Delta g} = x$，$y_{\Delta g} = y/2$，また，微小要素 $\mathrm{d}A$ の面積は $\mathrm{d}A = y\mathrm{d}x$ である．

したがって，ABC の面積 A は

$$A = \int_0^l y\mathrm{d}x = \frac{h}{l^n}\int_0^l x^n \mathrm{d}x = \frac{lh}{n+1}$$

となり，これが分布力の合力である．分布力の重心位置を x_g，y_g とすると

$$\int x_{\Delta g}\mathrm{d}A = \int_0^l xy\mathrm{d}x = \int_0^l x\frac{h}{l^n}x^n\mathrm{d}x = \frac{l^2 h}{n+2}$$

$$\int y_{\Delta g}\mathrm{d}A = \int_0^l \left(\frac{1}{2}y\right)y\mathrm{d}x = \frac{1}{2}\int_0^l \frac{h^2}{l^{2n}}x^{2n}\mathrm{d}x = \frac{lh^2}{4n+2}$$

であるから，式(**3·8**)の関係を用いて，x_g，y_g は次のように求まる．

$$x_g = \frac{\int x_{\Delta g}\mathrm{d}A}{A} = \frac{n+1}{n+2}l$$

$$y_g = \frac{\int y_{\Delta g}\mathrm{d}A}{A} = \frac{n+1}{4n+2}h$$

以上により分布力の合力（等価集中荷重）の大きさは，$P = lh/(n+1)$，その作

用線の x 座標は，$x_g = (n+1)l/(n+2)$ であるから，支点 A，B の反力 R_A，R_B は，A 点，B 点まわりの力のモーメントのつりあい条件式

$$\sum M_A = -Px_g + R_B l = 0$$

$$\sum M_B = P(l - x_g) - R_A l = 0$$

に，上記の P，x_g を代入して次のようになる．

$$R_A = \frac{lh}{(n+1)(n+2)}, \qquad R_B = \frac{lh}{n+2}$$

【例題 3·6】 直径 $2r_0$ が 0.6 m，長さ l が 1.2 m の丸棒を切削して円錐体を加工した．① 削り取った部分の体積と削り出した円錐の表面積を求めよ．② 削り出した円錐の重心を求めよ．

［**解**］ ① 丸棒の中心を通る x 軸と，これに垂直な y 軸で作る x−y 平面への丸棒の投影図（図 **3·16**）について考える．削除された部分の投影図形である三角形 OAB の重心の y 座標 y_{g1} は

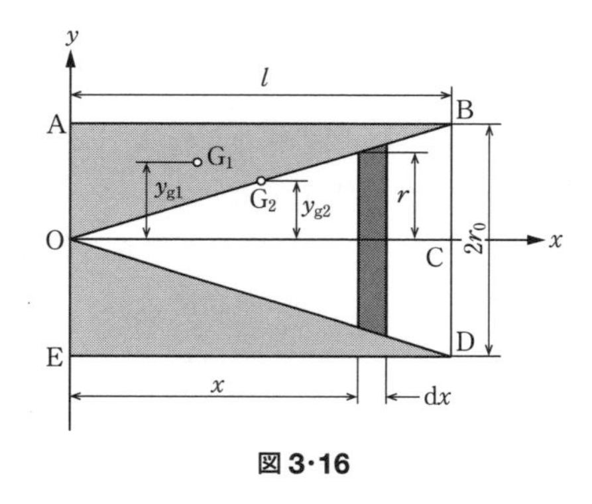

図 3·16

$$y_{g1} = \frac{2}{3}\,\mathrm{OA} = 0.2\ \mathrm{m}$$

となる．この三角形の面積 S_1 は

$$S_1 = 0.3 \times 1.2 \times \frac{1}{2} = 0.18\ \mathrm{m}^2$$

であるので，削除された部分の体積 V は式(**3·13**)から

$$V = 2\pi \cdot y_g \cdot S_1 = 2\pi \times 0.2 \times 0.18 = 0.23\ \mathrm{m}^3$$

となる．削り出された円錐の表面積 S_2 は線分 OB を x 軸まわりに回転したときの面積であるから，線分 OB の重心の y 座標を y_{g2}，OB の長さを l_{OB} とすると式(**3·12**)から次のように求まる．

$$S_2 = 2\pi \cdot y_{g2} \cdot l_{OB} = 2\pi \times 0.15 \times 1.24 = 1.17\ \mathrm{m}^2$$

② 線分 OB を x 軸まわりに回転したときにできる円錐において y 軸に平行で厚さが dx の薄い円板の体積 $\mathrm{d}V$ は $\pi r^2 \mathrm{d}x$ である．また，$x = l$ で $r = \mathrm{BC} = r_0$ であるから，$x/l = r/r_0$ となり，$r = xr_0/l$ であるので

$$\mathrm{d}V = \pi\left(\frac{x}{l}r_0\right)^2 \mathrm{d}x$$

となる．したがって，重心の x 座標 x_g は式(3·5)から次のように求まる．なお，図の円錐は x 軸に対して対称であるから，重心の y 座標 y_g はゼロである．

$$x_g=\frac{\int x\mathrm{d}m}{m}=\frac{\int_0^l x\mathrm{d}V}{\int_0^l \mathrm{d}V}=\frac{\int_0^l x\pi\left(\frac{x}{l}r_0\right)^2\mathrm{d}x}{\int_0^l \pi\left(\frac{x}{l}r_0\right)^2\mathrm{d}x}=\frac{3}{4}l$$

【例題 3·7】 図 3·17(a)に示す吊り橋において，ケーブル AOB の局部的なつりあい関係が図(b)で示されるとき，① ケーブルの形を与える式，② ケーブルの張力を与える式，③ ケーブルの長さを与える式を導け．ただし，ケーブルには単位長さあたり p なる荷重が作用しているものとする．

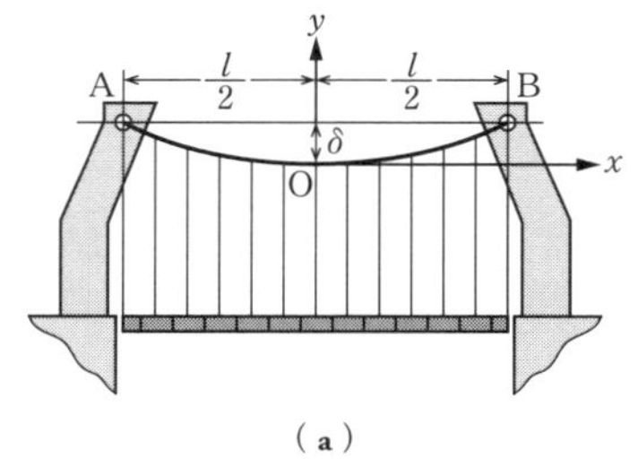

(a)

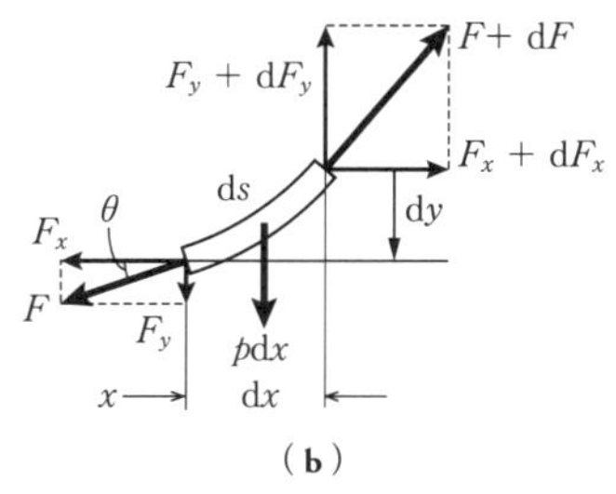

(b)

図 3·17

［解］ ① 図(b)のケーブルの微小部分において，水平方向のつりあい条件は

$$F_x+\mathrm{d}F_x=F_x$$

であり，$\mathrm{d}F_x=0$ となり，水平方向の力の成分 F_x は一定となるので，$F_x=F_0$ とおく．また，垂直方向のつりあいは

$$F_y+\mathrm{d}F_y=F_y+p\mathrm{d}x$$

となり，$\mathrm{d}F_y=p\mathrm{d}x$ が得られる．すなわち

$$\frac{\mathrm{d}F_y}{\mathrm{d}x}=p$$

となる．一方，図(b)を参考にして，微小部分では次の関係が得られる．

$$\tan\theta=\frac{F_y}{F_x}=\frac{\mathrm{d}y}{\mathrm{d}x}$$

$F_x=F_0=$ 一定であることを考慮して，この式を x で微分すると

$$\frac{\mathrm{d}^2y}{\mathrm{d}x^2}=\frac{1}{F_0}\cdot\frac{\mathrm{d}F_y}{\mathrm{d}x}=\frac{p}{F_0}$$

となる．これを 2 回積分すれば

$$y=\frac{p}{2F_0}x^2+C_1x+C_2$$

であり，C_1，C_2 は積分定数である．図(**a**)のように座標をとれば，$x=0$ で $y=0$，$\mathrm{d}x/\mathrm{d}y=0$（左右対称）となるから，$C_1=C_2=0$ である．よって，ケーブルの曲線は次の放物線となる．

$$y=\frac{p}{2F_0}x^2 \quad \cdots (\mathbf{1})$$

② $x=l/2$ で $y=\delta$ とおけば，式(**1**)から

$$F_0=\frac{pl^2}{8\delta} \quad \cdots (\mathbf{2})$$

が得られ，ロープの張力 F は，図**3·7** を参考にして式(**3·15**)より

$$F=\sqrt{{F_0}^2+{P_x}^2}=\sqrt{{F_0}^2+p^2x^2}$$

となり，式(**2**)を用いれば次のようになる．

$$F=p\sqrt{x^2+\frac{l^4}{64\delta^2}} \quad \cdots (\mathbf{3})$$

③ ケーブルの長さ s は，図(**b**)から微小長さ $\mathrm{d}s$ が

$$\mathrm{d}s=\sqrt{(\mathrm{d}x)^2+(\mathrm{d}y)^2}=\sqrt{1+\left(\frac{\mathrm{d}y}{\mathrm{d}x}\right)^2}\,\mathrm{d}x$$

であるので，積分して

$$s=\int_{-\frac{l}{2}}^{\frac{l}{2}}\sqrt{1+\left(\frac{\mathrm{d}y}{\mathrm{d}x}\right)^2}\,\mathrm{d}x \fallingdotseq 2\int_0^{\frac{l}{2}}\left\{1+\frac{1}{2}\left(\frac{\mathrm{d}y}{\mathrm{d}x}\right)^2\right\}\mathrm{d}x$$

$$=2\int_0^{\frac{l}{2}}\left\{1+\frac{1}{2}\left(\frac{8\delta x}{l^2}\right)^2\right\}\mathrm{d}x=l\left\{1+\frac{8}{3}\left(\frac{\delta}{l}\right)^2\right\}$$

となる．ここで，垂下比 δ/l が 0.1 としても，$s=1.03\,l$ であり，たわみの少ないケーブルでは全長は支点間距離とほぼ等しいとおいてかまわない．

【例題 3·8】 図 **3·18** に示すように，幅 1.5 m の水路に深さ $h_0=2$ m まで水が入っており，高さ l が 2.3 m の水門でせき止められている．① 水門を押す圧力の合力 P の大きさと，水面から合力の作用点までの距離を求めよ．② B 点における反力（土台 B 側の抗力 R_B）を求めよ．

［**解**］ ① 式(**3·18**)において，水面（$h=0$）での水圧はゼロ，水底（$h=2$ m）

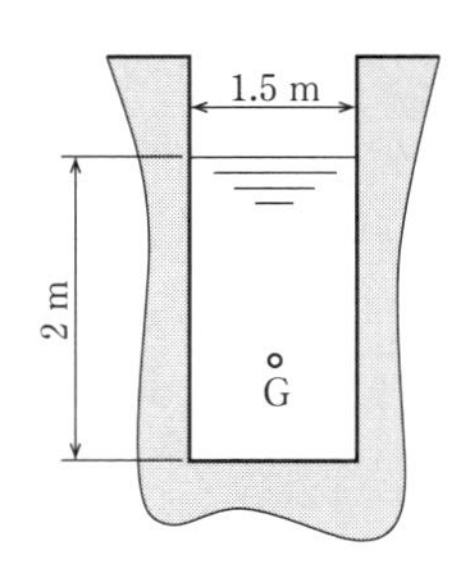

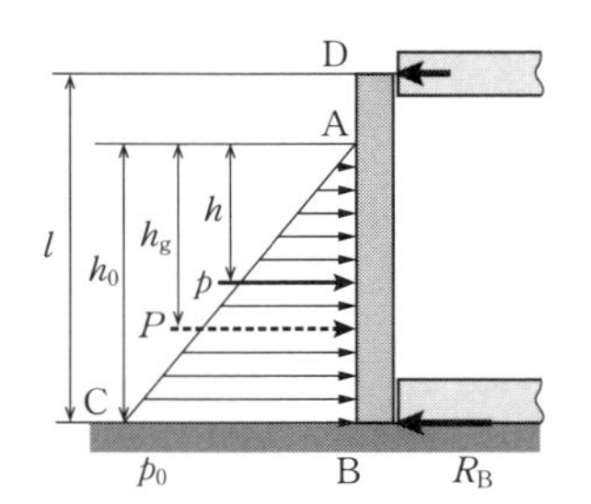

図 3·18

での水圧 p_0 は

$$p_0 = 1000 \times 9.81 \times 2 = 19.6\ \mathrm{kN/m^2}$$

となり，水中における圧力分布は図の△ ABC のようになる．したがって，水門の AB 部に作用する水圧は△ ABC の面積と等価であり，幅 1.5 m の水門全体に作用する全水圧 P は次のようになる．

$$P = \frac{p_0}{2} \times 1.5 h_0 = 29.4\ \mathrm{kN}$$

P は△ ABC の重心に集中して作用すると考えられるので，合力の作用点は

$$h_g = \frac{2}{3} h_0 = \frac{4}{3}\ \mathrm{m}$$

となる．

② D 点まわりのモーメントのつりあい条件から

$$\sum M_D = P(h_g + l - h_0) - R_B l = 0$$

が得られる．したがって，これから R_B を求めれば 20.9 kN となる．

【例題 3·9】 図 3·19(a)に示すような状態で，直方体の木片がオイルに覆われ

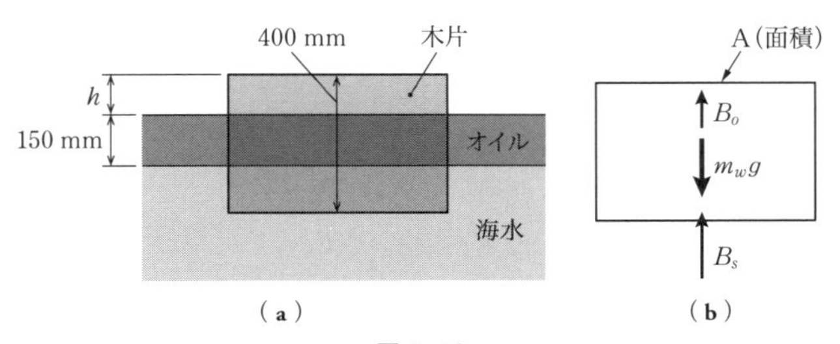

図 3·19

た海水に浮かんでいる．木片の密度が 800 kg/m^3，オイルの密度が 900 kg/m^3，海水の密度が 1030 kg/m^3 のとき，木片が液体より浮かぶ高さ h を求めよ．

［**解**］ 浮力は液体を排斥した体積に応じた力が上向きに働く．木片に作用する力のつりあい（F.B.D.）を求めると，図 **3･19**(**b**) に示す通りになる．力のつりあいを求めると以下の式となる．ここで，m_W は木片の質量，B_O はオイルの浮力，B_S は海水の浮力である．

$$-m_W g + B_O + B_S = 0$$

$$-800g \cdot A\,\frac{400}{1000} + 900g \cdot A\,\frac{150}{1000} + 1030g \cdot A\,\frac{400-150-h}{1000} = 0$$

ここで，A は木片の面積である．したがって，$h = 70.4$ mm となる．

3･3 演習問題

【問題 3･1】 ［　　　］に適切な語を入れて以下の文章を完結せよ．

① 実際にある分布力の例をあげよ．(a)［　　　］

② 体積 V_1，V_2，密度 ρ_1，ρ_2 の 2 つの球を質量のない棒で結合してある．全体の重心位置 x は，式(**3･5**)から (b)［　　　］となる（図 **3･20**）．

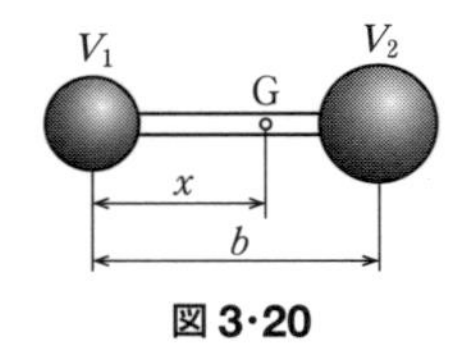

図 3･20

③ 厚さ，密度が一様な平板の重心の算出には，式 (c)［　　　］を適用できる．

④ ケーブルの自重による張力が最小となる場所は (d)［　　　］である．

【問題 3･2】 半径が r で中心角が θ である円弧 ACB の重心を求めよ．

［**解**］ 図 **3･21** のように，円の中心を原点，対称軸を x 軸にとり，重心の座標を（x_g，y_g）とする．x 軸から角 β のところの弧上に微小な弧の長さ dl をとり，この微小弧の中心点 O に対する微小角を dβ とすると，d$l = r$dβ となる．また，微小弧 dl の重心の x 座標 $x_{\Delta g}$ は，$x_{\Delta g} = r\cos\beta$ で与えられる．したがって，弧全体の重心の x 座標

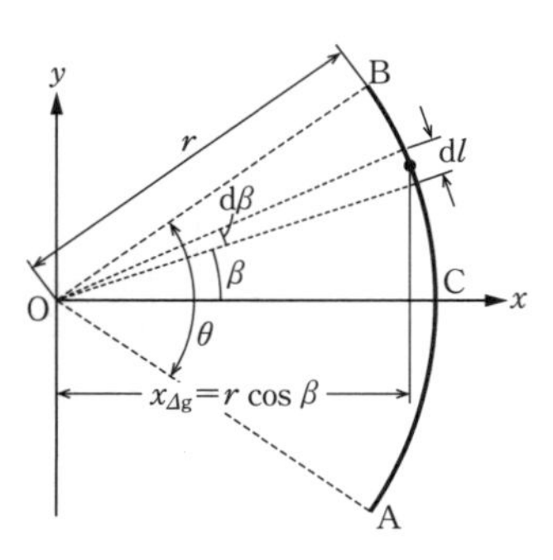

図 3･21

は式(**3·10**)から

$$x_g = \frac{\int x_{\Delta g} \mathrm{d}l}{l} = \frac{^{(a)}\boxed{}}{\int_{-\frac{\theta}{2}}^{\frac{\theta}{2}} r\mathrm{d}\beta} = \frac{r^2[\sin\beta]_{-\frac{\theta}{2}}^{\frac{\theta}{2}}}{r[\beta]_{-\frac{\theta}{2}}^{\frac{\theta}{2}}} = \frac{2r}{\theta}\sin\frac{\theta}{2}$$

となる．図形は x 軸に対して対称であるから，重心の y 座標 y_g は (b) $\boxed{}$ である．なお，① $\theta=\pi/2$ の場合，4分の1円弧であり，$x_g=$ (c) $\boxed{}$，② $\theta=\pi$ の場合，半円であり，$x_g=$ (d) $\boxed{}$ となる．

【問題 3·3】 図 **3·22** のような寸法の台形の重心の y 座標 y_g を求めよ．

［解］ 台形を OB 線により 2 つの三角形 OBC と OAB に分割すると，それぞれの三角形の重心 y_{g1}，y_{g2} は例題 **3·2** の結果から求まり，台形 OABC の重心の y 座標は，式(**3·9**)を用いて，次のように求まる．

$$y_g = \frac{^{(a)}\boxed{}}{^{(b)}\boxed{}} = \frac{h(b+2c)}{3(b+c)}$$

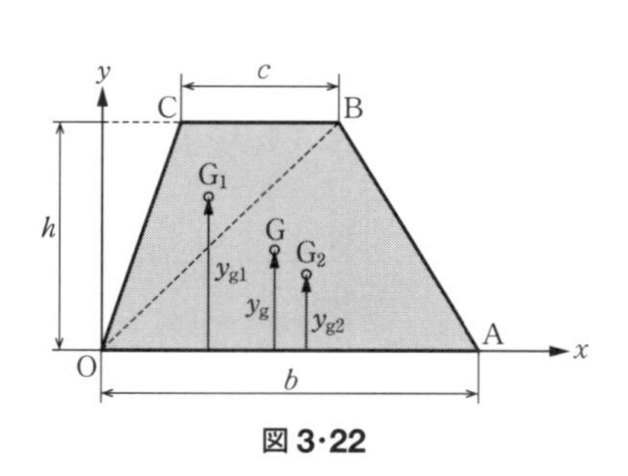

図 3·22

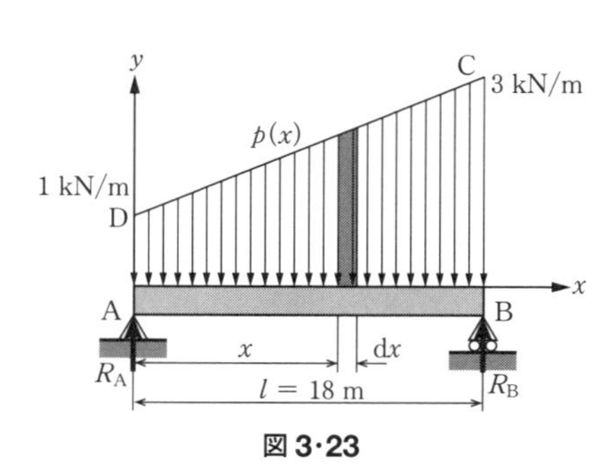

図 3·23

【問題 3·4】 図 **3·23** のようなはりが分布力を支えている．支点反力 R_A，R_B と分布力の合力（等価集中荷重）の大きさおよびその作用線を求めよ．

［解］ 支点 A から x ［m］の位置での分布力の大きさ $p(x)$ は，直線 DC が表しており

$$p(x) = {}^{(a)}\boxed{} \ [\mathrm{kN/m}]$$

のようになる．また，はりの垂直方向の力のつりあい条件から

$$R_A + R_B = \int_0^l p(x)\mathrm{d}x$$

が得られる．右辺を計算すれば，その値が分布力の合力 P となり，その値は $P=$ (b) ＿＿＿ kN となる．

次に A 点まわりのモーメントのつりあい条件から

$$R_B l = \text{(c) ＿＿＿} = 378\ \mathrm{kN \cdot m}$$

となり，反力 R_A，R_B は次のようになる．

$$R_A = 15\ \mathrm{kN},\ R_B = 21\ \mathrm{kN}$$

合力（等価集中荷重）の作用線の位置 x は $Px = R_B \times 18$ で求められ，その値は (d) ＿＿＿ m となる．なお，この x は分布力を示す台形 ABCD の図心の x 座標 x_g と一致する．

【問題 3·5】 図 **3·24** の分布力が作用するフレームにおいて，支点 A，F の反力 R_A，R_{Fx}，R_{Fy} を求めよ．

［**解**］ 三角形 ABC の分布力の合力 P_A はその面積 S_{ABC} に相当するから，$P_A = S_{ABC} = 12 \times 6 \times (1/2) = 36$ kN となる．また，この分布力の重心の y 座標は $y_g = 4$ m である．

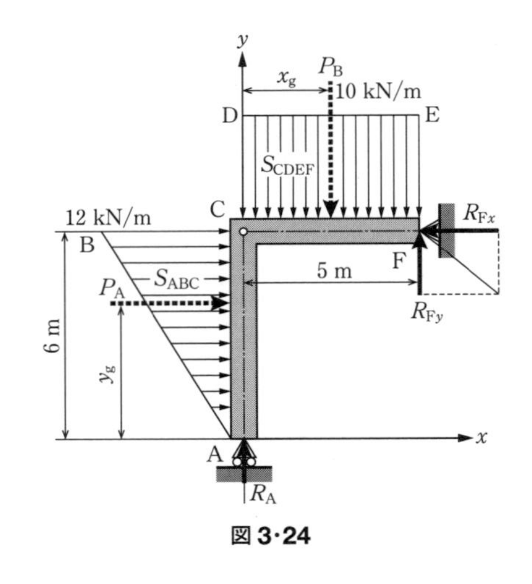

図 3·24

同様にして，分布力 CDEF の合力 P_B およびその重心の x 座標 x_g は

$$P_B = S_{CDEF} = \text{(a) ＿＿＿ kN}$$

$$x_g = \text{(b) ＿＿＿ m}$$

となる．支点 F におけるモーメントのつりあい条件，$\sum M_F = 0$ から

$$\sum M_F = 50 \times 2.5 + 36 \times 2 - R_A \times 5 = 0$$

となり，反力 R_A は $R_A =$ (c) ＿＿＿ kN となる．また，点 A，C におけるモーメントのつりあい条件から，それぞれ

(d) ＿＿＿ $= 0$，　(e) ＿＿＿ $= 0$

が得られ，R_{Fx}，R_{Fy} の値はそれぞれ，(f) ＿＿＿，(g) ＿＿＿ となる．

このように 3 か所でのモーメントのつりあい条件を考えて反力を求めることもできるが，平面問題の場合，これ以上のつりあい条件式（たとえば垂直，水平方向の力のつりあい条件）を求めても無意味であることもわかる．なお，この場合A点は移動支点であるので，反力は移動面に垂直なR_Aのみであるが，A点がF点と同様の回転支点の場合，この問題は剛体の力学としては解けないこともわかる．確かめてみよ．

【問題3·6】 図3·25のような分布力が作用するフレームの支点C，D，Eの反力を求めよ．

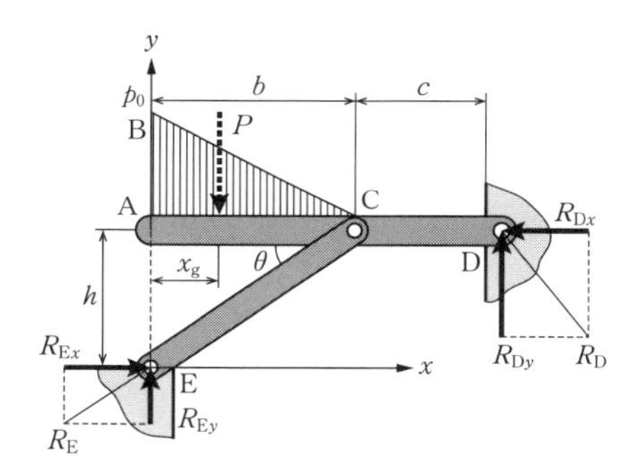

図3·25

［**解**］ 分布力の合力Pの大きさは三角形の面積に等しく，合力の作用位置x_gは三角形の重心を通るから

$P=$ (a) ☐

$x_g=$ (b) ☐

となる．次に，支点D，Eの水平，垂直反力を図のように仮定すると，支点Dにおけるモーメントのつりあい条件，$\sum M_D=0$から

(c) ☐ $=0$

となる．また，2章**2·1·2**項に示すように，部材ECのE点で受けるR_{Ex}，R_{Ey}の合力R_Eは部材方向を向くので

$$\tan\theta=\frac{R_{Ey}}{R_{Ex}}= \text{(d)}\ \square$$

なる関係が得られる．これらの式から

$$R_{Ex}=\frac{(2b+3c)b^2}{6ch}p_0,\quad R_{Ey}= \text{(e)}\ \square$$

となる．一方，点Aにおけるモーメントのつりあい条件，$\sum M_A=0$から (f) ☐ $=0$となるので

$$R_{Dy}=-\frac{b^2}{3c}p_0$$

が求まる．また，水平方向の力のつりあい条件から，$R_{Dx}=R_{Ex}$であり，R_{Dx}もわかる．ここで，R_{Dy}は負の値であるが，これは支点Dの反力が実際には仮定した垂直方向反力とは逆向きに作用していることを意味している．本問を2章で述べた節点法で解いてみよ（例題**2·8**参照）．

【問題 3·7】 図 3·26 のような幅 $b=2$ m の水槽に深さ $h=3$ m まで密度 $\rho=1000$ kg/m^3 の水を入れる．側面に作用する水圧と圧力中心の位置を求めよ．

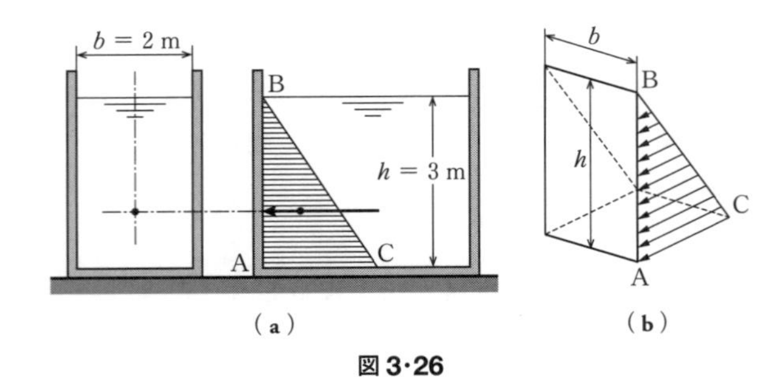

図 3·26

［解］ 水面上の点Bでの圧力 p は 0 であり，底面上の点 A での圧力 p_0 は式(3·18)から，$p_0=$ (a) ［　　　］ となる．水圧は深さに比例して増大するから，幅 b の側面に作用する水圧の分布，すなわち側面の各場所に作用する単位面積あたりの圧力は，図(b)のようなくさび形で表示できる．したがって，幅 b の全側面に作用する全圧力 P はくさび形の体積で表され，次のようになる．

(b) ［　　　］ = (c) ［　　　］ kN

圧力中心はくさび形の重心位置であるから，上面より (d) ［　　　］ m となる．

【問題 3·8】 図 3·27 の半径 $r=0.3$ m，長さ $l=1.2$ m の丸棒を切削してやじり形の加工品を製作した．削除部分の全体積 V とやじり形の全表面積 S を求めよ．

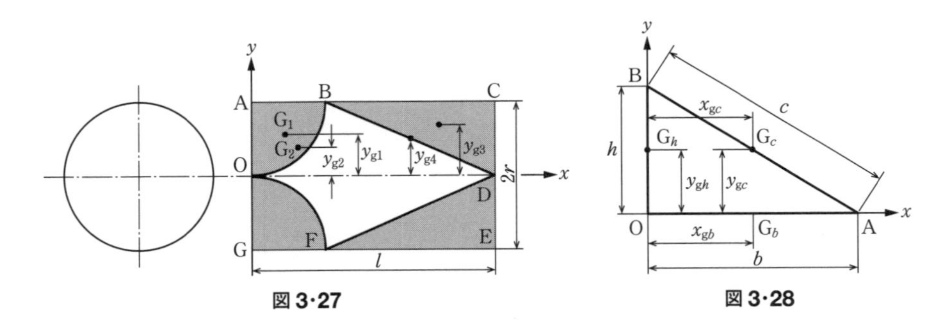

図 3·27　　図 3·28

【問題 3·9】 図 3·28 に示す密度，太さが一様な細い針金製の三角形の重心位置を求めよ．

【問題 3·10】 図 3·29 に示す弓形の重心 x_g を三角形 OAB および扇形 OACB の面積 A_1，A_2，重心 x_{g1}，x_{g2} を用いて表せ．

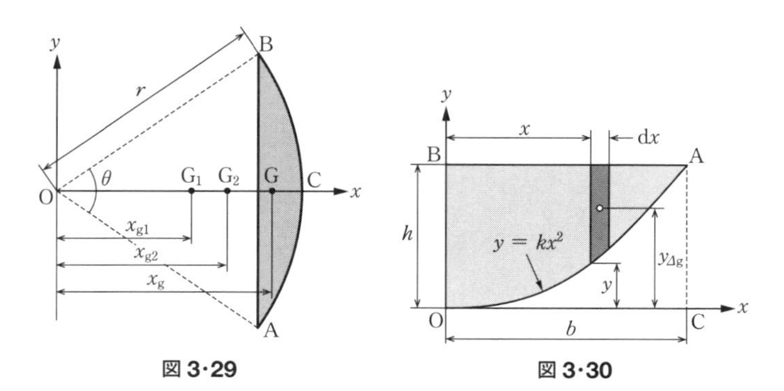

図 3·29　　図 3·30

【問題 3·11】 図 3·30 に示す放物線（$y=kx^2$）による領域 OAB の重心の位置を求めよ．

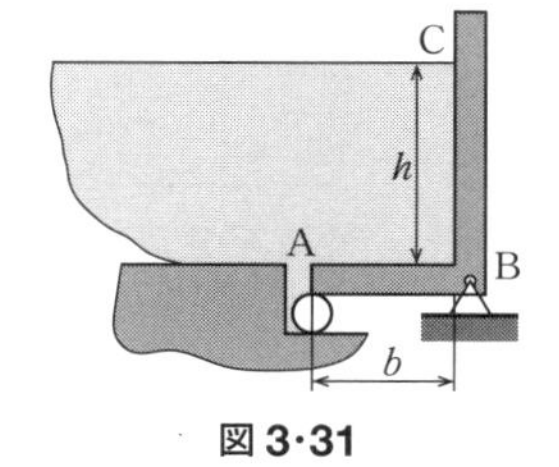

図 3·31

【問題 3·12】 図 3·31 のように，点 B を支点として回転できるせき（堰）がある．水の深さ h がどれだけになると，せきは水圧によって時計回転して水を流出させるか．

【問題 3·13】 図 3·32 のように，薄い板を半円状に曲げ，一様な圧力 p を作用させる．継手 A 部に生ずる水平反力を求めよ．ただし，板幅は単位幅とする．

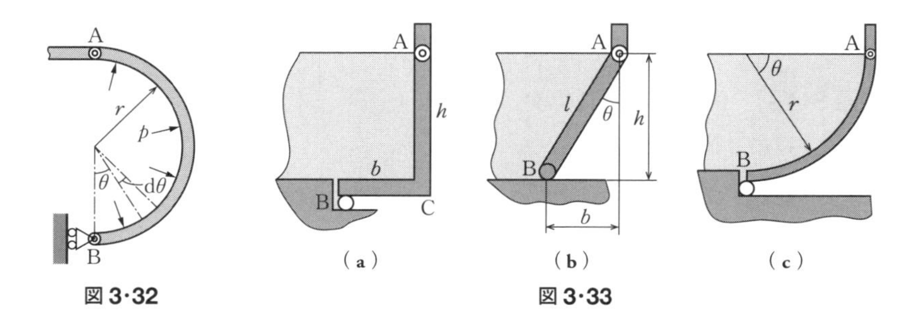

図 3·32　　図 3·33

【問題 3·14】 図 3·33（a），（b），（c）に示すようなせきの A 部に生ずる水平，垂直反力を求めよ．ただし，水の密度を ρ とし，せきの幅は単位幅とする．

【問題 3·15】 図 3·34 のような水門を開けるには，支点 O にどれだけのモーメントMを加える必要があるか．ただし，水門の幅は単位幅とし，水の密度をρとする．

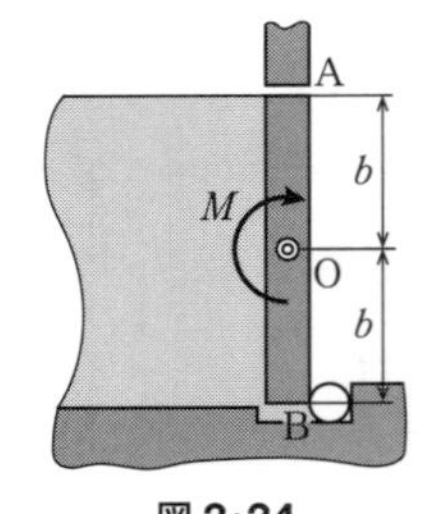

図 3·34

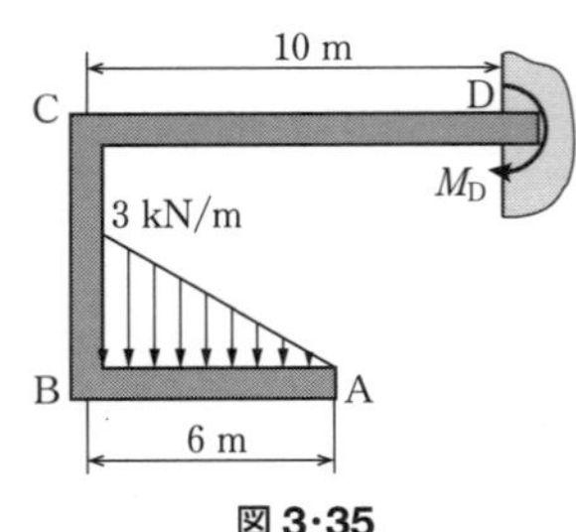

図 3·35

【問題 3·16】 図 3·35 の構造における支点Dの支持モーメントを求めよ．

【問題 3·17】 図 3·36 の構造における支点A，Bの水平，垂直反力を求めよ．

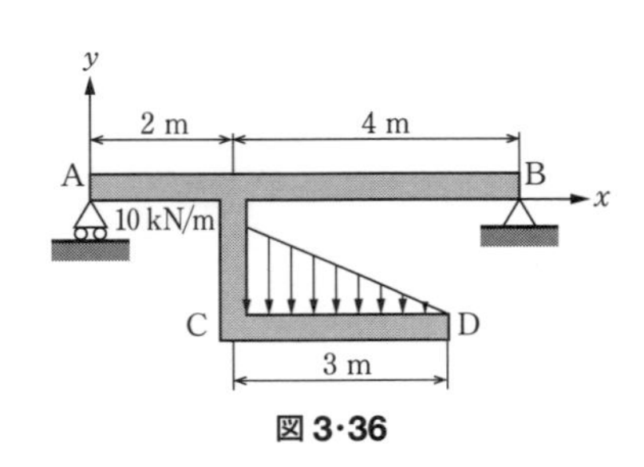

図 3·36

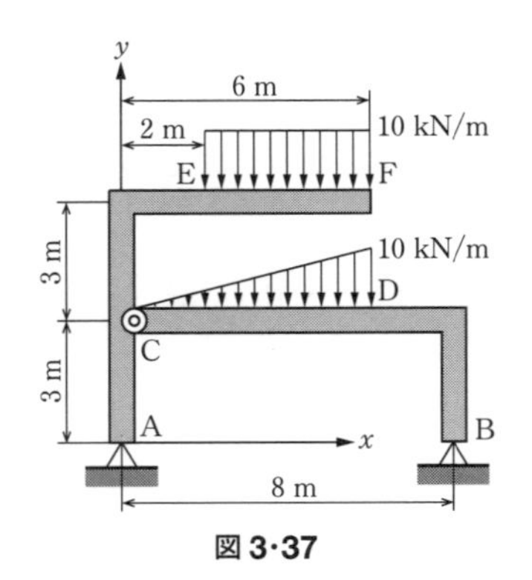

図 3·37

【問題 3·18】 図 3·37 の構造における支点A，Bの水平，垂直反力を求めよ．

【問題 3·19】 例題 3·7 のB点がA点よりh高く，中央のO点がAと同一高さであるように吊り橋が作られたとき，ケーブルに作用する力の水平成分を求めよ．

【問題 3·20】 図 3·38 に示すように，質量 200 kg で直径 0.2 m，長さ 8 m の一様な材質で作られた浮標（ブイ）の一端を水底と 5 m のケーブルで固定した．水深が 10 m のとき，ブイと水面間の傾きθを求めよ．ただし，水の密度ρは 1000 kg/m^3 とする．

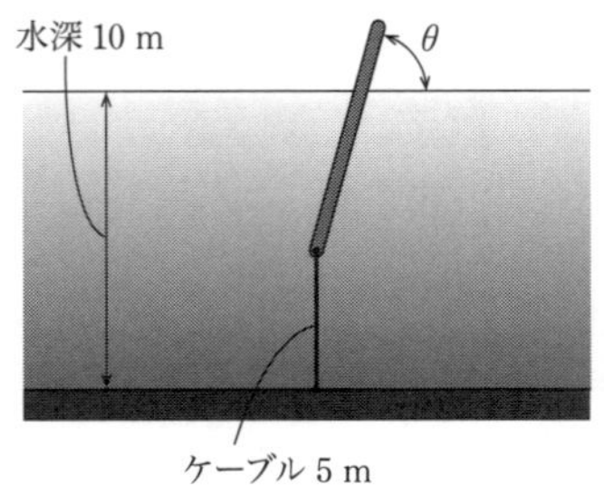

図 3·38

4

摩擦および仕事と動力

本章では，実際の機械で考慮しなければならない摩擦力の扱いならびに力のなす仕事と，その力学問題解法への応用の１つである仮想仕事の原理について学ぶ.

4·1　基礎事項

4·1·1　摩擦力

物体が他の物体の表面に沿って移動するとき，接触面には移動方向と逆向きの力（**摩擦力**）が物体に作用し，**すべり摩擦**が生ずる（図4·1）．すべり摩擦力は，以下に示す**静摩擦力**と**動摩擦力**に分類される.

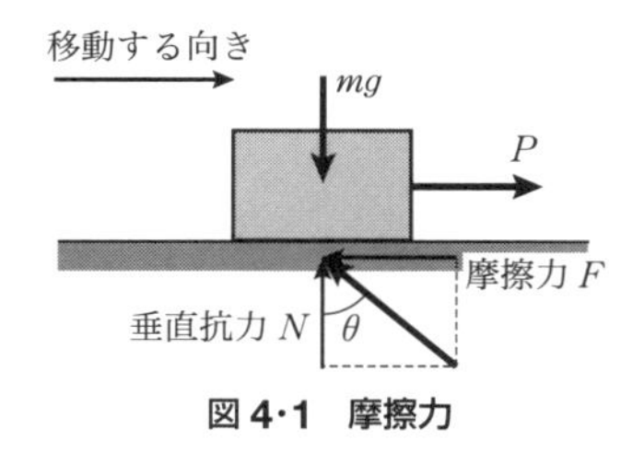

図 4·1　摩擦力

静摩擦力：静止物体をすべらせようとするときに生ずる摩擦力である．水平な面上の静止物体を接触面に沿って移動開始させるのに必要な摩擦力を**最大静摩擦力**（$F=F_S$）といい，最大静摩擦力 F_S と面に垂直な反力 N は

$$F_S=\mu_S N \tag{4·1}$$

なる比例関係にある．比例定数 μ_S を**静摩擦係数**という.

静摩擦係数は図 4·2 に示すように，床の傾き θ を増し，物体がすべり始めるときの角度（$\theta=\theta_S$）から，次式により求まる.

$$\mu_S=\tan\theta_S \tag{4·2}$$

ここで，θ_S を静摩擦角と呼び，$\mu_S=F_S/N=\tan\theta_S$ の関係にある.

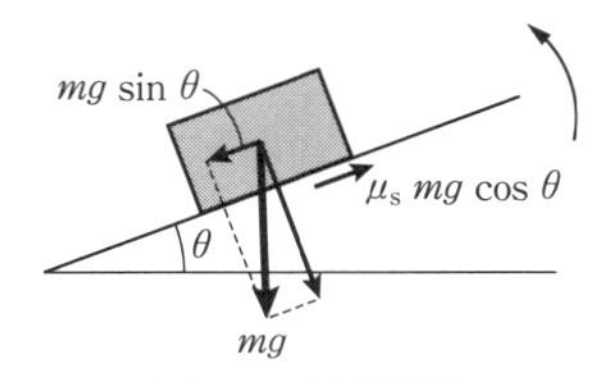

図 4·2　摩擦係数

物体の接触面の摩擦係数が方向によらず一定の場合，どの方向にも同じ最大静摩擦力 F_S を生じ，反力 N と F_S の合力は，絶えず図 **4·3** の直円錐表面 θ_S の方向を向く．この円錐を**摩擦円錐**と呼び，力が F_1 のように円錐内に作用する場合，摩擦力のほうが移動させようとする力の成分よりも絶えず大きくなり，F_1 の大きさに関係なく物体はすべらない．

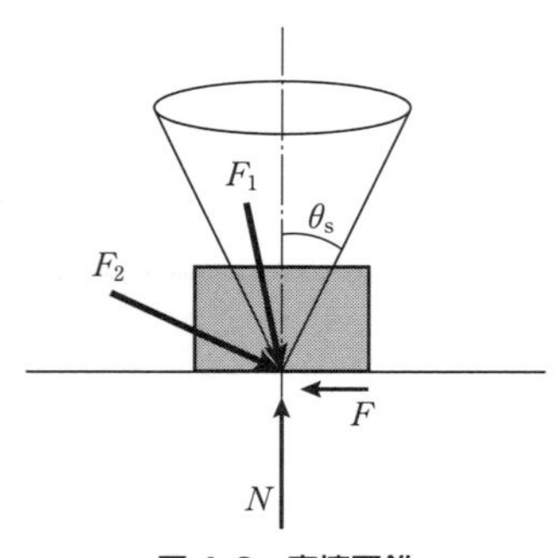

図 4·3 摩擦円錐

一方，F_2 のように作用するときは，移動させようとする力が限界を超せばすべる．

動摩擦力：すべり運動中の物体に作用する摩擦力を**動摩擦力** F_k といい

$$F_\mathrm{k} = \mu_\mathrm{k} N \qquad (4\cdot3)$$

なる比例関係がある．比例定数 μ_k を**動摩擦係数**という．静摩擦と同様に $\mu_\mathrm{k} = F_\mathrm{k}/N = \tan\theta_\mathrm{k}$ の関係にある θ_k を動摩擦角という．

摩擦係数は無次元であり，一般に $\mu_\mathrm{S} > \mu_\mathrm{k}$ である．また，動摩擦係数は速度があまり速くない場合には，速度に影響されないと考えてよい．

物体がほかの物体上を転がる場合にも摩擦が生じ，これを**転がり摩擦**と呼ぶ．実際の物体は剛体ではなく，接触面での作用・反作用力による変形が生ずる．その変形凸部を乗り越えて，物体が移動するための力 F を**転がり摩擦力**といい

$$Fr = bmg \qquad (4\cdot4)$$

なる関係がある（図 **4·4**）．

b を**転がり摩擦係数**（長さの単位をもつ）といい，通常 b は r に比べて十分小さいので，物体は物体の重力に比べて小さな力で転がり移動できる．また，b/r は，すべり摩擦係数に対応するが，その値はすべり摩擦係数に比べて十分小さい．

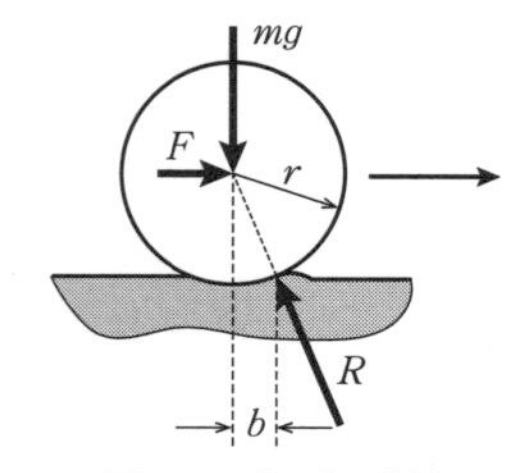

図 4·4 転がり摩擦

機械に関係ある摩擦には，このほかに管壁と流体の間や速度の異なる流体の間で生ずる**流体摩擦**がある．これは，機械の各部品間の接触運動部分の潤滑問題などの基礎としても欠かせない学問分野である，**トライボロジー**の基礎でもある．流体摩擦に対して**すべり摩擦**を**乾燥摩擦**（**クーロン摩擦**）ともいう．

4·1·2 仕事

物体が力を受けて移動するときの力の1つの効果を**仕事**という．力のなす仕事Wは，力の作用点の作用方向への移動距離$s\cos\theta$と力Fの積で定義され

$$W = Fs\cos\theta \tag{4·5}$$

となる（図**4·5**）．$Fs\cos\theta$は力のベクトル$\boldsymbol{F}$と位置ベクトル$\boldsymbol{s}$の内積（スカラー積）$\boldsymbol{F}\cdot\boldsymbol{s}$であるから，仕事はスカラー量である（**1·1·7** 参照）．

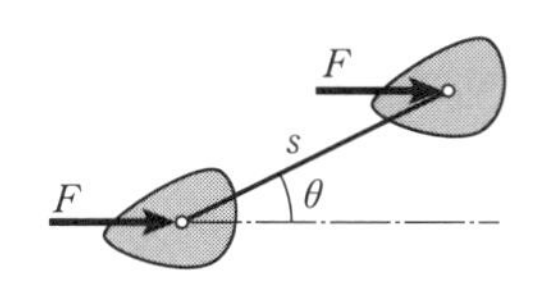

図 4·5　力のなす仕事

また，**仕事の単位**は，力と距離の積，すなわちSI単位ではN·m（＝J：ジュール）である．

なお，力の大きさが作用中に変化する場合には，次のようになる．

$$W = \int F\cos\theta \mathrm{d}s \tag{4·6}$$

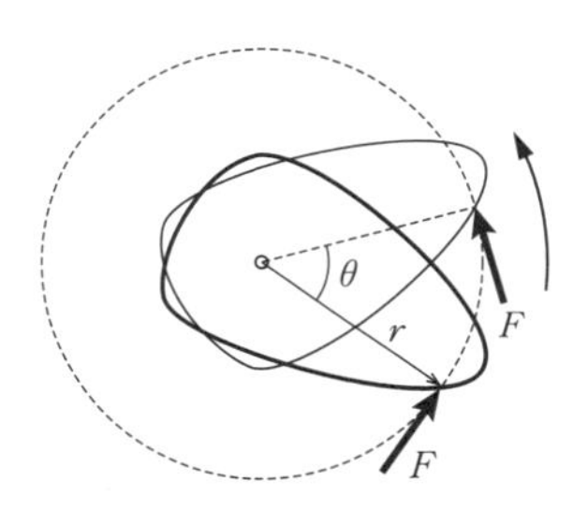

図 4·6　回転体になす力の仕事

また，図**4·6**のように，1点を中心に回転する物体の半径rの位置で力Fが接線方向に作用し続け，θ回転するときの力Fの仕事は，移動距離が$r\theta$であるから

$$W = Fr\theta = T\theta \tag{4·7}$$

となる．Tは力のモーメントMのことであり，軸の回転などでは**トルク**とも呼ぶ．

なお，仕事をする能力のことを**エネルギー**という．力学問題に直接関係あるエネルギーを**力学的エネルギー**と呼び，**位置エネルギー**と**運動エネルギー**に分類される．物体が熱，光，電気など，力学現象以外の現象をともなわずに運動する場合，力学的エネルギーは保存され，そのとき作用する力を**保存力**と呼ぶ．保存力がなす仕事の量は経路に無関係で，最初と最後の条件だけで決まる（**8**章参照）．

4·1·3 仮想仕事の原理

力を受けて**つりあい状態**にある物体を仮想変位させたとき，物体に働く全外力が仮想変位によってなした仮想仕事の総和はゼロとなる（**仮想仕事の原理**）．

質点（1点）に作用する力の場合：作用力を$\boldsymbol{F}_1$，$\boldsymbol{F}_2$，$\boldsymbol{F}_3$，…とし，**仮想変位**を$\delta\boldsymbol{r}$とすると，**仮想仕事**δWはベクトル表示で次のようになる．つりあい状態では合力$\boldsymbol{R}$がゼロであるのでδWもゼロとなり，仮想仕事の原理が成り立つ．

$$\delta W = \boldsymbol{F}_1\cdot\delta\boldsymbol{r} + \boldsymbol{F}_2\cdot\delta\boldsymbol{r} + \boldsymbol{F}_3\cdot\delta\boldsymbol{r} + \cdots = \boldsymbol{R}\cdot\delta\boldsymbol{r} = 0 \tag{4·8}$$

剛体に作用する力の場合：作用する力とその作用点の仮想変位を $\boldsymbol{F}_1$，$\delta\boldsymbol{r}_1$，$\boldsymbol{F}_2$，$\delta\boldsymbol{r}_2$，$\boldsymbol{F}_3$，$\delta\boldsymbol{r}_3$，…とすると，仮想仕事 δW は

$$\delta W = \boldsymbol{F}_1 \cdot \delta\boldsymbol{r}_1 + \boldsymbol{F}_2 \cdot \delta\boldsymbol{r}_2 + \boldsymbol{F}_3 \cdot \delta\boldsymbol{r}_3 + \cdots = 0 \qquad (\mathbf{4 \cdot 9})$$

のように表され，力および力のモーメントがつりあい状態にあるとき δW はゼロとなる．剛体が仮想的にある点まわりに回転移動し，それにともない作用力も仮想的に回転移動する場合の仮想仕事 δW は，図**4･6**のように力 F の作用点（半径 r の位置）の仮想変位 δr（力の作用方向の変位）を仮想回転角 $\delta\theta$ で置き換えれば

$$\delta W = F\delta r = Fr\delta\theta = M\delta\theta \qquad (\mathbf{4 \cdot 10})$$

となり，力のモーメント M と仮想回転角 $\delta\theta$ の積で示される〔式(**4･7**)参照〕．

（注） ある曲線 $y = f(x)$（図**4･7**）を x で微分した関数 $f'(x)$ はこの曲線の接線の勾配を示す．一方，x が微小量 δx だけ変化したときの y の変化量を δy とすれば，図から，$\delta y/\delta x = \mathrm{BC/AB}$ となる．ここで，微小変化の場合，BC/AB は接線の勾配と一致するので $\mathrm{BC/AB} = f'(x)$ となり

$$\delta y = f'(x)\delta x \qquad (\mathbf{4 \cdot 11})$$

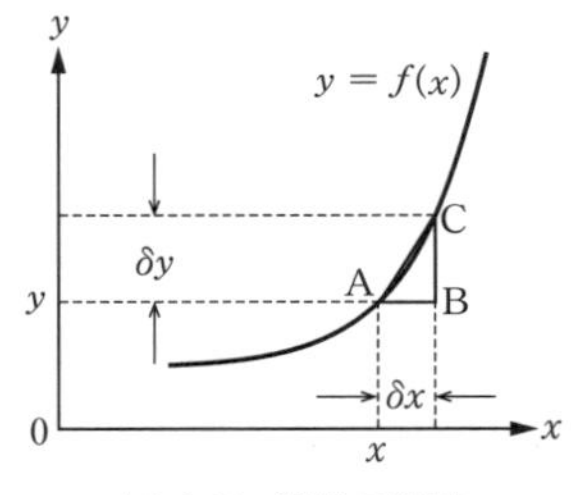

図 4･7　微分の意味

となる．したがって，y をある点の位置，x を他の点の位置と考えれば，上式から，微小変化中のある点の変位量を他の点の変位量で表すことができる．各作用力の作用点の位置を基準となる位置の関数で表し，微小変位中の仮想仕事量を求め，その総和をゼロとおくことで支点反力などが求められる（例題**4･5**など参照）．

ばねを含む系の仮想仕事：ばねに作用する力 F とばねの伸縮量 x の間にフックの法則，$F = kx$ が成り立つ場合，$U = kx^2/2$ なるエネルギー（位置エネルギー）がばねに蓄えられる（詳細は**8**章参照）．したがって，ばねが微小変位したときのエネルギー変化は，式(**4･11**)の関係から次のようになる．

$$\delta U = kx\delta x = F\delta x, \quad \delta U = -\delta W \qquad (\mathbf{4 \cdot 12})$$

δW がばねに力 F が作用している状態で仮想変位したときの仮想仕事となる．

4･1･4　動力

単位時間あたりの仕事 W の量（**仕事率**）を**動力** H といい

$$H=\frac{W}{t} \tag{4･13}$$

と表される．SI 単位は W（＝J/s：ワット）であり，移動運動，回転運動に対して，それぞれ以下のようになる（図 **4･5**，図 **4･6**）．

$$H=\frac{Fs\cos\theta}{t}=Fv \tag{4･14}$$

$$H=\frac{T\theta}{t}=T\omega \tag{4･15}$$

v は力の作用方向の移動**速度**，ω は**角速度**（単位時間あたりの回転角度）である．

4･2 基本例題

【例題 4･1】 図 **4･8** のように，斜面上に質量 m のブロックが置かれている．斜面の傾斜を増していったとき，ブロックがすべりだす角度 θ を求めよ．ただし，ブロックと斜面の間の静摩擦係数を μ_s とする．

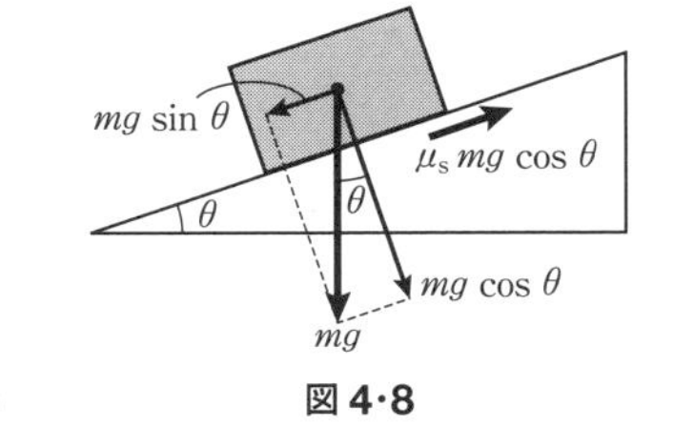

図 4･8

［**解**］ ブロックが下方へすべりだす直前にはブロックと斜面間の摩擦力 F は最大となり，物体には摩擦力の定義から移動する向きとは逆向きの斜面方向に

$$F=\mu_s mg\cos\theta$$

なる力が作用する．また，物体には重力 mg の斜面方向成分 $mg\sin\theta$ も作用している．ブロックがすべり落ちる瞬間には，これらの力がつりあっており

$$mg\sin\theta=\mu_s mg\cos\theta$$

なる関係が成立する．したがって

$$\mu_s=\tan\theta$$

となり，そのときの角度は次式より求まる．

$$\theta=\tan^{-1}\mu_s$$

【例題 4･2】 図 **4･9** のように，質量 100 kg のブロックが斜面に置かれ，ロープと滑車を介して質量 m_0 のおもりと結ばれている．

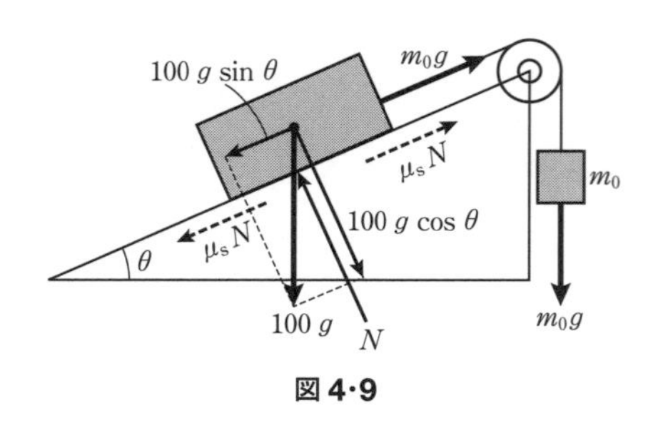

図4·9

ブロックがすべり落ちたり，すべり上がったりしないようにするためには，おもりの質量は，どの範囲内で用意する必要があるか．ただし，$\theta = 25°$ ブロックと斜面の間の静摩擦係数 μ_s を 0.3 とする．

［解］ 斜面がブロックを押し返す反力 N は，斜面に垂直方向の力のつりあいより

$$N = 100g\cos 25°$$

となる．ブロックが斜面をすべり上がる条件は，物体が移動する向きと逆向き，すなわち斜面下方向に摩擦力が作用することに注意して，力のつりあいから

$$m_0g > 100g\sin 25° + \mu_s N = 100g\sin 25° + 100g\mu_s\cos 25°$$

となる．したがって，すべり上がるのに必要なおもりの質量は次のようになる．

$$m_0 > 69.5\ \mathrm{kg}$$

ブロックが斜面をすべり落ちるためには，摩擦力の作用する向きが上記の場合と逆であることに注意して

$$100g\sin 25° > m_0g + \mu_s N = m_0g + 100g\mu_s\cos 25°$$

なる関係が得られる．したがって，この場合に必要なおもりの質量は

$$m_0 < 15.1\ \mathrm{kg}$$

となる．したがって，ブロックが静止し続けるためには，m_0 は 15.1 kg 以上 69.5 kg 以下にする必要がある．

【例題 4·3】 図 **4·10** のように，質量 $m = 100$ kg のブロックが傾き $\theta = 20°$ の斜面に置かれている．ブロックと斜面間の静摩擦係数が $\mu_s = 0.2$，動摩擦係数が $\mu_k = 0.17$ のとき，① $P = 500$ N の水平力が作用したときの摩擦力とその方向を求めよ．② $P = 80$ N の水平力が作用したときの摩擦力とその方向を求めよ．

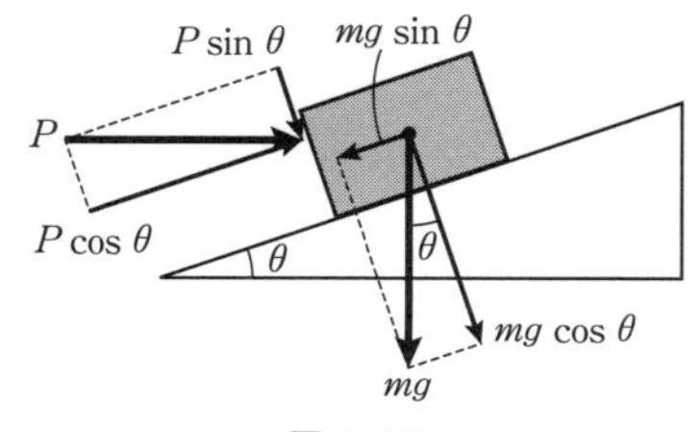

図4·10

［解］ ① ブロックに作用する力の斜面に垂直方向の力のつりあいから，斜面からブロックに作用する反力は

$$N = mg\cos\theta + P\sin\theta = 1090\ \mathrm{N}$$

となる．一方，水平力 P の斜面に沿った方

向の成分は $P\cos\theta$ であり，その値は

$$P\cos\theta = 500\cos 20^\circ = 470\ \mathrm{N}$$

となる．

ブロックを斜面上方向に移動させようとしたとき，摩擦力は斜面下方向に作用するから，重力の斜面方向成分とあわせて，$mg\sin\theta + \mu_s N$ 以上の斜面に沿った上方向の外力が作用しないと動かない．すなわち，この場合には

$$mg\sin\theta + \mu_s N = 554\ \mathrm{N}$$

なる力が必要になる．しかしながら，実際に作用する力は $P\cos\theta = 470$ N と，上記の値より小さいので，ブロックは 500 N の水平力によって斜面を上方に移動することはできない．

また，ブロックが斜面をすべり落ちるときには，摩擦力は斜面上向きに作用するから，物体がすべり落ちるためには斜面上方向の外力は $mg\sin\theta - \mu_s N$ 以下でなければならない．いま $mg\sin\theta - \mu_s N$ は 117 N であり，斜面方向上向きの外力はこの値より大きい 470 N であるので，物体は斜面下方に移動することはない．

したがって，ブロックは斜面を上方にも下方にも移動することなく静止し続けることがわかる．よって，摩擦力 F は斜面に沿った方向の力のつりあいより

$$F = P\cos\theta - mg\sin\theta = 500\cos 20^\circ - 100g\sin 20^\circ = 134\ \mathrm{N}$$

となり，その向きは下向きとなる．このように，摩擦力が最大静摩擦力より小さい場合には，式(**4·1**)からその値が決まるのではなく，すべる面方向の力のつりあいから決まることに注意すること．

② この場合，斜面からの反力は

$$N = 100g\cos 20^\circ + 80\sin 20^\circ = 949\ \mathrm{N}$$

となる．外力 P の斜面に沿った方向の力の成分 $P\cos\theta$ の値は

$$P\cos\theta = 80\cos 20^\circ = 75\ \mathrm{N}$$

である．この値は物体を斜面下方へ移動させようとする力，すなわち

$$mg\sin\theta - \mu_s N = 145\ \mathrm{N}$$

より小さな値であることから，ブロックは下方にすべり落ちることがわかる．よって，摩擦力 F は運動中の摩擦係数，すなわち動摩擦係数を用いて

$$F = \mu_k N = 161\ \mathrm{N}$$

となり，その方向は上向きとなる．

【例題 4·4】 図 **4·11** のように，1000 t の水を 10 m の高さまで汲み上げるには，

50 kW のモータを使った場合，何分必要となるか．

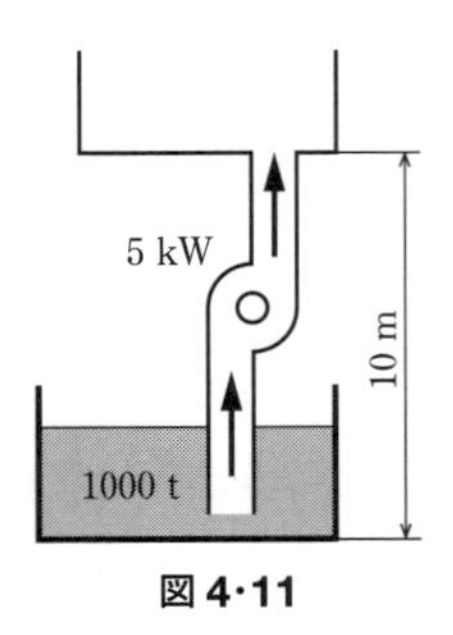

図 **4･11**

［**解**］ 1000 t の水を 10 m の高さまで汲み上げるのに要する仕事量 W は，式(**4･5**)において，水に作用する力（重力）と移動距離（高さ）の積と考え

$$W = 1000 \times 10^3 \times 9.81 \times 10 = 9.81 \times 10^7 \text{ N·m}$$

となる．一方，1 W（ワット）のモータは 1 秒間あたり 1 J（ジュール），すなわち 1 N･m の仕事を行う能力があるので，汲上げに要する時間 t は

$$t = \frac{9.81 \times 10^7}{5 \times 10^3} = 1962 \text{ 秒} \fallingdotseq 33 \text{ 分}$$

となる．

【例題 4･5】 質量 m，一様な太さで長さ l の 2 本のリンクが図 **4･12** のようにヒンジで連結されている．2 つのリンクのなす角度が θ の状態を保つには，荷重 P をいくらにすればよいか．仮想仕事の原理を用いて解け．

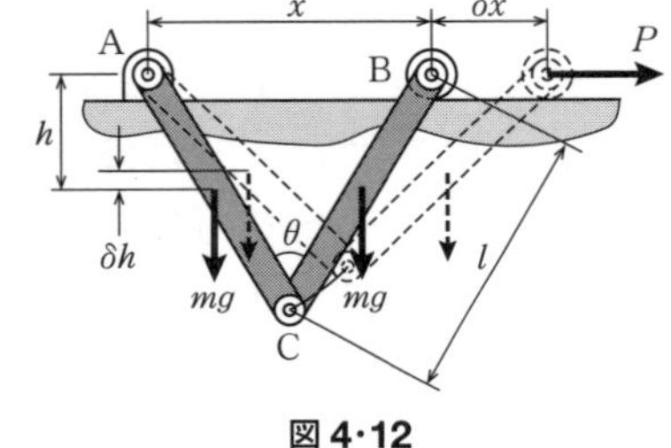

図 **4･12**

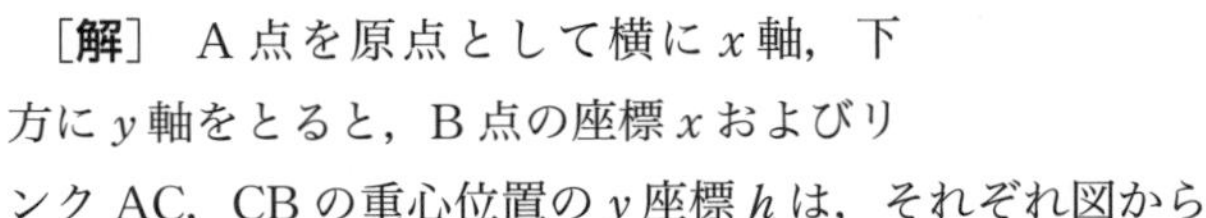

［**解**］ A 点を原点として横に x 軸，下方に y 軸をとると，B 点の座標 x およびリンク AC，CB の重心位置の y 座標 h は，それぞれ図から

$$x = 2l \sin\frac{\theta}{2}, \quad h = \frac{1}{2} l \cos\frac{\theta}{2}$$

となる．また，上式を θ で微分して，x，h の仮想微小変位量 δx，δh は

$$\delta x = l \cos\frac{\theta}{2}\delta\theta, \quad \delta h = -\frac{1}{4} l \sin\frac{\theta}{2}\delta\theta$$

のようになる〔式(**4･11**)参照〕．一方，仮想仕事の原理から，つりあい状態にある剛体に作用する外力の仮想変位による仕事の総和 δW はゼロであるから

$$\delta W = P\delta x + 2mg\delta h = 0$$

となる〔式(**4･9**)参照〕．δx，δh を代入して，荷重 P は次のようになる．

$$P = \frac{mg}{2} \tan\frac{\theta}{2}$$

この問題は，**2** 章の例題 **2·7** と力学的には同じであり，図 **2·11** の支点 B を水平方向に仮想変位させ，支点 B の水平反力 R_{Bx} が求められることを示している．まず，この方法で反力 R_{Bx} を求め，他の反力 R_{Ax}，R_{Ay}，R_{By} は構造全体の水平，垂直方向の力のつりあいおよび面内のモーメントのつりあいから得られる．仮想仕事の原理によれば，**2** 章の方法に比べ，このように簡単に結果が得られることが多い．

【例題 4·6】 図 **4·13** に示した機構で，D 点に水平方向に P なる力が作用したとき，これとつりあうためには E 点にいかほどのモーメントを作用させればよいか．仮想仕事の原理を用いて解け．ただし，部材の質量は無視する．

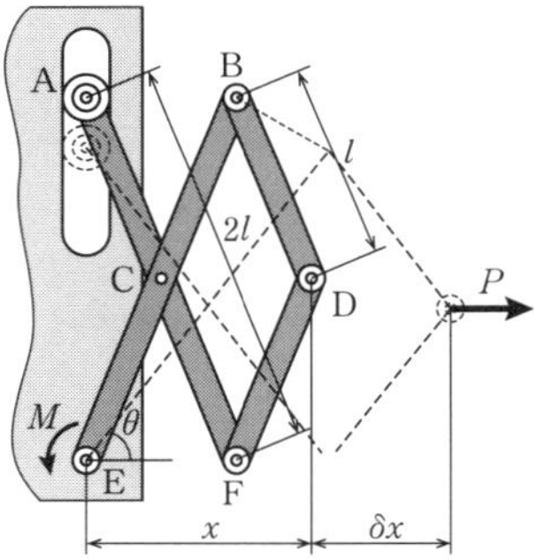

［解］ E 点を原点として，横方向に x 軸をとると，D 点の x 座標は図から

$$x = 3l\cos\theta$$

図 4·13

となる．また，x の仮想微小変位量 δx は，上式を θ で微分して

$$\delta x = -3l\sin\theta \cdot \delta\theta$$

となる〔式(**4·11**)参照〕．一方，仮想仕事の原理により，つりあい状態にある剛体に作用する外力の仮想変位による仕事の総和 δW はゼロであるから，この場合，式(**4·9**)，式(**4·10**)の関係から次式が成り立つ．

$$\delta W = M\delta\theta + P\delta x = 0$$

これに上記の δx を代入すれば，必要なモーメント M は次のようになる．

$$M = 3Pl\sin\theta$$

【例題 4·7】 図 **4·14** で各リンクは，質量 m，長さが b であるとする．いま，右側のリンクの中央部（重心位置）に P なる力が作用し，2 つのリンクは θ なる角度でつりあったものとする．このときの θ と P との関係式を示せ．

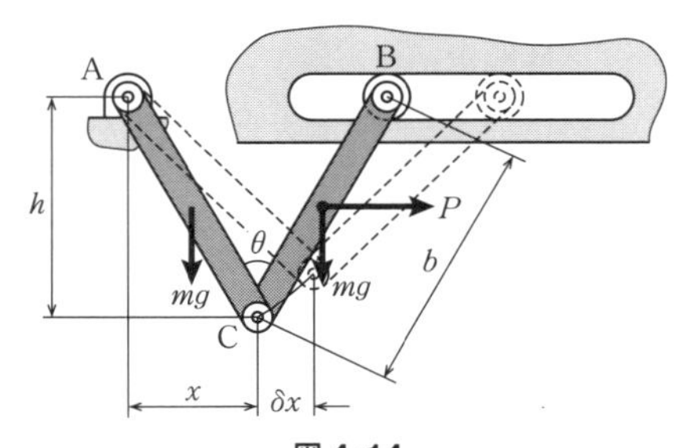

図 4·14

［解］ A 点を原点として，横方向に

x 軸，下方に y 軸をとると，C 点の横方向の座標 x と y 座標 h は，それぞれ図から

$$x = b\sin\frac{\theta}{2},\quad h = b\cos\frac{\theta}{2}$$

となる．また，x，h の仮想変位 δx，δh は上式を θ で微分して

$$\delta x = \frac{1}{2}b\cos\frac{\theta}{2}\cdot\delta\theta,\quad \delta h = -\frac{1}{2}b\sin\frac{\theta}{2}\cdot\delta\theta$$

となる．また，図より重力 mg の作用点の垂直方向変位は $\delta h/2$，力 P の作用点の水平変位は $3\delta x/2$ であることもわかり，仮想仕事の原理から

$$\delta W = 2mg\cdot\frac{\delta h}{2} + P\cdot\frac{3\delta x}{2} = 0$$

となる．これに上記の δx，δh を代入して整理すれば，P は次のようになる．

$$P = \frac{2}{3}mg\tan\frac{\theta}{2}$$

4·3 演習問題

【問題 4·1】 ［　　］に適切な語を入れて以下の文章を完結せよ．

① 乾燥摩擦の場合，最大静摩擦力は垂直抗力に (a)［　　］し，接触面の面積に依存 (b)［　　］．

② 図 **4·15** のような力が作用している物体が水平方向に b だけ移動したとき，これらの力のなした仕事は (c)［　　］である．

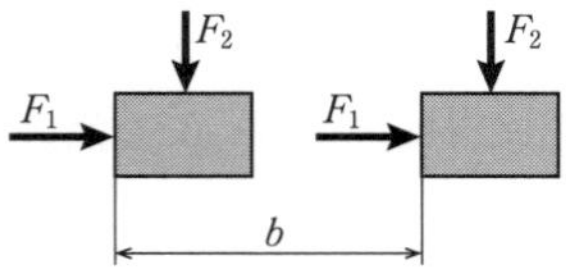

F_2 F_1 F_2 F_1 b

図 4·15

③ 摩擦力によってなされる仕事の量は，途中経路に依存 (d)［　　］．

④ 機関車が貨車を引っ張るとき，多くの貨車を牽引するためには機関車の動力のほかに (e)［　　］も大きくする必要がある．

⑤ 1 PS（**馬力**）は (f)［　　］W（ワット）である．

⑥ 機械の種々の部分には摩擦をともなうところが多い．摩擦力は (g)［　　］ではないので，摩擦部分では力学的エネルギーが保存されず，熱エネルギーなどに変化する．そのため，与えられた動力（入力の仕事率）$H_{\rm i}$ に比べて，使える動力（出力の仕事率）H_0 は少なくなる．比 $H_0/H_{\rm i}$ を (h)［　　］という．

⑦　ある場所でつりあい状態にあり，静止している物体に力を作用し移動させたとき，重心の位置が上昇する場合を (i) □ なつりあい，下がる場合を (j) □ なつりあい，変化しない場合を**中立のつりあい**と呼ぶ．

【問題 4·2】　図 **4·16** のように，1500 kg の乗用車が $\theta = 6^\circ$ の傾斜の坂道を $v = 30$ km/h の速度で登るには，いくらの動力が必要か．ただし，自動車にはその重力の 10% の抵抗が働くものとする．

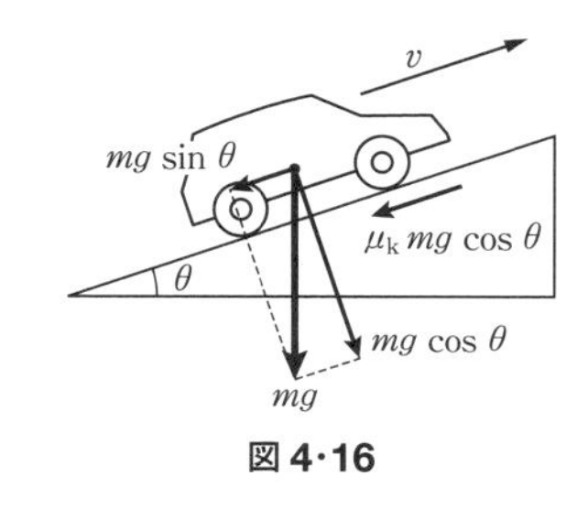

図 4·16

［**解**］　重力の 10% の抵抗とは，坂道から車が受ける抗力の 10% が摩擦力となることであるから，図 **4·16** を参考にして，自動車の質量を m，斜面の傾斜角を θ としたとき，自動車が坂道を走り上がるのに必要な斜面に沿った力は

$$F = {}^{(a)}\,\square = 3000\ \text{N}$$

となる．また，自動車の速度が $v = 30$ km/h $=$ (b) □ m/s であり，1 秒間の移動量がわかるので，自動車に要求される動力 H は 1 秒間あたりの力 F の仕事量であるから，式(**4·5**)，式(**4·14**)を参考にして，次のようになる．

$$H = {}^{(c)}\,\square = 25.0\ \text{kW}$$

【問題 4·3】　図 **4·17** に示すように，質量 m が 100 kg のブロックが傾き θ が 30° の斜面に置かれている．ブロックと斜面との間の静摩擦係数が 0.3 のとき，以下の問に答えよ．① ばねに働く張力が，いくらの範囲内にあれば，ブロックは静止し続けるか．② ばねに働く張力が 400 N のときの摩擦力はいくらか．

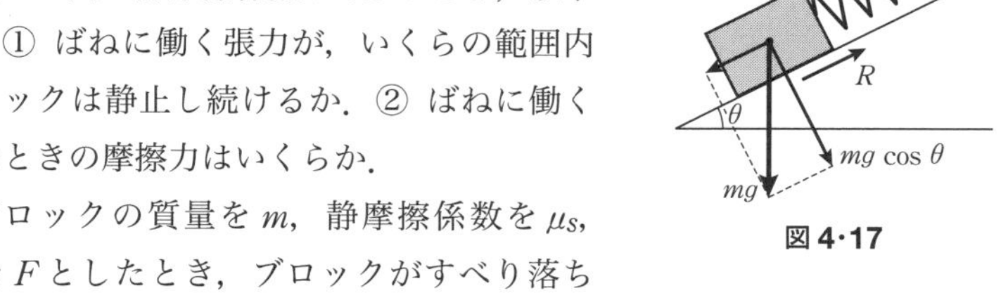

図 4·17

［**解**］　①　ブロックの質量を m，静摩擦係数を μ_S，ばねに働く力を F としたとき，ブロックがすべり落ちないためには

$${}^{(a)}\,\square > mg\sin 30^\circ = 490\ \text{N}$$

でなければならず，逆に上方に移動しないためには

$$F < {}^{(b)}\,\square = 745\ \text{N}$$

でなければならない．したがって，ばねに働く力 F が 236 N $< F <$ 745 N の範囲にあれば，静止し続けることがわかる．

② ブロックが斜面をすべり落ちようとする力は，(c) ＿＿＿ ＝490 N であり，ばねの力は 400 N であるので，摩擦力 R はその差の分だけ (d) ＿＿＿ に働き，その大きさは $R=$ (e) ＿＿＿ ＝90 N となる．

【問題 4・4】 図 **4・18** に示すように，幅 b，高さ h，質量 m の直方体のブロックが水平面上に置かれている．ブロックと水平面との間の動摩擦係数が μ_k の場合，このブロックを転倒させることなく移動させるための水平力 P の作用点の限界高さ x を求めよ．

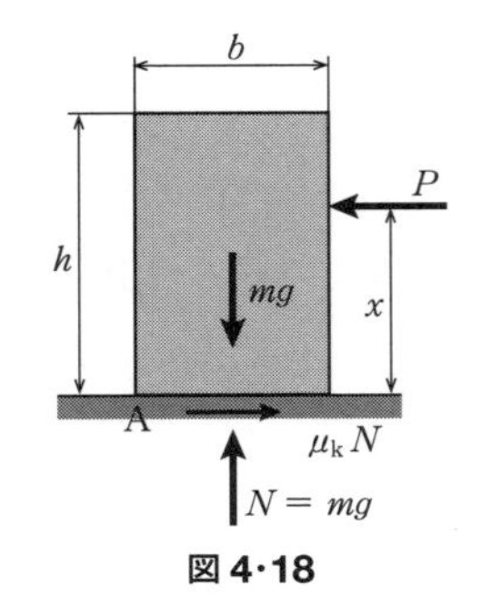

図 4・18

［**解**］ 図のような力 P によってブロックが転倒するのは，A 点を中心にしてブロックが反時計方向に回転するときである．すなわち，A 点まわりの力のモーメントのうち，反時計回転のモーメントが時計回転のモーメントより大きいときに転倒可能である．したがって，限界の条件は

$Px=$ (a) ＿＿＿

である．このときの水平力を P_1 とすれば

$P_1=$ (b) ＿＿＿

となる．一方，ブロックがすべるときに必要な水平力 P_2 は

$P_2=$ (c) ＿＿＿

である．したがって，ブロックが転倒せずに移動するには P_1，P_2 の間に

(d) ＿＿＿

なる関係が必要である．よって限界の x の値は $b/2\mu_k$ となる．

【問題 4・5】 垂直方向にのみ移動可能な質量 m が 50 kg のおもりを，図 **4・19** のように長さ l が 300 mm の軽い棒で支えている．支え棒の上端での静摩擦係数が 0.3，下端でのそれが 0.4 であるとき，以下の問に答えよ．① 図中 x が 75 mm であるとき，棒の両端に作用する摩擦力を求めよ．② 支え棒が，すべり落ちないようにするためには，x は何 mm 以下でなければならないか．

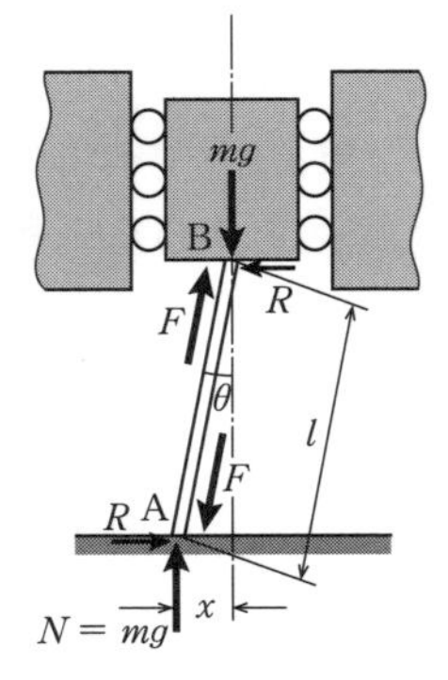

図 4・19

［**解**］ ① まず，図のように静止時の棒が受ける力を F とし，A，B 点での摩擦力を R とする．棒に作用する力

のつりあいから，A，B 点の摩擦力は，図のように大きさ等しく逆向きであることはすぐにわかる．

したがって，B 点における垂直方向の力のつりあいから

(a) ＿＿＿ $= mg$

が得られ，$F=$ (b) ＿＿＿ となる．また，A 点における水平方向の力のつりあいから，床と棒およびおもりと棒の間の摩擦力 R は，次のようになる．

$R = F \cdot$ (c) ＿＿＿ $= mg \cdot$ (d) ＿＿＿ $= 127$ N

② A 点における垂直方向の力のつりあいにより，床からの反力 N は

$N = F \cdot$ (e) ＿＿＿ $=$ (f) ＿＿＿

となる．一方，A 点での最大摩擦力 $R_{A\,max}$ は (g) ＿＿＿ $= 196$ N，B 点での最大摩擦力 $R_{B\,max}$ は (h) ＿＿＿ $= 147$ N である．

したがって，$R_{A\,max} > R_{B\,max}$ であるから，摩擦力 R が最大摩擦力 (i) ＿＿＿ と一致するまで，棒はおもりを支え得ることがわかる．いま，$R=$ (j) ＿＿＿ であるので，数値を代入して，$\tan\theta = 0.3$ のときの x の値が限界値を示すことになる．よって，棒の長さは 300 mm であるので，すべり落ちないためには，x の値は 86.2 mm 以内にする必要があることになる．

【問題 4·6】 質量 m の物体が，図 **4·20** のようなリンク機構に取り付けられている．一方のリンクの片側 A 点にモーメント M を加えたとき，平行リンクは θ なる角度でつりあった．リンクの重さを無視し，仮想仕事の原理を用いて θ の値を求めよ．

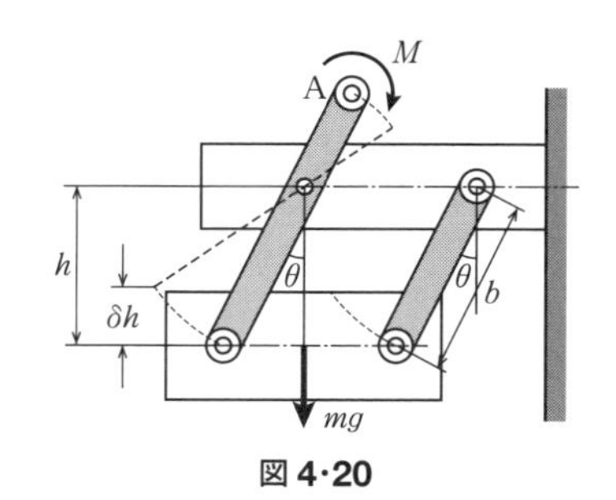

図 4·20

［**解**］ A 点に作用するモーメントと同じ回転方向に垂直下方から角度 θ をとると，図から h と b の関係は，$h=$ (a) ＿＿＿ となる．したがって，両辺を θ で微分して，物体の仮想変位 δh はリンクの仮想回転角度 $\delta\theta$ を用いて

$\delta h =$ (b) ＿＿＿ $\delta\theta$

のようになる．一方，物体が仮想変位 δh だけ移動する間に，その物体に作用する重力がなした仕事 δW_g は次のようになる．

$\delta W_g =$ (c) ＿＿＿ $\delta h =$ (d) ＿＿＿

また，仮想仕事の原理により，つりあい状態にある剛体に作用する力の仮想変位

による仕事の総和δWはゼロである．したがって，この場合

$$\delta W = \delta W_g + \text{(e)}\boxed{} = 0$$

であるので，Mは(f)□のようになり，角度θは(g)□となる．

【問題4・7】 図4・21のように，長さl，質量mが等しく，0.6 m，10 kgの3本のリンクで支えられた平板（質量m_0が80 kg，平板の重心位置からリンクまでの距離がh_0）に水平力Fを加えたとき，リンクが$\theta = 30°$傾いてつりあった．このときのFの大きさを求めよ．

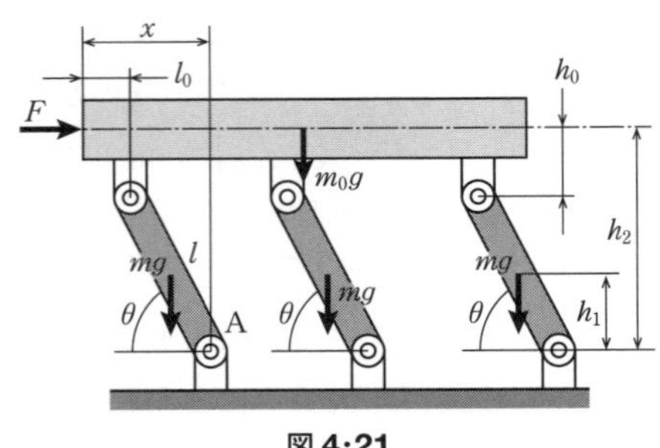

図4・21

［解］ 角度θのときのリンクおよび平板の重心の垂直位置h_1，h_2は

$$h_1 = \text{(a)}\boxed{},\quad h_2 = \text{(b)}\boxed{}$$

となり，仮想な回転角度$\delta\theta$による平板およびリンクの垂直変位はそれぞれ

$$\delta h_1 = \text{(c)}\boxed{}\cdot\delta\theta,\quad \delta h_2 = \text{(d)}\boxed{}\cdot\delta\theta$$

となるから，その間に重力のなした仕事δW_gは次のようになる．

$$\delta W_g = \text{(e)}\boxed{} + \text{(f)}\boxed{} = \text{(g)}\boxed{}\cdot\delta\theta$$

一方，支点Aから力の作用点までの水平距離をxとすると，$x = l\cos\theta + l_0$であるから，これをθで微分し，$\delta x = -l\sin\theta\cdot\delta\theta$が得られる．したがって，仮想角度$\delta\theta$だけリンクが回転したとき，水平力$F$のなした仕事$\delta W_e$は

$$\delta W_e = \text{(h)}\boxed{}\cdot\delta\theta$$

である．仮想仕事の原理により，つりあい状態にある物体に作用する力の仮想変位による仕事δWの総和はゼロであるから，この場合

$$\delta W = \text{(i)}\boxed{} + \text{(j)}\boxed{} = 0$$

なる関係が成り立つ．以上からFは

$$F = \text{(k)}\boxed{}$$

となる．数値を代入すれば，その値は(l)□ Nである．

【問題4・8】 車椅子が傾きθの斜面上で静止し続けるには，使用者はハンドホイールのリムの接線方向に，どの程度の力を加え続ける必要があるか〔図4・22

(a)〕．ただし，車椅子と使用者の合計質量を m とする．

［解］ 図 4·22(b)のように，車輪が β だけ回転したとき，車椅子は $s=$ (a)［　　］だけ前進し，(b)［　　］だけ垂直方向の位置が増す．

いま，手で支える力 P のなす仕事を W_e，重力のなした負の仕事を W_g とすると

$$W_e = \text{(c)}\,\square, \quad W_g = \text{(d)}\,\square$$

となる．したがって，車輪が仮想の回転角 $\delta\beta$ だけ回転する間に，力 P と重力のなした仕事は，それぞれ力，重力の作用する向きと移動する向きに注意して

$$\delta W_e = \text{(e)}\,\square, \quad \delta W_g = \text{(f)}\,\square$$

のようになる．一方，仮想仕事の原理により，つりあい状態にある剛体に作用する力の仮想変位による仕事の総和 δW はゼロであるから，この場合

$$\delta W = \text{(g)}\,\square + \text{(h)}\,\square = 0$$

なる関係が成り立ち，手で支えるのに必要な力 P は (i)［　　］となる．

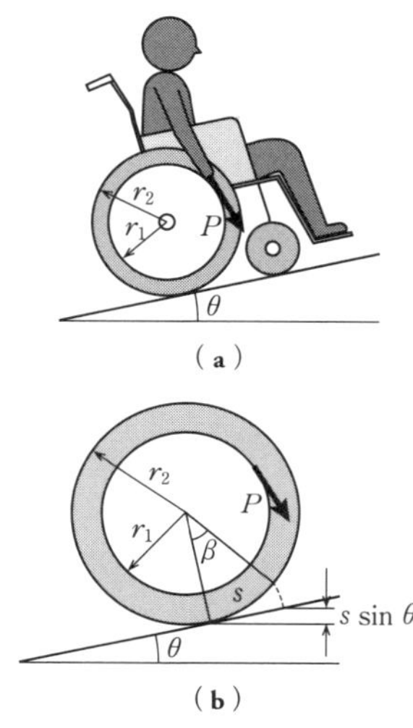

図 4·22

【問題 4·9】 図 4·23 のように，質量 50 kg のブロックが水平面上に置かれている．このブロックにリンクを介して $P=200$ N の力が作用しているとき，次の問に答えよ．① リンクと水平面とが 30° になったとき，ブロックがすべり始めた．ブロックと水平面との間の静摩擦係数を求めよ．② $\theta=45°$ のときの摩擦力 F を求めよ．

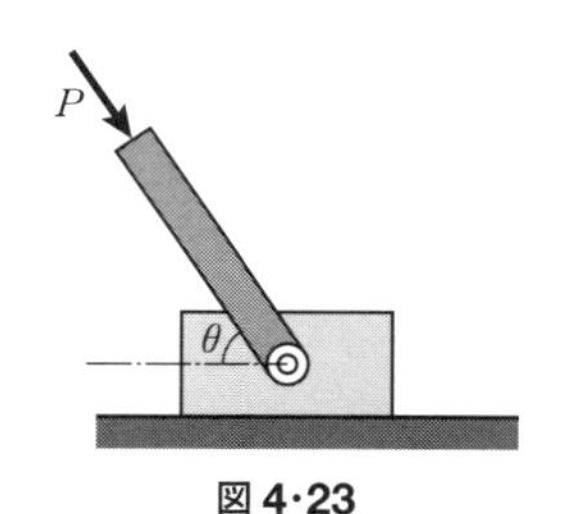

図 4·23

【問題 4·10】 図 4·24 の機構で $u=0$ のとき，ばね定数 k のばねは無負荷状態となっている．力 P を加えて B 点を右に引っ張り，変位 u の値が増加するとロッドが回転止め金 A 点のまわりを回転し，

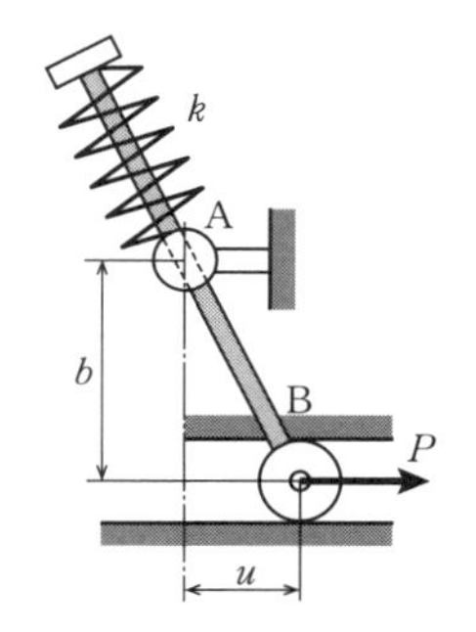

図 4·24

ばねを押し付けることになる．変位 u を生じさせるのに必要な力 P を求めよ．

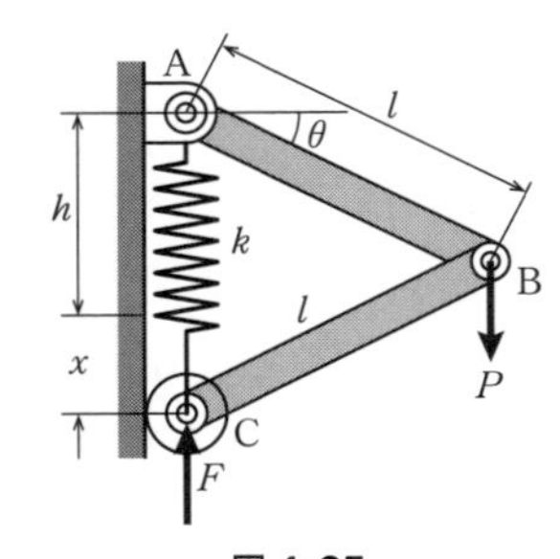

図 4・25

【問題 4・11】 図 4・25 に示した機構で，B 点に垂直方向に P なる力が作用したとき，C 点にどれだけの力 F を加えれば，図の位置で静止し続けることができるか．ただし，リンクの質量は無視し，ばねの無負荷時の長さを h, ばね定数を k とする．

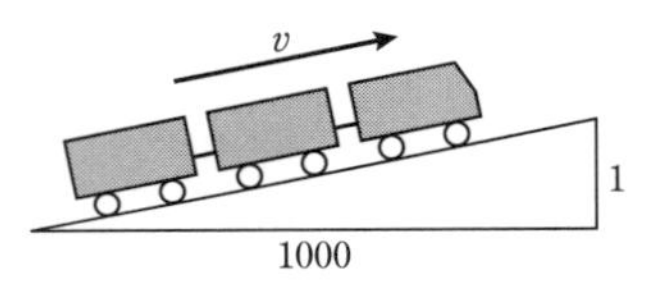

図 4・26

【問題 4・12】 全車両合計の質量が 150 t の列車が勾配 1/1000 の坂を 60 km/h の速度で登るには，いくらの動力が必要か．ただし，列車には，それ自身に働く重力の 0.5% の摩擦抵抗が働いているものとする（図 4・26）．

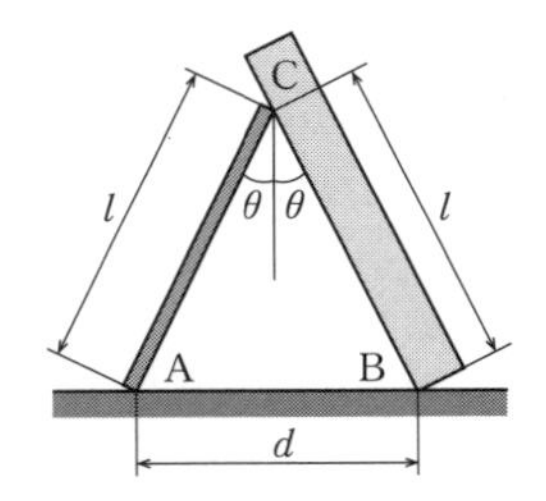

図 4・27

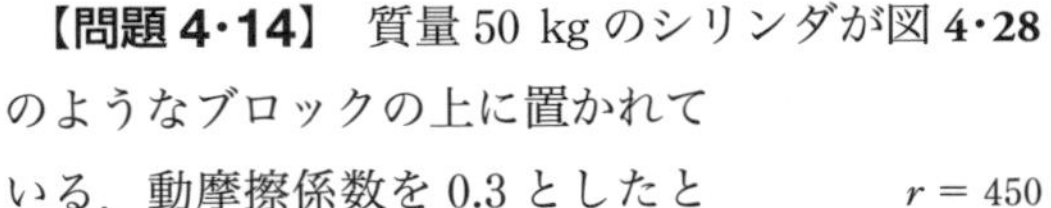

【問題 4・13】 図 4・27 のように，重いパネルをヒンジ C でつながれた軽い棒 AC で立て掛ける．間隔 d は最大いくらまでとりうるか．ただし，静摩擦係数を 0.3 とする．

【問題 4・14】 質量 50 kg のシリンダが図 4・28 のようなブロックの上に置かれている．動摩擦係数を 0.3 としたとき，このシリンダを右回転させ続けるのに必要なトルクを求めよ．

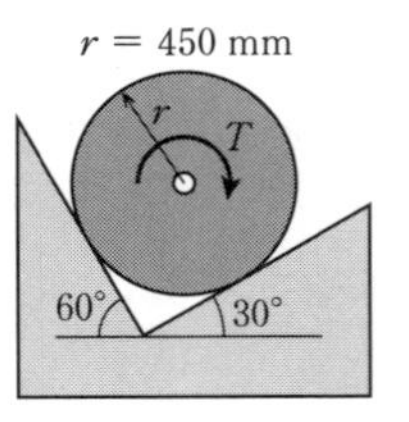

図 4・28

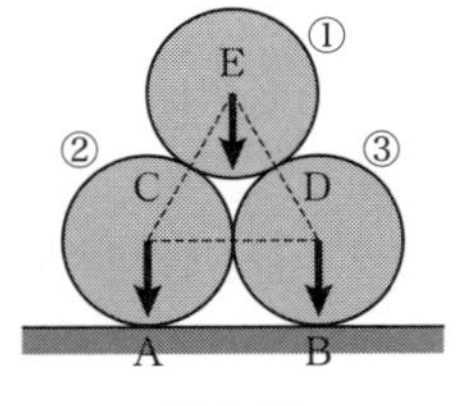

図 4・29

【問題 4・15】 3 本のローラが図 4・29 のように水平面上に山積みされている．すべての接触面での静摩擦係数 μ_s が等しいものとしてローラが崩れないためには，最低いくら以上の μ_s が必要か．

【問題 4·16】 全長 7 m の均質な角材を，図 **4·30** のような状態でビルの屋上角部で持ち続けることはできるか．また，できる場合に作業者はいくらの荷重でロープを引かなくてはならないか．ただし，角材の質量を 60 kg とし，角材とビルの角との間の静摩擦係数を 0.3 とする．

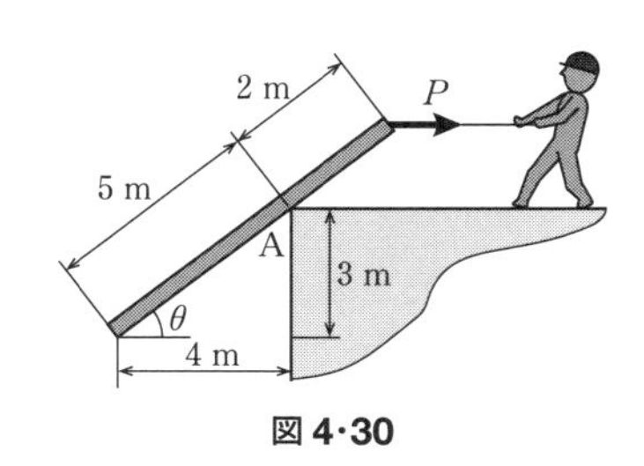

図 4·30

【問題 4·17】 質量 200 kg の電線リールが図 **4·31** のように置かれている．各接触面での動摩擦係数が 0.6 のとき，このリールを水平に引っ張り回転させ続けるにはいくらの張力 P が必要か．

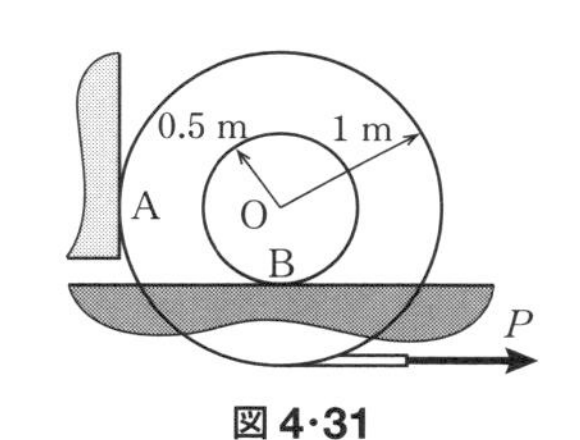

図 4·31

【問題 4·18】 図 **4·32** に示した糸巻きで，小さい角度 θ で糸の端を引いたときは，左方へ転がっていく．角度が大きいときは，逆に右方へ転がっていく．糸巻きが，いずれの方向にも回転しない臨界角度 θ を求めよ．また，糸巻きの質量を m，静摩擦係数を μ_s としたとき，臨界角度 θ での糸の張力はいくらになるか．

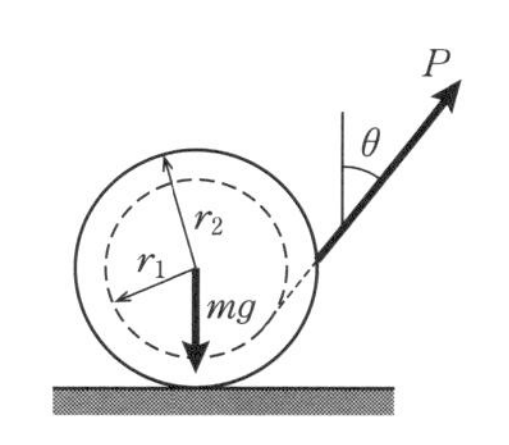

図 4·32

【問題 4·19】 均質な質量 m，半径 r の車輪が図 **4·33** のように軽いバンド ABC とばねとで支えられている．いま，車輪をばねに負荷が掛からない位置から静かに下ろしたところ，車輪は右に角度 θ 回転して静止した．ばね定数を k としたとき，回転角度 θ を求めよ．

【問題 4·20】 質量 m が等しい一様太さで，長さ $2b$ の 2 つのリンクが図 **4·34** のように接合されている．C 点を右方向に移動させる水平力 P が増加

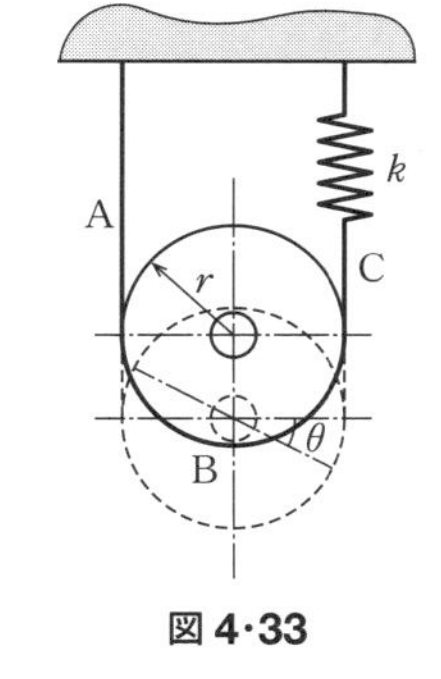

図 4·33

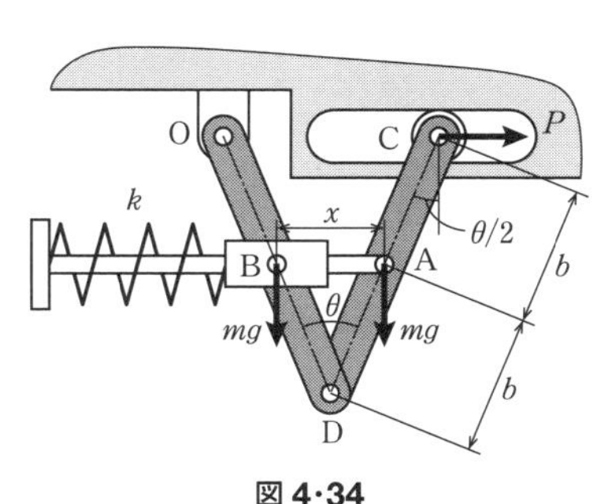

図 4·34

するのにともない，2つのリンクのなす角度θも大きくなる．$\theta=0$のとき，ばねが無負荷状態として角度θの状態を維持するのに必要な力Pを求めよ．ただし，ばね定数をkとする．

【問題4･21】 図4･35において，力Fが軽い棒の軸方向に作用する．つりあい状態にあるときのFとxの関係を求めよ．ただし，ばねに力が作用していないときを$x=0$とし，ばね定数をkとする．

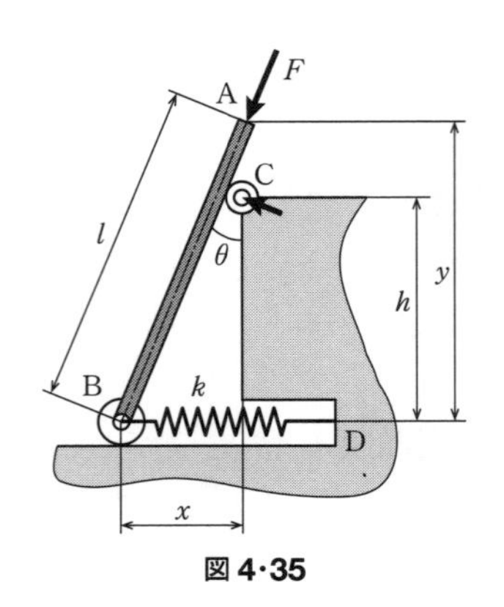

図4･35

5

質点および剛体の運動学

本章では，質点，剛体運動を表現するための基本事項である速度，加速度の性質およびそれらを求める基礎として，座標系や行列表現について学ぶ.

5・1 基礎事項

5・1・1 位置・速度・加速度

経路：図 5・1 のように物体が運動中に通過した場所を結んだ線 s を経路といい，s が直線の場合を**直線運動**，曲線の場合を**曲線運動**と呼ぶ.

位置ベクトル：物体の存在位置を示すベクトル量であり，図 5・1 の A，B 点の位置ベクトルは原点からの矢印 $\boldsymbol{r}_{\mathrm{A}}$，$\boldsymbol{r}_{\mathrm{B}}$ で表される.

変位ベクトル：物体の位置の変化を示すベクトル量であり，変化前の位置を基準とした位置ベクトルのことである．図 5・1 の $\boldsymbol{\Delta r}$ は，A から B への位置変化を示す変位ベクトルである．$\boldsymbol{\Delta r}$ が微小な場合，その大きさ Δr は経路長 Δs と一致する.

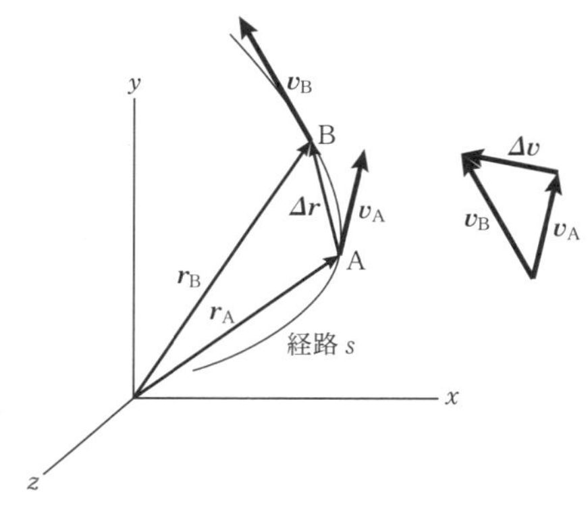

図 5・1 経路と速度

速度：運動中の物体の時間あたりの変化を示すベクトル量である[*1]．微小

[*1] 速度，加速度，角速度，角加速度などの用語はベクトルではなく，その大きさを意味して使われることも多いが，本書は初学者を対象としており，混乱を避けるため，これらの用語はすべてベクトル量を表すものとし，太字で表している（巻頭の主な記号と単位参照).

時間 Δt での変位ベクトルを $\boldsymbol{\Delta r}$ とすると，経路上の点 A での速度 $\boldsymbol{v}$ は次式で定義され，方向は経路の接線方向となる．

$$\boldsymbol{v} = \lim_{\Delta t \to 0} \frac{\boldsymbol{\Delta r}}{\Delta t} = \frac{\mathrm{d}\boldsymbol{r}}{\mathrm{d}t} \tag{5·1}$$

速度の x，y，z 座標成分をそれぞれ v_x，v_y，v_z とすれば，速度の大きさ v は

$$v = \sqrt{{v_x}^2 + {v_y}^2 + {v_z}^2} \tag{5·2}$$

となる．なお，位置ベクトルの各成分を x，y，z とすると $v_x = \mathrm{d}x/\mathrm{d}t$，$v_y = \mathrm{d}y/\mathrm{d}t$，$v_z = \mathrm{d}z/\mathrm{d}t$ である．

加速度：運動物体の時間あたりの速度の変化を示すベクトル量であり，経路上の点 A での加速度 $\boldsymbol{a}$ は次式で定義される．

$$\boldsymbol{a} = \lim_{\Delta t \to 0} \frac{\boldsymbol{\Delta v}}{\Delta t} = \frac{\mathrm{d}\boldsymbol{v}}{\mathrm{d}t} = \frac{\mathrm{d}^2\boldsymbol{r}}{\mathrm{d}t^2} \tag{5·3}$$

5·1·2 質点の運動

直線運動：質点が速度の方向を変えずに行う運動であり，加速度の向きが速度と一致する．さらに，加速度が一定の場合を**等加速度直線運動**と呼び，式(**5·3**)を大きさに関して積分することで，t 秒後の**速さ**（速度の大きさ）v，位置 s は

$$v = \int a\mathrm{d}t = v_0 + at \tag{5·4}$$

$$s = \iint a\mathrm{d}t\mathrm{d}t = v_0 t + \frac{1}{2}at^2 \tag{5·5}$$

と表せる．このように直線運動は 1 次元上の運動のため，スカラーでの議論ができるようになる．ただし，位置 s や速さ v，加速の大きさ a は，すべて増加する向きをそろえる必要があることに注意する．

円運動：質点がある軸のまわりを回転するように行う運動．図 **5·2** の場合，回転軸は紙面垂直手前向きの z 軸で質点 A の位置 $\boldsymbol{r}$ は回転中心 O からの距離 r と回転角度 θ で表され，経路長 s は $s = r\theta$ となる．回転の向きは回転軸とともに右ねじの法則を満たす向きを正とする．

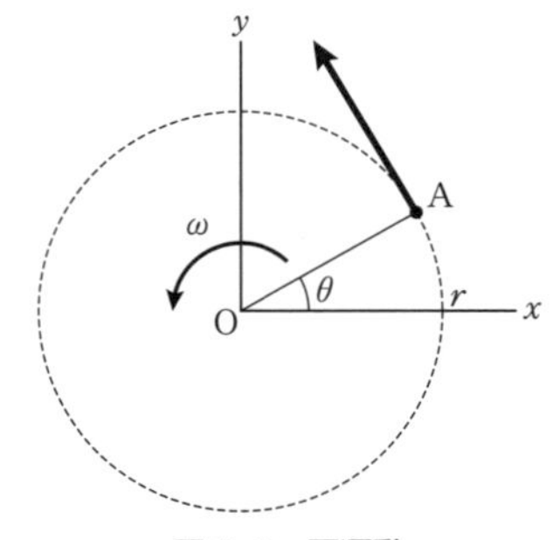

図 5·2 円運動

角速度：運動中の物体の時間あたりの回転角変化を示すベクトル量であり，大きさ ω は $\omega = \mathrm{d}\theta/$

$\mathrm{d}t$ を満たし，向きは回転軸で右ねじの法則を満たす方向と定義する（図 **5･2**）.

このように角速度を定義することで質点の位置を表すベクトル $\boldsymbol{r}$ と速度 $\boldsymbol{v}$，角速度 $\boldsymbol{\omega}$ は **1･1･7** 項で説明したベクトルの外積を用いて以下の関係を満たす.

$$\boldsymbol{v} = \boldsymbol{\omega} \times \boldsymbol{r} \tag{5･6}$$

角速度は極性ベクトル $\boldsymbol{r}$ との外積を取ることで極性ベクトル $\boldsymbol{v}$ を得ることから，**1･1･6** 項で説明したように軸性ベクトルである．$\boldsymbol{r}$，$\boldsymbol{v}$，$\boldsymbol{\omega}$ の大きさをそれぞれ r，v，ω とすると，大きさの関係だけを表す式として

$$v = r\omega \tag{5･7}$$

を得る．この式は運動の方向に関する情報がなくなっているため，使用する際は注意を要する（例題 **5･1** 参照）.

角加速度：運動物体の時間あたりの角速度の変化を示すベクトル量であり，以下で定義される.

$$\boldsymbol{\alpha} = \lim_{\Delta t \to 0} \frac{\Delta \boldsymbol{\omega}}{\Delta t} = \frac{\mathrm{d}\boldsymbol{\omega}}{\mathrm{d}t} \tag{5･8}$$

一軸まわりの単純な回転運動の場合，直線運動と同じようにスカラーで表現することができる．さらに角加速度が定数ベクトルの場合を**等角加速度運動**と呼び，式 **(5･8)** を大きさに関して積分することで t 秒後の回転の速さ ω，回転角度 θ は

$$\omega = \int \alpha \mathrm{d}t = \omega_0 + \alpha t \tag{5･9}$$

$$\theta = \int \omega \mathrm{d}t = \theta_0 + \omega_0 t + \frac{1}{2}\alpha t^2 \tag{5･10}$$

と表せる．ただし，回転の場合も回転角度 θ，回転の速さ ω，角加速度の大きさ α はすべて増加する向きをそろえる必要があることに注意する（例題 **5･1**，問題 **5･6** 参照）.

加速度は速度の時間微分であることより，式 **(5･6)** の両辺を時間微分して以下のようになる[*2].

$$\begin{aligned}\boldsymbol{a} &= \dot{\boldsymbol{\omega}} \times \boldsymbol{r} + \boldsymbol{\omega} \times \dot{\boldsymbol{r}} \\ &= \boldsymbol{\alpha} \times \boldsymbol{r} + \boldsymbol{\omega} \times (\boldsymbol{\omega} \times \boldsymbol{r})\end{aligned} \tag{5･12}$$

[*2] 積の微分公式はベクトルの外積でも適用できる．時変な成分をもつベクトル $\boldsymbol{a}$，$\boldsymbol{b}$ の外積 $\boldsymbol{a} \times \boldsymbol{b}$ の時間微分は以下のようになる.

$$\frac{\mathrm{d}}{\mathrm{d}t}(\boldsymbol{a} \times \boldsymbol{b}) = \dot{\boldsymbol{a}} \times \boldsymbol{b} + \boldsymbol{a} \times \dot{\boldsymbol{b}} \tag{5･11}$$

右辺第一項は角加速度による加速成分，第二項は回転による速度ベクトルの向きを変化させる成分となる．**5･1･5** 項で説明する TNB 座標系では第一項，第二項がそれぞれ t, n 成分の加速度を表しており，t 成分を**接線加速度**，n 成分を**法線加速度**（または**向心加速度**）と呼び，以下で表される．

$$\boldsymbol{a}_t = \boldsymbol{\alpha} \times \boldsymbol{r} \tag{5･13}$$

$$\boldsymbol{a}_n = \boldsymbol{\omega} \times (\boldsymbol{\omega} \times \boldsymbol{r}) \tag{5･14}$$

加速度や角速度，角加速度の大きさだけに注目したスカラーの関係式として

$$a_t = r\alpha \tag{5･15}$$

$$a_n = r\omega^2 \tag{5･16}$$

という式が成立する．この関係式はベクトルの演算に慣れていないものには式(**5･13**)や式(**5･14**)より扱いやすく見えるかもしれないが，ベクトルの向きの情報が失われおり，$a_t + a_n$ は意味を成さない．複雑に運動する物体や機械あるいはロボットなどの運動状態を解析する場合には，式(**5･13**)，式(**5･14**)や **5･1･4** 項以降に示す行列の基礎知識，座標系に関する知識を駆使して解く方法に習熟し，学習することを勧める．

5･1･3　剛体の運動

並進運動：図 **5･3**(**b**)のように，剛体中のすべての点（質点）が平行に移動する運動であり，すべての点の速度・加速度は等しくなる．並進運動だけの場合には，剛体の運動も質点の運動と同じに扱える．

回転運動：図 **5･3**(**c**)のように，剛体がある軸を中心として回転する運動である．剛体中の各点（質点）の速度や加速度は回転軸からの距離や位置によって決まり，場所によって異なるが，角速度はどこでも同じになる．

図 **5･3** のように，剛体の一般の運動図 **5･3**(**a**)は並進運動図 **5･3**(**b**)と重心まわりの回転運動図 **5･3**(**c**)に分解することができる．

任意の運動をしている剛体は各時刻において，瞬間的に剛体中のすべての点（質点）がある点まわりに円運動しているものとみなせる．その円運動の中心を**瞬間中**

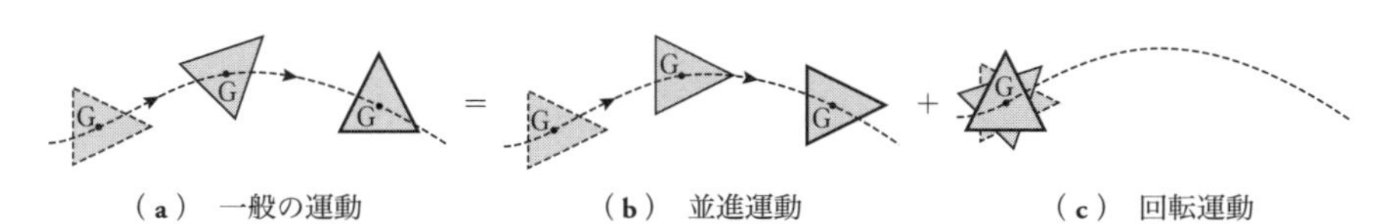

図 5･3　剛体運動の分解と合成

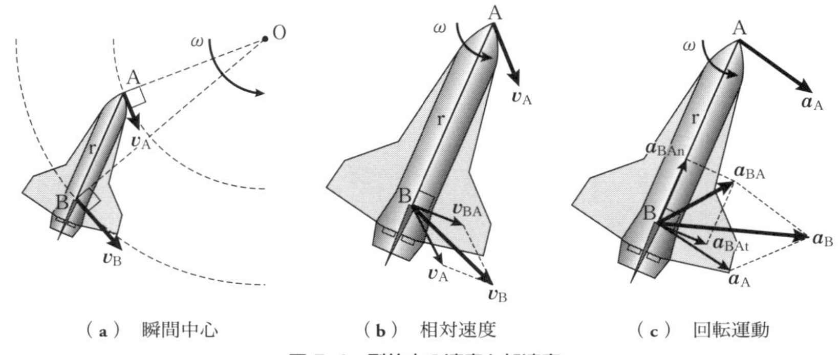

図 5・4　剛体中の速度と加速度

心という．図 **5・4**（**a**）のように，紙面内を運動しているスペースシャトルの A，B 点がそれぞれ $\boldsymbol{v}_A$，$\boldsymbol{v}_B$ の速度をもっている場合，スペースシャトル上のすべての点の速度に直交する面の交点として瞬間中心 O が一点定まる．

任意の 2 点 A，B がそれぞれ速度 $\boldsymbol{v}_A$，$\boldsymbol{v}_B$ で運動しているとき，A 点から B 点を観測したときの B 点の速度を $\boldsymbol{v}_{BA}$ とすると，$\boldsymbol{v}_{BA}$ は以下を満たす．

$$\boldsymbol{v}_{BA} = \boldsymbol{v}_B - \boldsymbol{v}_A \quad (5 \cdot 17)$$

この $\boldsymbol{v}_{BA}$ を A 点に対する B 点の**相対速度**という．

剛体が瞬間中心まわりに角速度 $\boldsymbol{\omega}$ で回転するとき，剛体中の任意の 2 点 A，B の速度 $\boldsymbol{v}_A$，$\boldsymbol{v}_B$ の関係は図 **5・4**（**b**）に示すようになる．剛体は変形しない物体であるから，A 点から B 点を見ると線分 AB の長さは変化せず，B 点が A 点を中心に回転しているように見える．そのため相対速度 $\boldsymbol{v}_{BA}$ は必ず線分 AB に直交する．A 点から見た B 点の位置ベクトル $\boldsymbol{r}_{BA}$ を用いて，これらの関係を式で表すと

$$\boldsymbol{v}_{BA} = \boldsymbol{\omega} \times \boldsymbol{r}_{BA} \quad (5 \cdot 18)$$

$$(\boldsymbol{v}_{BA} \cdot \boldsymbol{r}_{BA}) = 0 \quad (5 \cdot 19)$$

となる．第二式は相対速度と相対位置ベクトルの内積がゼロ，つまり剛体中の 2 点の相対速度は相対位置ベクトルと直交することを表している．

式(**5・17**)の関係を時間微分することで**相対加速度**を得る．

$$\boldsymbol{a}_{BA} = \boldsymbol{a}_B - \boldsymbol{a}_A \quad (5 \cdot 20)$$

ここで $\boldsymbol{a}_A$，$\boldsymbol{a}_B$ は A 点，B 点の加速度であり，$\boldsymbol{a}_{BA}$ は A 点から見た B 点の加速度である．

剛体中の 2 点の場合，相対運動は円運動となるので相対加速度はさらに円運動の接線方向，向心方向に分解でき，図 **5・4**（**c**）のようになり，式(**5・13**)，式(**5・14**)を

満たす．ここでは剛体中の2点の相対運動について説明したが，より一般の相対運動については**6･1･4**項で説明する．

5･1･4 行列の基礎と外積計算

前項まで説明してきたように，運動の向きと大きさを同時に扱えるベクトルは運動解析において大切であり，運動はベクトルの変化としてとらえることができる．ここではベクトルを変化させる道具として行列を導入する．

ベクトルがまとまったデータを1次元的に並べたものであったのに対し，行列はデータを2次元的に並べたものである．たとえば次式のように，9個の値を3行3列に並べたものを3×3の**行列**といい，a_{ij}をi行j列の成分という．

$$\boldsymbol{A}=\begin{bmatrix} a_{11} & a_{12} & a_{13} \\ a_{21} & a_{22} & a_{23} \\ a_{31} & a_{32} & a_{33} \end{bmatrix} \tag{5･21}$$

行数，列数は任意の行列が作れ，行数と列数が一致する行列を**正方行列**という．また縦ベクトルや横ベクトルは行列の特殊な場合とみなすことができる．

行列$\boldsymbol{A}$のi行j列の成分をa_{ij}とすると，行と列を入れ替えてできる次の行列を$\boldsymbol{A}$の**転置行列**といい，$\boldsymbol{A}^{\mathrm{T}}$と表す．

$$\boldsymbol{A}^{\mathrm{T}}=\begin{bmatrix} a_{11} & a_{21} & a_{31} \\ a_{12} & a_{22} & a_{32} \\ a_{13} & a_{23} & a_{33} \end{bmatrix} \tag{5･22}$$

この式からわかるように，縦ベクトルは転置すると横ベクトルとなる．転置しても変化しない，つまり$\boldsymbol{A}^{\mathrm{T}}=\boldsymbol{A}$となるような行列を**対称行列**という．対称行列は対角化可能という重要な性質をもち，相似変換と呼ばれる操作によって**対角行列**に変形できる（詳細は線形代数学を学ばれたい）．

対角行列とは正方行列のうち，左上から右下に並ぶ成分（これを対角成分と呼ぶ）にのみ値をもち，それ以外がゼロという行列であり，とくに以下のように対角成分がすべて1の対角行列を**単位行列**と呼ぶ．

$$\begin{bmatrix} 1 & 0 & 0 \\ 0 & 1 & 0 \\ 0 & 0 & 1 \end{bmatrix} \tag{5･23}$$

2つの行列$\boldsymbol{A}$，$\boldsymbol{B}$の行数n，列数mをそれぞれ（n_A，m_A），（n_B，m_B）とする．行列のサイズが等しいとき，つまり$n_A=n_B$かつ$m_A=m_B$のとき，行列の足し引

きが定義でき，$\boldsymbol{A}+\boldsymbol{B}$，$\boldsymbol{A}-\boldsymbol{B}$ をそれぞれ成分毎の足し算，引き算で求まる行列とする．

$m_A=n_B$ のときは2つの**行列の積** $\boldsymbol{AB}$ が定義でき，その i 行 j 列の成分は $\sum_{k=1}^{m_A} a_{ik}b_{kj}$ と計算される．たとえば行列の特殊な場合である 3×1 の2本の縦ベクトル $\boldsymbol{a}$，$\boldsymbol{b}$ に対し，$\boldsymbol{a}^{\mathrm{T}}$ は 1×3 の横ベクトルとなり，$\boldsymbol{a}^{\mathrm{T}}$ の列数と $\boldsymbol{b}$ の行数が一致するので積が計算でき，以下のようになる．

$$\boldsymbol{a}^{\mathrm{T}}\boldsymbol{b}=\begin{bmatrix}a_1 & a_2 & a_3\end{bmatrix}\begin{bmatrix}b_1\\ b_2\\ b_3\end{bmatrix}=a_1b_1+a_2b_2+a_3b_3 \tag{5·24}$$

これは $\boldsymbol{a}$ と $\boldsymbol{b}$ の内積（$\boldsymbol{a}\cdot\boldsymbol{b}$）に他ならず，$\boldsymbol{a}^{\mathrm{T}}$ と $\boldsymbol{b}$ の積がスカラーとなった．また $\boldsymbol{a}^{\mathrm{T}}$ の行数と $\boldsymbol{b}$ の列数も一致するので，積 $\boldsymbol{ba}^{\mathrm{T}}$ も計算できるが，結果は 3×3 の行列となる．このことからわかるように，2つの行列 $\boldsymbol{A}$，$\boldsymbol{B}$ の積はかける順番によって結果が異なることに注意する．つまり特殊な場合を除き $\boldsymbol{AB}\neq\boldsymbol{BA}$ である．

2本の3次元縦ベクトル $\boldsymbol{a}$，$\boldsymbol{b}$ の成分表示を $\boldsymbol{a}=[a_x \quad a_y \quad a_z]^{\mathrm{T}}$，$\boldsymbol{b}=[b_x \quad b_y \quad b_z]^{\mathrm{T}}$ とすると，**1·1·7** 項で説明した外積計算は，以下のように行列と縦ベクトルの積と書き換えることができる．

$$\boldsymbol{a}\times\boldsymbol{b}=\begin{bmatrix}a_yb_z-a_zb_y\\ a_zb_x-a_xb_z\\ a_xb_y-a_yb_x\end{bmatrix}=\begin{bmatrix}0 & -a_z & a_y\\ a_z & 0 & -a_x\\ -a_y & a_x & 0\end{bmatrix}\begin{bmatrix}b_x\\ b_y\\ b_z\end{bmatrix} \tag{5·25}$$

最右辺の行列はベクトル $\boldsymbol{a}$ の成分のみからなり，この行列を $\hat{\boldsymbol{a}}$ と表すと外積計算は等価的に以下のように書ける．

$$\boldsymbol{a}\times\boldsymbol{b}=\hat{\boldsymbol{a}}\boldsymbol{b}$$
$$\text{ただし}\ \hat{\boldsymbol{a}}=\begin{bmatrix}0 & -a_z & a_y\\ a_z & 0 & -a_x\\ -a_y & a_x & 0\end{bmatrix} \tag{5·26}$$

この行列 $\hat{\boldsymbol{a}}$ はその転置が $\hat{\boldsymbol{a}}^{\mathrm{T}}=-\hat{\boldsymbol{a}}$ を満たす．このような性質をもつ行列を**歪対称行列**という．

式(**5·26**)の表記を用いると，式(**5·6**)は

$$\boldsymbol{v}=\hat{\omega}\boldsymbol{r} \tag{5·27}$$

と表せる．さらに式(**5·13**)，式(**5·14**)はそれぞれ以下のように表せる．

$$\boldsymbol{a}_t=\hat{\alpha}\boldsymbol{r} \tag{5·28}$$

$$\boldsymbol{a}_n=\hat{\omega}(\hat{\omega}\boldsymbol{r})=\hat{\omega}^2\boldsymbol{r} \tag{5·29}$$

ここで$\hat{\omega}^2$は2つの$\hat{\omega}$の積である．外積の場合，かける順序が重要であるため，式(**5·14**)では（　）が必要であったが，$\hat{\omega}$という表現では単なる行列とベクトルの積になるため（　）が外れ，式(**5·26**)を使うことでより簡便に記述できる．

歪対称行列との積のように，縦ベクトルに適切なサイズの正方行列を左からかけると結果も縦ベクトルとなり，その成分は元のベクトルとは変化する．正方行列を適切に選ぶことで，外積を表現するだけでなく，ベクトルを特定の軸方向に伸縮したり，ベクトル自体を回転させたりといった変化をさせることもできる．本書の内容を逸脱するため詳細は省くが，機械力学の応用では多剛体系の回転運動や振動解析などに行列表現を用いる．

5·1·5　座標系

座標系とは，生じている物理現象をどこから見て取るかという，観測者の視点と姿勢を表す．座標系は物体の運動とは独立であるが，どの座標系から観測するかで運動の見え方が大きく異なるため，問題を簡潔に表現できる座標系をうまく設定することは重要である．物体は3次元空間上で運動するので，3次元空間上の任意の点を表現可能な3つの自由度をもった座標系を用意すればよい．

座標系の基準となる点を**原点**と呼び，原点からどういう相対関係で対象をとらえるかで座標系の種類が変わる．相対関係を記述するために，長さ1の**単位ベクトル**からなる**基底**と呼ばれるベクトルの組を用いることも多い．以下に代表的な座標系を紹介する．

1.　直交座標系

直交座標系は，直交する単位ベクトルの線形結合で空間上の任意の点を表現する，もっとも直感的な座標系であり，図**5·5**(**a**)のようにO-xyzと表される．直交座標系の基底は，x，y，z軸それぞれの正の向きの単位ベクトル$\boldsymbol{e}_x$，$\boldsymbol{e}_y$，$\boldsymbol{e}_z$の組である．任意の点Pの位置$\boldsymbol{r}_\mathrm{P}$は，この基底を使って，

$$\boldsymbol{r}_\mathrm{P}=p_x\boldsymbol{e}_x+p_y\boldsymbol{e}_y+p_z\boldsymbol{e}_z \tag{5·30}$$

と表せる．ベクトルの成分表示として，各基底ベクトルを$\boldsymbol{e}_x=[1\ \ 0\ \ 0]^\mathrm{T}$，$\boldsymbol{e}_y=[0\ \ 1\ \ 0]^\mathrm{T}$，$\boldsymbol{e}_z=[0\ \ 0\ \ 1]^\mathrm{T}$と表す[*3]と，$\boldsymbol{r}_\mathrm{P}$は以下のように成分表示できる．

[*3] Tは転置を表す．

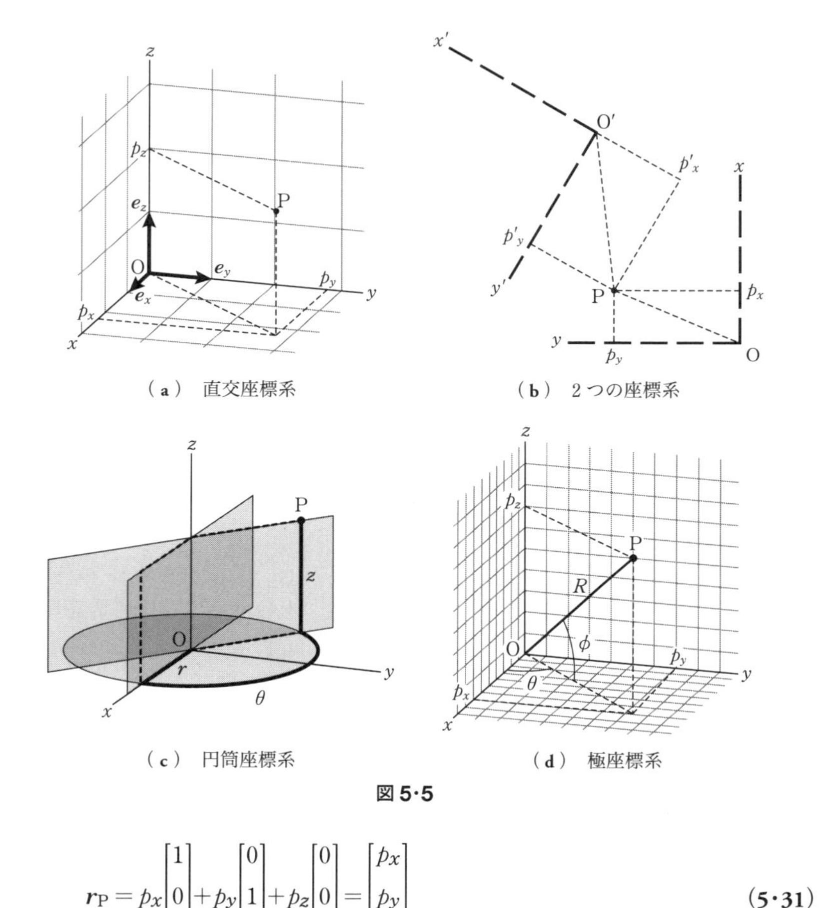

（a）　直交座標系

（b）　2 つの座標系

（c）　円筒座標系

（d）　極座標系

図 5·5

$$\boldsymbol{r}_{\mathrm{P}} = p_x \begin{bmatrix} 1 \\ 0 \\ 0 \end{bmatrix} + p_y \begin{bmatrix} 0 \\ 1 \\ 0 \end{bmatrix} + p_z \begin{bmatrix} 0 \\ 0 \\ 1 \end{bmatrix} = \begin{bmatrix} p_x \\ p_y \\ p_z \end{bmatrix} \tag{5·31}$$

図 **5·5**(**a**)のように，x，y，z の関係が右手の親指，人差し指，中指に対応する座標系を**右手座標系**と呼び，本書ではとくに説明がない場合，この右手座標系を用いる．

座標系の設定の仕方は一意ではなく，物体の運動を表現するのに適した座標系を選択できるよう，さまざまな座標系から問題をとらえる訓練をしておくとよい．

図 **5·5**(**b**)では 2 つの座標系 O-xyz と O′-$x'y'z'$ が設定され，z と z' 座標軸は，それぞれ O，O′ の位置にあり，紙面手前向きになる．右手座標系を使用することで 2 つの軸が定まれば，もう 1 つの軸は一意に定まるので，本書では上のような場合，z や z' の表記は省略する．O-xyz から見ると，P の位置はすべての成分が正

の値となるが，$\mathrm{O}'\text{-}x'y'z'$ からは x' 成分が負の値となる．

このように，異なる座標系では同じ点であってもベクトルで表現したときに，数値だけでなく符号も異なることに注意が必要である．同様に，運動の向きの正負は，座標系の設定の仕方によって変わる．

2. 円筒座標系

円筒座標系では図 **5･5**(**c**)のように，円の半径 r，円周上の角度 θ，高さ z というパラメータで任意の点を表す．直交座標系との関係は

$$\boldsymbol{r}_{\mathrm{P}}=\begin{bmatrix} p_x \\ p_y \\ p_z \end{bmatrix}=\begin{bmatrix} r\cos\theta \\ r\sin\theta \\ z \end{bmatrix} \tag{5･32}$$

となる．

3. 極座標系

図 **5･5**(**d**)で表される極座標系とは，3 次元空間上の点を原点からの距離 R と 2 つの角度 θ，ϕ で表現するもので，直交座標系との関係は

$$\boldsymbol{r}_{\mathrm{P}}=\begin{bmatrix} p_x \\ p_y \\ p_z \end{bmatrix}=\begin{bmatrix} R\cos\theta\cos\phi \\ R\sin\theta\cos\phi \\ R\sin\phi \end{bmatrix} \tag{5･33}$$

となる．

4. TNB 座標系

ある経路（**5･1･1** 項参照）が与えられたときに，その経路上の任意の点に対し定まる接線（Tangent），主法線（Normal），従法線（Binormal）方向の単位ベクトルを，基底として選ぶ座標系である（図 **5･6**）．

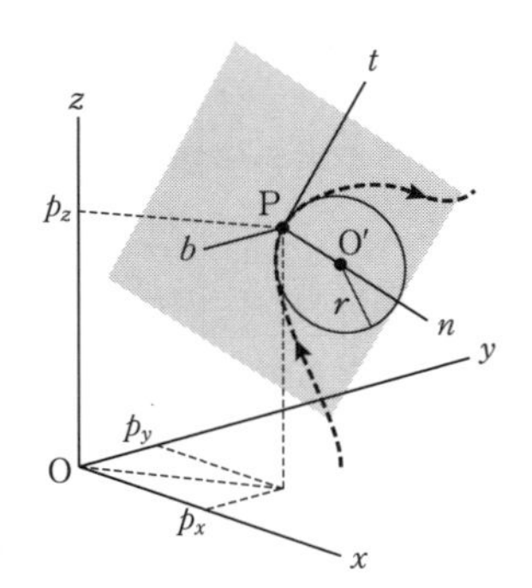

図 5･6 Tangent-Normal-Binormal 座標系

図では TNB 座標系の座標軸をそれぞれの頭文字を取り，t，n，b と表している．図中，太い点線で表した経路上を移動する質点の運動は，点 P を通る瞬間において，接線と主法線の張る平面上の円運動とみなすことができ，この円運動の半径を**曲率半**

径 r，回転中心 O′ を**曲率中心**という．

5・1・6 座標系の対応関係

直交座標系，円筒座標系，極座標系それぞれの基底をなす単位ベクトルを図 **5・7** に示す（各単位ベクトルの向きがわかりやすいように，平行移動して表示しているが，すべて O 点が原点）．

これら単位ベクトルを用いると，P 点はそれぞれ以下のように表せる．

$$\boldsymbol{r}_{\mathrm{P}} = p_x\boldsymbol{e}_x + p_y\boldsymbol{e}_y + p_z\boldsymbol{e}_z \tag{5・34}$$

$$= r\boldsymbol{e}_r + p_z\boldsymbol{e}_z \tag{5・35}$$

$$= R\boldsymbol{e}_R \tag{5・36}$$

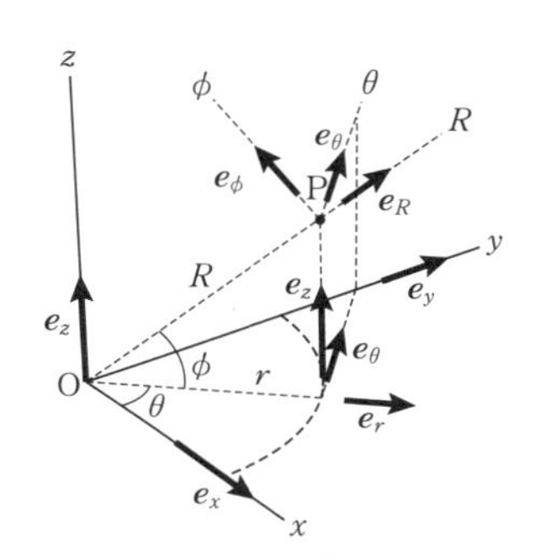

図 5・7 各座標系の単位ベクトル

P 点の位置を時間微分することで，速度，加速度についても，それぞれ基底ベクトルを使って表現できる．直交座標系の場合，速度は各成分の時間微分となるが，それ以外の座標系の場合，基底ベクトルの変化も考慮する必要がある．

円筒座標系の場合，式(**5・35**)を時間微分して

$$\dot{\boldsymbol{r}}_{\mathrm{P}} = \dot{r}\boldsymbol{e}_r + r\dot{\boldsymbol{e}}_r + \dot{p}_z\boldsymbol{e}_z + p_z\dot{\boldsymbol{e}}_z$$

$$= \dot{r}\boldsymbol{e}_r + r\dot{\theta}\boldsymbol{e}_\theta + \dot{p}_z\boldsymbol{e}_z \tag{5・37}$$

ここで $\dot{\boldsymbol{e}}_z = 0$，$\dot{\boldsymbol{e}}_r = \dot{\theta}\boldsymbol{e}_\theta$ という関係を用いた．これは $\boldsymbol{e}_r$ の時間変化として長さは変わらず，向きが $\boldsymbol{e}_\theta$ の方向に $\dot{\theta}$ で変化することによる．同様に $\boldsymbol{e}_\theta$ の時間微分についても考えられ，これらをまとめると以下のようになる．

$$\dot{\boldsymbol{e}}_r = \dot{\theta}\boldsymbol{e}_\theta \tag{5・38}$$

$$\dot{\boldsymbol{e}}_\theta = -\dot{\theta}\boldsymbol{e}_r \tag{5・39}$$

$$\dot{\boldsymbol{e}}_z = 0 \tag{5・40}$$

極座標系の場合，式(**5・36**)を時間微分することで

$$\dot{\boldsymbol{r}}_{\mathrm{P}} = \dot{R}\boldsymbol{e}_R + R\dot{\boldsymbol{e}}_R$$

$$= \dot{R}\boldsymbol{e}_R + R\dot{\theta}\cos\phi\boldsymbol{e}_\theta + R\dot{\phi}\boldsymbol{e}_\phi \tag{5・41}$$

という関係を得る．ここでは $\dot{\boldsymbol{e}}_R = \dot{\theta}\cos\phi\boldsymbol{e}_\theta + \dot{\phi}\boldsymbol{e}_\phi$ という関係を用いた．これは $\boldsymbol{e}_R$ が $\boldsymbol{e}_R = \cos\phi\boldsymbol{e}_r + \sin\phi\boldsymbol{e}_z$ と分解でき，その時間微分が式(**5・38**)～式(**5・40**)より計算できること，さらに $\boldsymbol{e}_r$，$\boldsymbol{e}_z$ を $\boldsymbol{e}_R$，$\boldsymbol{e}_\phi$ を使って表し，整理することで得られる．他の軸の時間微分についても同様に計算し，まとめると以下のようになる．

$$\dot{\boldsymbol{e}}_R = \dot{\theta}\cos\phi\boldsymbol{e}_\theta + \dot{\phi}\boldsymbol{e}_\phi \tag{5・42}$$

$$\dot{\boldsymbol{e}}_\theta = -\dot{\theta}\boldsymbol{e}_r = -\dot{\theta}\cos\phi\boldsymbol{e}_R + \dot{\theta}\sin\phi\boldsymbol{e}_\phi \tag{5・43}$$

$$\dot{\boldsymbol{e}}_\phi = -\dot{\phi}\boldsymbol{e}_R - \dot{\theta}\sin\phi\boldsymbol{e}_\theta \tag{5・44}$$

式(5・38)～式(5・40)，式(5・42)～式(5・44)より，それぞれ円筒座標系，極座標系の基底の時間微分がわかるので，これらの関係式を用いて式(5・37)と式(5・41)をそれぞれ時間微分することで，直交座標系，円筒座標系，極座標系それぞれで表現した加速度の関係式を以下のように得る．

$$\ddot{\boldsymbol{r}}_\mathrm{P} = \ddot{p}_x\boldsymbol{e}_x + \ddot{p}_y\boldsymbol{e}_y + \ddot{p}_z\boldsymbol{e}_z \tag{5・45}$$

$$= (\ddot{r} - r\dot{\theta}^2)\boldsymbol{e}_r + (r\ddot{\theta} + 2\dot{r}\dot{\theta})\boldsymbol{e}_\theta + \ddot{p}_z\boldsymbol{e}_z \tag{5・46}$$

$$\begin{aligned} &= (\ddot{R} - R\dot{\phi}^2 - R\dot{\theta}^2\cos^2\phi)\boldsymbol{e}_R \\ &\quad + (R\ddot{\theta}\cos\phi + 2\dot{R}\dot{\theta}\cos\phi - 2R\dot{\theta}\dot{\phi}\sin\phi)\boldsymbol{e}_\theta \\ &\quad + (R\ddot{\phi} + 2\dot{R}\dot{\phi} + R\dot{\theta}^2\sin\phi\cos\phi)\boldsymbol{e}_\phi \end{aligned} \tag{5・47}$$

5・2 基本例題

【例題 5・1】 図 5・8 のように回転の速さ ω で回転するクランクにシャフトを介してつながっているスライダの運動を考える．スライダの速さ v_{Bx}，リンク AB の角速度の大きさ ω_{AB} を求めよ．

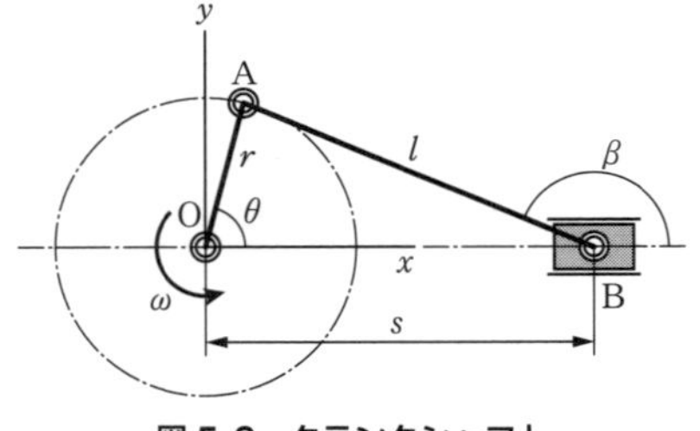

図 5・8 クランクシャフト

［解］ クランクの角速度を $\boldsymbol{\omega}$ とすると，A 点の速度 $\boldsymbol{v}_\mathrm{A}$ は A 点の位置ベクトル $\boldsymbol{r}_\mathrm{A}$ を使って式(5・6)より以下のように表せる．

$$\boldsymbol{v}_\mathrm{A} = \boldsymbol{\omega} \times \boldsymbol{r}_\mathrm{A}$$

図のように O 点を原点とし，右方向，上方向を x，y 軸の正とする O-xyz 座標系を考える．このとき，z 軸まわりの回転は紙面の反時計回りが正となる．外積計算を式(5・26)を使って行列の積として計算すると，$\boldsymbol{v}_\mathrm{A}$ を以下のように求めることができる．

$$\boldsymbol{v}_\mathrm{A} = \hat{\boldsymbol{\omega}}\boldsymbol{r}_\mathrm{A} = \begin{bmatrix} 0 & -\omega & 0 \\ \omega & 0 & 0 \\ 0 & 0 & 0 \end{bmatrix}\begin{bmatrix} r\cos\theta \\ r\sin\theta \\ 0 \end{bmatrix} = \begin{bmatrix} -r\omega\sin\theta \\ r\omega\cos\theta \\ 0 \end{bmatrix}$$

次にスライダBが y 方向には動かないため，B点の速度の y 成分 v_{By} は0となることに注意して，A点から見たB点の相対速度 $\boldsymbol{v}_{BA}$ は定義式(**5・17**)より

$$\boldsymbol{v}_{BA}=\boldsymbol{v}_{B}-\boldsymbol{v}_{A}=\begin{bmatrix} v_{Bx}+r\omega\sin\theta \\ -r\omega\cos\theta \\ 0 \end{bmatrix} \tag{5・48}$$

となる．また，リンクABの角速度を ω_{AB} とすると，剛体中の2点の相対運動は回転運動となるので，式(**5・18**)より

$$\begin{aligned}\boldsymbol{v}_{BA}&=\boldsymbol{\omega}_{AB}\times\boldsymbol{r}_{BA}=\boldsymbol{\omega}_{AB}\times(-\boldsymbol{r}_{AB})\\ &=\begin{bmatrix} 0 & -\omega_{AB} & 0 \\ \omega_{AB} & 0 & 0 \\ 0 & 0 & 0 \end{bmatrix}\begin{bmatrix} -l\cos\beta \\ -l\sin\beta \\ 0 \end{bmatrix}=\begin{bmatrix} l\omega_{AB}\sin\beta \\ -l\omega_{AB}\cos\beta \\ 0 \end{bmatrix}\end{aligned} \tag{5・49}$$

式(**5・48**)と式(**5・49**)を連立して以下を得る．

$$\omega_{AB}=\frac{r\cos\theta}{l\cos\beta}\,\omega \tag{5・50}$$

$$v_{Bx}=-r\omega(\sin\theta-\cos\theta\tan\beta) \tag{5・51}$$

クランクシャフト機構では，θ が決まればスライダBの位置は一意に決まるため，角度 β は θ に従属して決まる変数である（このような変数を**従属変数**という）．そのため，別解**2**に示すように幾何的な関係式から β を r，l，θ を使って表すこともできる．

［**別解1**］ A点を表す位置ベクトル $\boldsymbol{r}_A$ は，B点を表す位置ベクトルとB点からA点を見た相対的な位置ベクトル $\boldsymbol{r}_{AB}$ を用いて

$$\boldsymbol{r}_A=\boldsymbol{r}_B+\boldsymbol{r}_{AB}$$

$$\begin{bmatrix} r\cos\theta \\ r\sin\theta \\ 0 \end{bmatrix}=\begin{bmatrix} s \\ 0 \\ 0 \end{bmatrix}+\begin{bmatrix} l\cos\beta \\ l\sin\beta \\ 0 \end{bmatrix}=\begin{bmatrix} s+l\cos\beta \\ l\sin\beta \\ 0 \end{bmatrix}$$

となる．この両辺を $\omega_{AB}=\mathrm{d}\beta/\mathrm{d}t$，$v_{Bx}=\mathrm{d}s/\mathrm{d}t$ であることと，$\mathrm{d}(\cos\theta)/\mathrm{d}t=-\dot{\theta}\sin\theta$ なる合成関数の微分に注意して時間微分すると

$$\boldsymbol{v}_A=\boldsymbol{v}_B+\boldsymbol{v}_{AB}$$

$$\begin{bmatrix} -r\omega\sin\theta \\ r\omega\cos\theta \\ 0 \end{bmatrix}=\begin{bmatrix} v_{Bx}-l\omega_{AB}\sin\beta \\ l\omega_{AB}\cos\beta \\ 0 \end{bmatrix}$$

この式より，式(**5・50**)，式(**5・51**)を得る．

［**別解 2**］ A 点の y 座標を O 点，B 点それぞれから表した次式

$$r\sin\theta = l\sin\beta \tag{5・52}$$

を解くことで，θ と β の関係が求まる．

θ, β を時間 t で微分したものが，クランク OA，リンク AB の角速度である．したがって，式(**5・52**)の両辺を時間微分して

$$r\omega\cos\theta = l\omega_{AB}\cos\beta$$

が得られる．よって，AB の角速度の大きさは

$$\omega_{AB} = \frac{r\cos\theta}{l\cos\beta}\,\omega$$

となる．

また，O から B 点までの距離を s とすると

$$s = r\cos\theta - l\cos\beta \tag{5・53}$$

となる．スライダは y 軸方向には固定されているので，B 点の速さは s の時間微分と一致し，

$$v_B = \frac{\mathrm{d}s}{\mathrm{d}t} = -r\omega\sin\theta + l\omega_{AB}\sin\beta = -r\omega(\sin\theta - \cos\theta\tan\beta)$$

のように，式(**5・51**)と同じ結果が得られる．さらに式(**5・52**)より，求まる $\sin\beta$ を代入して

$$v_B = -r\omega\left(\sin\theta + \frac{r\sin\theta\cos\theta}{\sqrt{l^2 - r^2\sin^2\theta}}\right)$$

となる．また，実際のクランク機構では，$l/r \fallingdotseq 4$ 程度以上なので

$$v_B = -r\omega\left(\sin\theta + \frac{r}{l}\sin\theta\cos\theta\right)$$

としてもよい．

別解 **1**，別解 **2** は，ベクトルとスカラーだけで解いているという違いがあるが，使っている式自体はほぼ同じである．これら別解では，式(**5・17**)の関係を明示的には使っておらず，より簡単に解けているように見えるかもしれないが，角速度の向きが明示的に扱われていないため，座標系のとり方に注意が必要である．

たとえば，図で β が与えられず，$\gamma = \angle\mathrm{ABO}$ が与えられた場合を考えてみよ．このように初学者には見落としやすい所があるため，初学者には解答のように，角速度をベクトルとして扱う方法をマスターすることを推奨する．

【例題 5·2】 図 5·9 のように，ロープ，滑車を介して 2 物体 A，B がつながれている．物体 A が右向きに速さ v_A，加速の大きさ a_A で動くとき，物体 B の速さ，加速の大きさを求めよ．

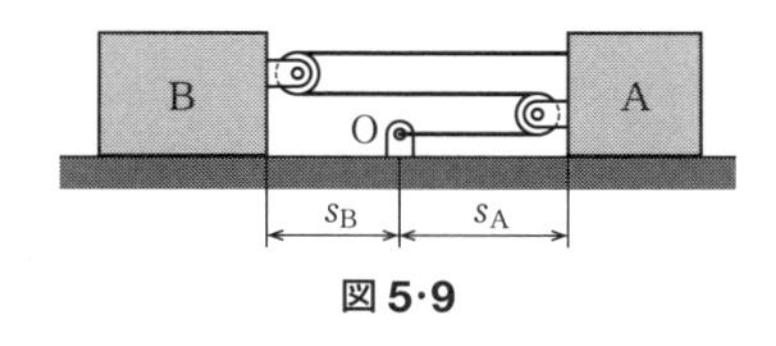

図 5·9

［解］ 固定点 O を原点とし，右向きを正にとり，物体 A，B のロープ取り付け位置の座標を s_A，$-s_B$ とすると，ロープの全長は変化しないから

$$3s_A + 2s_B = c \ (\text{一定})$$

となる．上式の両辺を時間 t で微分すれば

$$3\frac{\mathrm{d}s_A}{\mathrm{d}t} + 2\frac{\mathrm{d}s_B}{\mathrm{d}t} = 0$$

となる．ここで物体 B の速さを v_B とすれば，s_B と増加の向きが反対であることに注意して

$$v_A = \frac{\mathrm{d}s_A}{\mathrm{d}t}$$

$$v_B = -\frac{\mathrm{d}s_B}{\mathrm{d}t}$$

となるので，物体 B の速さは物体 A の速さを用いて次のように求まる．

$$v_B = \frac{3}{2}\,v_A$$

さらに，この式を時間 t で微分すれば，物体 A，B の加速度の関係が得られ，物体 A，B の加速度の大きさ a_A，a_B の間には，次の関係が成り立つ．

$$a_B = \frac{3}{2}\,a_A$$

【例題 5·3】 図 5·10 のように，同じ長さの棒 AB，CD で，幅 b，長さ c の板を吊り，AB の棒を回転の速さ ω で回転させた．図の瞬間の板の回転の速さ ω_O および板の中で速度がゼロとなる点の位置，B 点の速さの半分の速さとなる点を求

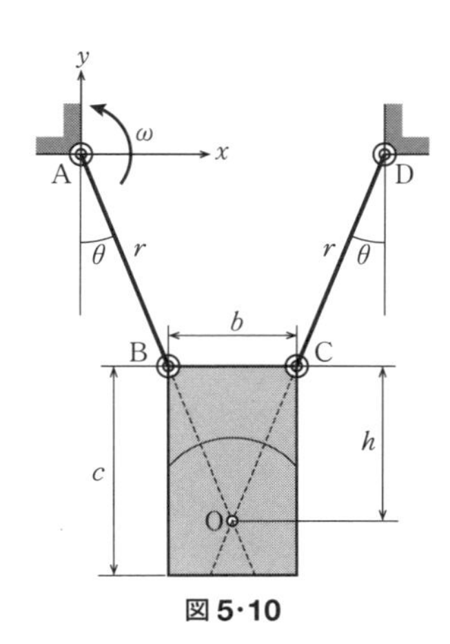

図 5·10

めよ.

［解］ 棒ABは伸縮しないので，B点はA点まわりに回転する．同様に，C点はD点まわりに回転するので，B点，C点の速度は，それぞれAB，CDと直角の向きとなる．

よって板の瞬間中心は，ABとCDの延長線の交点となる．左右対称に吊ってあるので，図**5・10**を参考にして，瞬間中心Oの位置は，板の上面より

$$h=\frac{b}{2\tan\theta} \tag{5・54}$$

の位置となる．この瞬間では点Oを中心に板は回転するから，速度がゼロとなるのはO点である．また，板の角速度を$\boldsymbol{\omega}_{\mathrm{O}}$とすると，A点まわりに回転するB点の速度と，瞬間中心O点まわりに回転する板の点Bの速度は一致し，$\boldsymbol{r}_{\mathrm{BA}}$，$\boldsymbol{r}_{\mathrm{BO}}$をそれぞれA点，O点から見たB点の位置ベクトルとすると

$$\boldsymbol{\omega}\times\boldsymbol{r}_{\mathrm{BA}}=\boldsymbol{\omega}_{\mathrm{O}}\times\boldsymbol{r}_{\mathrm{BO}} \tag{5・55}$$

なる関係が得られる．ここで，Aを原点とし，右向き，上向きをそれぞれx，y軸の正方向とするA-xyz座標系を考えると，板はz軸まわりの回転のみなので，$\boldsymbol{\omega}$，$\boldsymbol{\omega}_{\mathrm{O}}$は$z$成分以外はゼロとなる．式(**5・55**)を成分表示すると

$$\boldsymbol{\omega}\times\boldsymbol{r}_{\mathrm{BA}}=\begin{bmatrix}0\\0\\\omega\end{bmatrix}\times\begin{bmatrix}r\sin\theta\\-r\cos\theta\\0\end{bmatrix}=r\omega\begin{bmatrix}\cos\theta\\\sin\theta\\0\end{bmatrix}$$

$$=\boldsymbol{\omega}_{\mathrm{O}}\times\boldsymbol{r}_{\mathrm{BO}}=\begin{bmatrix}0\\0\\\omega_{\mathrm{O}}\end{bmatrix}\times\begin{bmatrix}-h\tan\theta\\h\\0\end{bmatrix}=-h\omega_{\mathrm{O}}\begin{bmatrix}1\\\tan\theta\\0\end{bmatrix}$$

となる．ω_{O}について解き，式(**5・54**)を代入することで板の角速度は

$$\boldsymbol{\omega}_{\mathrm{O}}=[0\quad 0\;-2r\omega\sin\theta/b]^{\mathrm{T}}$$

と求まり，回転速さは時計回りに$2r\omega\sin\theta/b$であるとわかる．ただし，^{T}は式(**5・22**)で説明したベクトルの転置である．

さらに，速さがB点の速さの半分になる点は，この瞬間では板がOを中心に回転することから，この点を中心にした半径がBOの半分である円上の点，すなわち図の円弧の上の点となる．なお，瞬間中心はその瞬間ごとに移動するから，板が図の位置からずれれば，当然，左右の対称性も崩れ，瞬間中心の位置も板の左右対称な点とはならない．

【例題 5·4】 図 **5·11** のように，長さ $b = 50$ mm の棒が一端 A を中心に角速度 $\boldsymbol{\omega}$（大きさ $\omega = 15$ rad/s）で回転する．他端 B の速度，接線加速度，法線加速度それぞれの大きさ，および中心 A から $c = 20$ mm の C 点の B 点に対する相対速度の大きさはいくらか．

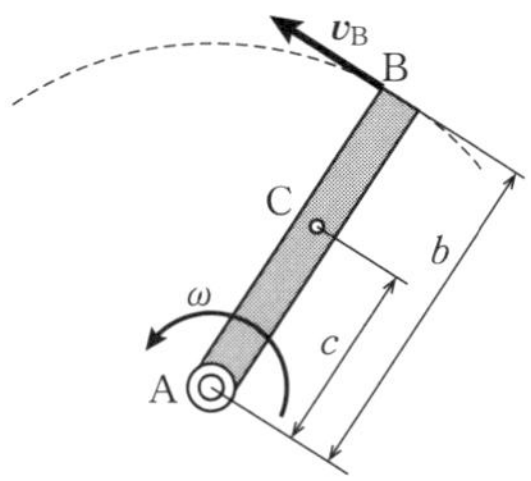

図 5·11

［**解**］ A 点を原点とし，B 点方向を x 軸，紙面手前を z 軸とする右手座標系を考える．

このとき，B 点の位置ベクトルは $\boldsymbol{r}_B = [b \quad 0 \quad 0]^T$ であり，速度と角速度の関係を外積〔式(**5·25**)参照〕で表した式(**5·6**)より，B 点の速度は

$$\boldsymbol{v}_B = \boldsymbol{\omega} \times \boldsymbol{r}_B = [0 \quad b\omega \quad 0]^T$$

となる．角速度が一定なので，式(**5·13**)より接線加速度は 0，式(**5·14**)より法線加速度は

$$\boldsymbol{a}_n = \boldsymbol{\omega} \times \boldsymbol{v}_B = [-b\omega^2 \quad 0 \quad 0]^T$$

となる．B 点の速度，接線加速度，法線加速度の大きさは，それぞれ 0.75 m/s，0 m/s^2，11.3 m/s^2 となる．

さらに C 点の B 点に対する相対速度 $\boldsymbol{v}_{CB}$ は，式(**5·17**)より C 点の位置ベクトルを $\boldsymbol{r}_C$ とし，

$$\boldsymbol{v}_{CB} = \boldsymbol{v}_C - \boldsymbol{v}_B = \boldsymbol{\omega} \times (\boldsymbol{r}_C - \boldsymbol{r}_B) = [0 \quad (c-b)\omega \quad 0]^T$$

と求まる．$c < b$ より，C 点は，B 点から B 点の運動方向と逆方向に，速さ 0.45 m/s で反時計方向に回転運動しているように見える．

【例題 5·5】 図 **5·12** のように，航空機 P が A 点から速さ $v_0 = 150$ km/h で離陸する．$y' - z'$ 平面上を 15° の角度で 0.1 m/s^2 の加速をしながら上昇していく．離陸の過程は O 点のレーダでモニタされるものとする．離陸から 60 秒後の P の速度を，① 円筒座標系，② 極座標系でそれぞれ表せ．

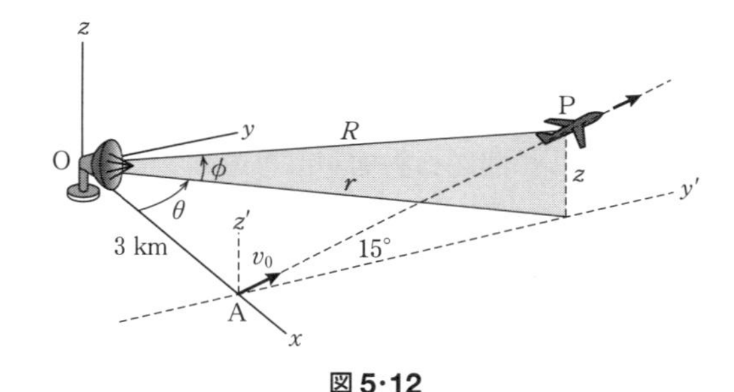

図 5·12

［**解**］ ① 離陸時の速さは $v_0 = 150/3.6 = 41.7$ m/s であり，等加速度直線運動なので，

式(**5・4**)より，60 秒後の速さは $v=47.7$ m/s，飛行距離は式(**5・5**)より，$s=2680$ m と求まる．これより，y 座標の値，角度 θ は，それぞれ

$$y=s\cos 15^\circ=2589\ \text{m}$$

$$\theta=\tan^{-1}\frac{y}{3000}=40.8^\circ$$

と求まる．よって速度の y 軸成分 v_y は

$$v_y=v\cos 15^\circ=46.0\ \text{m/s}$$

となる．これらより，速度の円筒座標系の各軸成分は，以下のように求まる．

$$v_r=v_y\sin\theta=30.1\ \text{m/s}$$

$$v_\theta=v_y\cos\theta=34.9\ \text{m/s}$$

$$v_z=v\sin 15^\circ=12.3\ \text{m/s}$$

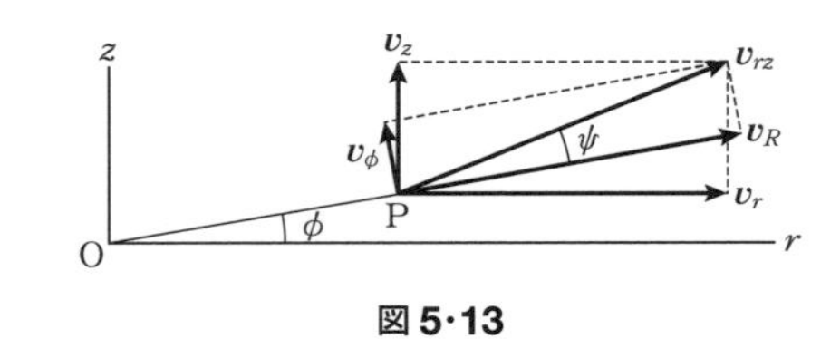

図 5・13

② 極座標系の速度成分のうち，v_θ は円筒座標系と共通であり，残りの v_{R}，v_ϕ を考える．r-z 平面を考えると図 **5・13** のようになり，$\boldsymbol{v}_{rz}$ は速度の r-z 平面への射影であり，r-z，R-ϕ 方向にそれぞれ分解することで各成分を求められる．$\boldsymbol{v}_{rz}$ の大きさは

$$v_{rz}=\sqrt{v_r^2+v_z^2}=32.5\ \text{m/s}$$

であり，図から $\psi=\tan^{-1}(v_z/v_r)-\phi=12.4^\circ$ となる．よって

$$v_R=v_{rz}\cos\psi=31.8\ \text{m/s}$$

$$v_\phi=v_{rz}\sin\psi=7.0\ \text{m/s}$$

5・3 演習問題

【問題 5・1】 時速 50 km/h で走行中の車にブレーキをかけたところ，30 m 走行後に停止した．車の制動能力が速さに無関係であるとき，時速 80 km/h で走行中の車の停止までの距離と所要時間を求めよ．

［**解**］ この問題は物体が直線運動しているときに，大きさ a の加速度を受け続けて停止する例である．したがって，ブレーキをかけ始めたときの速さを v_0 とし，式(**5・5**)，式(**5・4**)に $v_0=50\times1000/3600$ m/s，$s=30$ m を代入して整理することで，$a=$ (a) □ m/s^2 を得る．ここからも加速度は進行方向と逆向きに作用することが確認できる．制動能力が速さに無関係であるから，上記の加速度が

時速 80 km/h の車に作用したものとすれば，停止までにかかる時間は式(**5・4**)より [b] □ 秒であり，式(**5・5**)より移動距離は [c] □ m となる．

【問題 5・2】 はずみ車が停止状態から等角加速度で回転を増し，50 秒後に 500 rpm となった．このときの角速度およびその間の回転数を求めよ．また，その後の 10 秒間の回転数はいくらか．

［**解**］ 停止状態から回転を徐々に増すので，初期角速度 ω_0 は 0 であり，rpm は 1 分間あたりの回転数であるので，回転開始 50 秒後の 1 秒間あたりの回転数は

$$\frac{500}{60} = 8.3\ \text{回転/秒}$$

となり，このときの 1 秒間あたりの回転角度，すなわち角速度の大きさ ω は

$$\omega = \frac{^{(a)}\boxed{}}{30} = {}^{(b)}\boxed{}\ \text{rad/s}$$

である．この問題は，等角加速度運動より式(**5・9**)に各値を代入し，$\alpha = \omega/t =$ [c] □ rad/s^2 と求まる．また，式(**5・10**)より 50 秒までの回転角度は $\theta =$ [d] □ rad．よって総回転数 n は次のようになる．

$$n = \frac{\theta}{2\pi} = {}^{(e)}\boxed{}\ \text{回転}$$

同様にして 60 秒までの総回転数も

$$n = \frac{\alpha t^2}{2}\frac{1}{2\pi} = 300\ \text{回転}$$

となり，50 秒後から 60 秒後までの 10 秒間の回転数は約 [f] □ 回転となる．

【問題 5・3】 図 **5・14** のような直角三角形の板が頂点 A を中心に平面内で回転する．角速度 $\boldsymbol{\omega}$ の大きさが $\omega = 20$ rad/s であるとし，図 **5・14** の瞬間における B，C 点の速度および C 点の B 点に対する相対速度の大きさを求めよ．ただし，b を 40 mm，c を 30 mm とする．

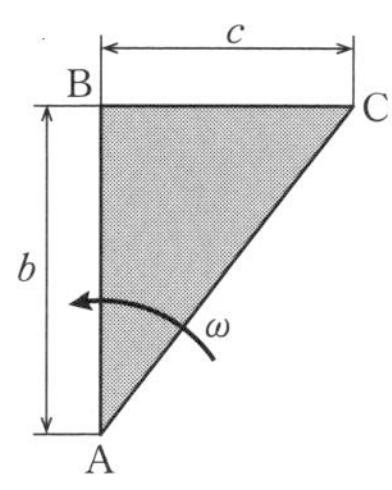

図 5・14

［**解**］ A 点を中心とし，右と上をそれぞれ x 軸，y 軸とする右手座標系を考える．このとき角速度は $\boldsymbol{\omega} = [0,\ 0,\ \omega]^{\mathrm{T}}$ と成分表記できる．また，B，C 点の位置ベクトルは

$$\boldsymbol{r}_{\mathrm{B}} = [0 \quad b \quad 0]^{\mathrm{T}}$$

$$r_C = [^{(a)}\boxed{} \quad ^{(b)}\boxed{} \quad 0]^T$$

よって，B，C 点の速度は，式(5・6)より

$$v_B = \omega \times r_B = [-b\omega \quad 0 \quad 0]^T$$

$$v_C = {}^{(c)}\boxed{} = [-b\omega \quad c\omega \quad 0]^T$$

よって，それぞれの速さは $v_B =$ (d)☐ m/s，$v_C =$ (e)☐ m/s となる．

また，C 点の B 点に対する相対速度は式(5・17)より $v_{CB} = v_C - v_B = [0 \quad c\omega \quad 0]^T$ となり，辺 BC に直交し，上向きに速さ (f)☐ m/s をもっているように見える．

【問題 5・4】 図 5・15 のように，半径 r の円筒が角速度の大きさ ω で平面上をすべることなく転がるときの，円筒の円周上にある点 A の速度を求めよ．また，この運動における瞬間中心を求めよ．

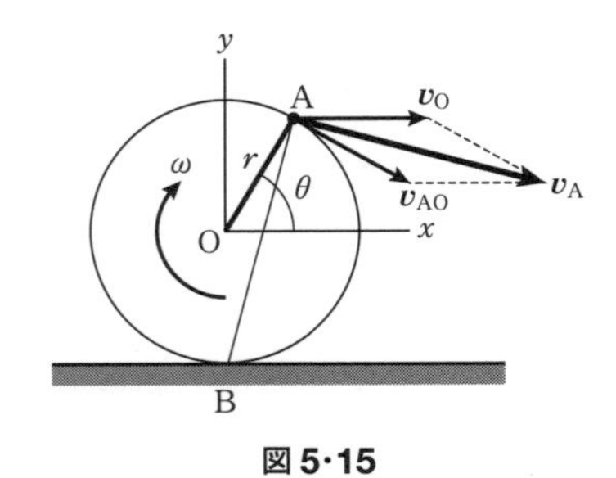

図 5・15

［**解**］ 図 5・15 の状態での x，y を軸とする右手座標系を考える．円筒の中心 O 点から見た A 点の位置ベクトルを r_{AO} とすると $r_{AO} = [r\cos\theta \quad r\sin\theta \quad 0]^T$ であり，角速度は大きさを ω とし，回転の向きに注意して $\omega = [0 \quad 0 \quad ^{(a)}\boxed{}]^T$ と表せる．

相対速度を v_{AO} とすると，慣性座標系から見た A 点の速度 v_A は式(5・17)より

$$v_A = v_O + v_{AO}$$

を満たす．ここで，v_O は円筒の中心の速度であり，向きは右向きである．同様に B 点の速度は

$$v_B = v_O + v_{BO}$$

であり，式(5・6)より $v_{BO} = \omega \times [0 \quad -r \quad 0]^T = [-r\omega \quad 0 \quad 0]^T$ となる．B 点ですべらないという条件から $v_B = 0$ より，$v_O = [r\omega \quad 0 \quad 0]^T$ と求まる．さらに式(5・6)より

$$v_{AO} = \omega \times r_{AO} = {}^{(b)}\boxed{}$$

以上より $v_A = r\omega[^{(c)}\boxed{} \quad -\cos\theta \quad 0]$

瞬間中心はすべての点の速度ベクトルの法線の交点として求まるが，定義より瞬間中心が剛体に含まれるとき，その点の速度は 0 となる．すべらないという条件から接地点 B は必ず速度 0 であるため，ここが瞬間中心となる．

実際，B 点から見た A 点の位置ベクトル r_{AB} は，

$$\boldsymbol{r}_{\mathrm{AB}} = \boldsymbol{r}_{\mathrm{AO}} - \boldsymbol{r}_{\mathrm{BO}} = r[\cos\theta \quad (\sin\theta + 1) \quad 0]^{\mathrm{T}}$$

であり，$\boldsymbol{r}_{\mathrm{AB}}$ と $\boldsymbol{v}_{\mathrm{A}}$ の内積を取るとゼロとなることが確認できる．内積がゼロということは，これらベクトルが直交していることを意味しており，B 点が A 点における速度ベクトルの法線上にあることがわかる．

【問題 5·5】 リンクが図 **5·16** の位置にあるとき，部材 AB の角速度の大きさが ω であった．部材 BC，CD の角速度の大きさ ω_2，ω_3 および BC の瞬間中心を求めよ．

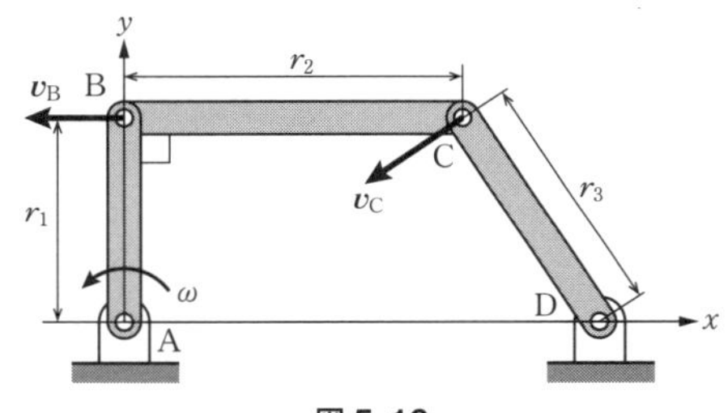

図 5·16

なお，ω が 50 rad/s であるとき，棒 BC，CD の角速度の大きさはいくらか．ただし，r_1，r_2，r_3 は，それぞれ 300 mm，400 mm，$200\sqrt{3}$ mm とする．

［**解**］ 図 **5·16** のように，A を原点とし，x，y を軸とする右手座標系で考える．部材 AB の角速度を $\boldsymbol{\omega}$，B 点の位置ベクトルを $\boldsymbol{r}_{\mathrm{B}}$ とすると，式(**5·6**)より

$$\boldsymbol{v}_{\mathrm{B}} = \boldsymbol{\omega} \times \boldsymbol{r}_{\mathrm{B}} = {}^{(\mathrm{a})}\boxed{}$$

同様に部材 CD の角速度を $\boldsymbol{\omega}_3$ とし，D 点から見た C 点の位置ベクトルを $\boldsymbol{r}_{\mathrm{CD}}$，$x$ 軸と部材 CD のなす角を θ とすると，

$$\boldsymbol{v}_{\mathrm{C}} = {}^{(\mathrm{b})}\boxed{} = r_3\omega_3[-\sin\theta \quad \cos\theta \quad 0]^{\mathrm{T}}$$

部材 BC の角速度を $\boldsymbol{\omega}_2$ とし，B 点から見た C 点の位置ベクトルを $\boldsymbol{r}_{\mathrm{BC}}$ とすると，剛体中の相対速度と角速度の関係から

$$\boldsymbol{v}_{\mathrm{C}} - \boldsymbol{v}_{\mathrm{B}} = {}^{(\mathrm{c})}\boxed{}$$

が成り立つ．両辺にここまでの計算結果を代入すると

$$\begin{bmatrix} r_1\omega - r_3\omega_3\sin\theta \\ r_3\omega_3\cos\theta \\ 0 \end{bmatrix} = \begin{bmatrix} 0 \\ r_2\omega_2 \\ 0 \end{bmatrix}$$

よって

$$\omega_2 = {}^{(\mathrm{d})}\boxed{}\,\omega$$

$$\omega_3 = {}^{(\mathrm{e})}\boxed{}\,\omega$$

ここで，リンクの長さ関係から $\theta = 2\pi/3$ rad と求まる．以上より

$$\omega_2 = -\frac{25\sqrt{3}}{2}\ \mathrm{rad/s}$$

$$\omega_3 = {}^{(f)}\boxed{}\ \mathrm{rad/s}$$

最後に部材 BC の瞬間中心は $\boldsymbol{v}_B$，$\boldsymbol{v}_C$ のそれぞれ B，C を通る法線の交点より，AB の延長線と CD の延長線の交点となる〔図 **5·4**（**a**）参照〕.

【問題 5·6】　図 5·17 のように，なめらかな床と壁に立てかけた，長さ l の棒がすべる．図のように x，y を軸とする右手座標系を考え，A 点の速度が $\boldsymbol{v}_A = [0 \quad v_{Ay} \quad 0]^T$ のとき，$\angle$ABO $= \theta$ であった．このときの棒の角速度の大きさ ω，および B，C 点（AC $= c$）の速度を求めよ．

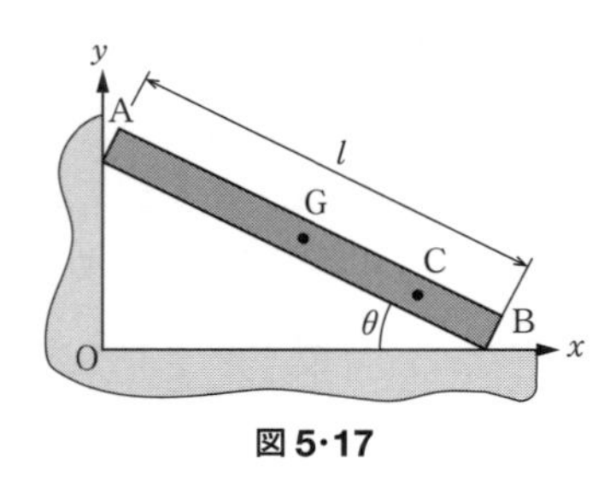

図 5·17

［解］　棒の角速度を $\omega = [0 \quad 0 \quad \omega]^T$ とし，A 点から見た B 点の位置ベクトルを $\boldsymbol{r}_{BA}$ とすると，相対速度の定義式（**5·17**）と剛体内の相対運動は回転運動であることより

$$\boldsymbol{v}_{BA} = \boldsymbol{v}_B - \boldsymbol{v}_A = {}^{(a)}\boxed{}$$

を満たす．すべる運動より B 点の速度は水平方向のみであることに注意して

$$\begin{bmatrix} v_{Bx} \\ -v_{Ay} \\ 0 \end{bmatrix} = l\omega \begin{bmatrix} {}^{(b)}\boxed{} \\ \cos\theta \\ 0 \end{bmatrix} \tag{5·56}$$

よって $\omega = {}^{(c)}\boxed{}$ であり，$\boldsymbol{v}_B = {}^{(d)}\boxed{}$．同様に A 点から見た C 点の相対速度 $\boldsymbol{v}_{CA}$ を使って

$$\boldsymbol{v}_C = \boldsymbol{v}_A + {}^{(e)}\boxed{} = \begin{bmatrix} 0 \\ v_{Ay} \\ 0 \end{bmatrix} + {}^{(f)}\boxed{} = \begin{bmatrix} {}^{(g)}\boxed{} \\ v_{Ay} + c\omega\cos\theta \\ 0 \end{bmatrix}$$

［別解］　式（**5·56**）は A 点から見た B 点の位置ベクトル $\boldsymbol{r}_{BA}$ を時間微分して，以下のように求めることもできる．

$$
\boldsymbol{v}_{\mathrm{BA}} = \frac{\mathrm{d}\boldsymbol{r}_{\mathrm{BA}}}{\mathrm{d}t} = \frac{\mathrm{d}}{\mathrm{d}t}\begin{bmatrix} l\cos(-\theta) \\ l\sin(-\theta) \\ 0 \end{bmatrix} = \frac{\mathrm{d}(-\theta)}{\mathrm{d}t}\begin{bmatrix} -l\sin(-\theta) \\ l\cos(-\theta) \\ 0 \end{bmatrix} = \begin{bmatrix} ^{(\mathrm{h})}\boxed{} \\ l\omega\cos\theta \\ 0 \end{bmatrix}
$$

ここでθの増加の向きは，右手座標系のz軸（紙面垂直手前向き）まわりの回転の向きと反対であるので，その微分は$\mathrm{d}(-\theta)/\mathrm{d}t=\omega$となることを用いた．このように増加の向きの異なる変数を扱うときは，その符号の取り扱いに注意が必要であり，自分で変数を定義するときは，増加の向きをそろえて変数を設定するのがよい．この問題の場合，$\beta=\angle\mathrm{OAB}$と取ると$\mathrm{d}\beta/\mathrm{d}t=\omega$となり，計算しやすい．

【問題 5·7】 図 **5·18** のハンドルが，一定の大きさで回転の速さを増しながら$\dot{\theta}=kt$で回転している．ここでkは正の定数である．ねじのリード（1 回転あたりの進み）をLとしたとき，静止時からちょうど 1 回転したときのハンドル A の中心の速度，加速度を求めよ．

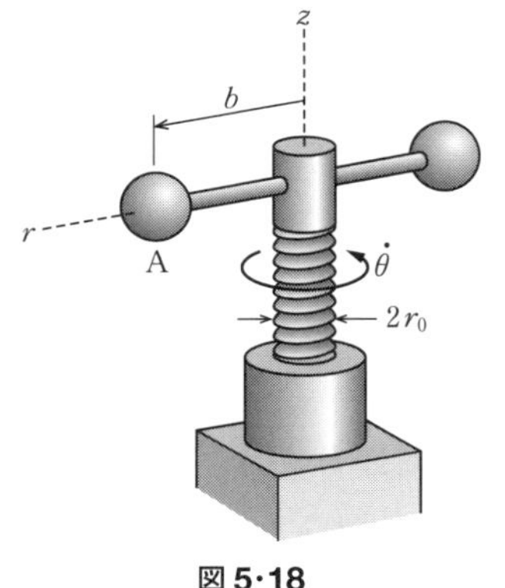

図 5·18

［解］ 等角加速度運動なので，t秒後の角度θは式(**5·10**)で求まり

$$\theta = {}^{(\mathrm{a})}\boxed{}$$

となる．よって，1 回転するのにかかる時間は$t={}^{(\mathrm{b})}\boxed{}$と求まる．そのときの回転の速さは式(**5·9**)より，$\dot{\theta}=kt={}^{(\mathrm{c})}\boxed{}$．

図 **5·18** のr，zを軸とする円筒座標系で考えると，角速度は$\boldsymbol{\omega}=[0\quad 0\quad kt]^{\mathrm{T}}$と表せる．速度と角速度の関係式(**5·6**)より，z一定の平面内の速度v_θは

$$
\boldsymbol{v}_\theta = \begin{bmatrix} 0 \\ 0 \\ 2\sqrt{\pi k} \end{bmatrix} \times \begin{bmatrix} b \\ 0 \\ 0 \end{bmatrix} = \begin{bmatrix} 0 \\ ^{(\mathrm{d})}\boxed{} \\ 0 \end{bmatrix}
$$

となる．

次に，リードがLよりz軸方向の速さは${}^{(\mathrm{e})}\boxed{}$と求まる．以上より，$\boldsymbol{v}_{\mathrm{A}}=\boldsymbol{v}_{\mathrm{A}z}+\boldsymbol{v}_\theta=[0\quad 2b\sqrt{\pi k}\quad {}^{(\mathrm{f})}\boxed{}]^{\mathrm{T}}$となる．

より一般にt秒後の角速度を$\boldsymbol{\omega}=[0\quad 0\quad \dot{\theta}]^{\mathrm{T}}$とし，上記と同様の手順で算出す

ると

$$\boldsymbol{v}_{\mathrm{A}} = \omega \times \ ^{(\mathrm{g})}\boxed{}\ \boldsymbol{e}_r + \ ^{(\mathrm{h})}\boxed{}\ \boldsymbol{e}_z$$

となる．上式を式(**5·38**)を用いて時間微分することでt秒後の加速度を得る．

$$\boldsymbol{a}_{\mathrm{A}} = \alpha \times \ ^{(\mathrm{i})}\boxed{}\ \boldsymbol{e}_r + \omega \times \ ^{(\mathrm{j})}\boxed{}\ \boldsymbol{e}_\theta + \ ^{(\mathrm{k})}\boxed{}\ \boldsymbol{e}_z$$

よって，1回転したときの加速度は，以下のようになる．

$$\boldsymbol{a}_{\mathrm{A}} = \begin{bmatrix} 0 \\ 0 \\ k \end{bmatrix} \times \begin{bmatrix} b \\ 0 \\ 0 \end{bmatrix} + \begin{bmatrix} 0 \\ 0 \\ 2\sqrt{\pi k} \end{bmatrix} \times \begin{bmatrix} 0 \\ 2b\sqrt{\pi k} \\ 0 \end{bmatrix} + \frac{L}{2\pi} \begin{bmatrix} 0 \\ 0 \\ 0 \end{bmatrix} = \begin{bmatrix} ^{(\mathrm{l})}\boxed{} \\ ^{(\mathrm{m})}\boxed{} \\ ^{(\mathrm{n})}\boxed{} \end{bmatrix}$$

これは式(**5·46**)からも同様に導出できる．

【問題 5·8】 高さ 100 m の塔の上から鉛直上方に初速度 50 m/s で物体を投げ上げた．物体が地上に達するまでの時間および，そのときの速さを求めよ．

【問題 5·9】 旋盤の主軸の回転速度を 300 rpm として丸棒を切削する．主軸の角速度および丸棒の直径が 50 mm となったときの切削速さ v を求めよ．

【問題 5·10】 200 km 離れた地点を往路 80 km/h，復路 60 km/h で往復する車と，往復とも 70 km/h で走行する車では，どちらが往復時間が短いか．また，その差はいくらか．

【問題 5·11】 図 **5·19** のように，ロケットの打ち上げを距離 l の位置からレーダによって観測する．レーダは絶えずロケットの方向を向くように動くものとして，刻々のロケットの速度 $\boldsymbol{v}_{\mathrm{P}}$, 加速度 $\boldsymbol{a}_{\mathrm{P}}$ をそのときのレーダの角度 θ, 角速度 $\boldsymbol{\omega} = [0 \quad 0 \quad \omega]^{\mathrm{T}}$, 角加速度 $\boldsymbol{\alpha} = [0 \quad 0 \quad \alpha]^{\mathrm{T}}$ を用いて示せ．ただし，ロケットは垂直に上昇しているものとし，z 軸は紙面から手前へ向かう方向を正とし，x, y, z で右手座標系を成す．

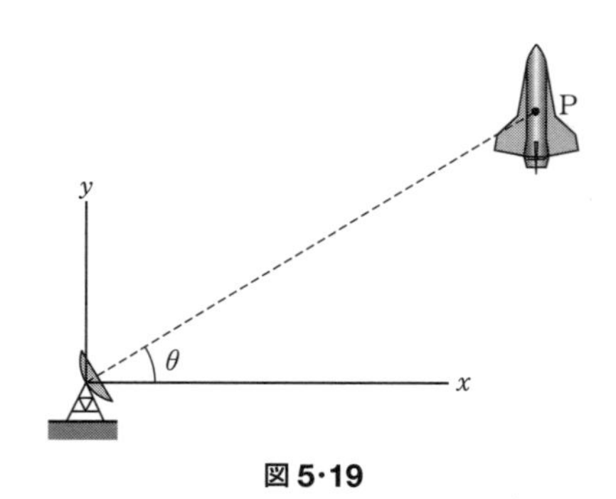

図 5·19

【問題 5·12】 時速 300 km/h で東へ飛行する旅客機 A が，同一高度で前方右 60°，距離 20 km の位置に，北向きに時速 250 km/h で飛行する別の旅客機 B を発見した．これらの旅客機がもっとも近づくまでの時間を求めよ．

【問題 5·13】 図 5·20 のように，2 つの定滑車と 1 つの動滑車を介して 2 つの物体 A，B がロープで結合され，動滑車が一定速さ v_C で下方へ引っ張られる．物体 A は時刻 $t=0$ で初速度ゼロ，一定加速度で初期位置から下方へ動き始める．物体 A が l だけ降下したとき，速さが v_l であった．このときの物体 B の元の位置からの高さの変化量，速さおよび加速度の大きさを求めよ．

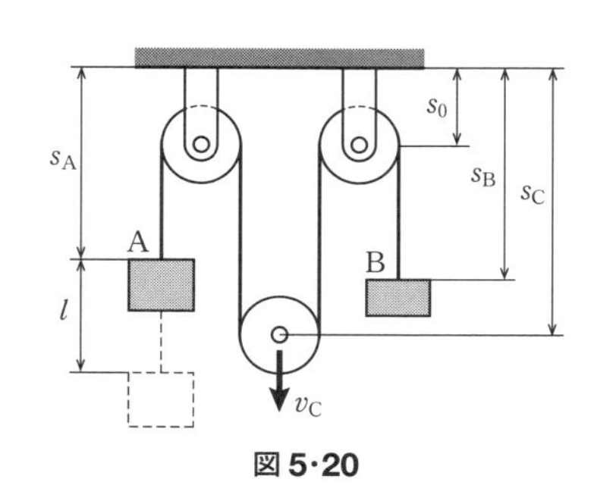

図 5·20

【問題 5·14】 図 5·21 のように，半径 r_0 の位置に突起を設けた円盤が中心 O のまわりに一定の角速度の大きさ ω_0 で回転している．突起は O より l 離れた点 A を中心として回転可能な腕の溝の中に入っており，円盤の回転とともに腕 AB は，A 点を中心とした上下運動を繰り返す．このときの腕 AB の角速度の大きさを求めよ．

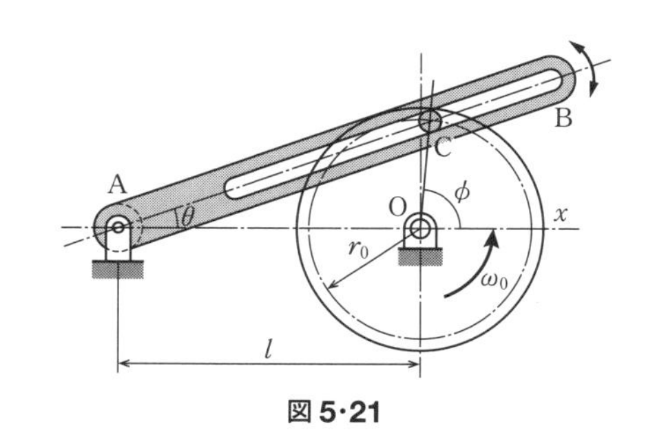

図 5·21

【問題 5·15】 図 5·22 のような位置にリンクがある．A の角速度の大きさが ω のとき，BC,

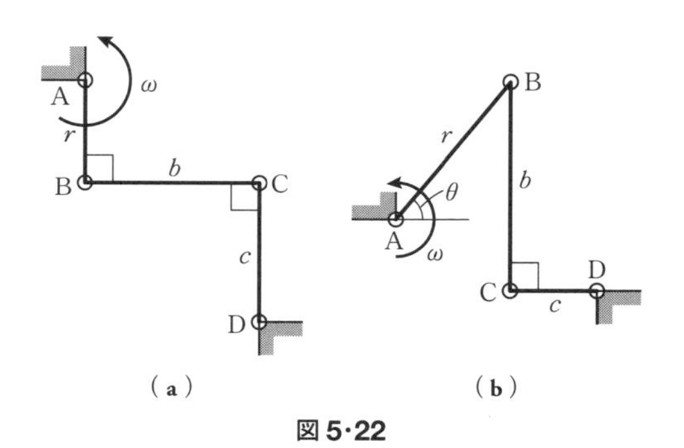

図 5·22

CDの角速度の大きさ，C点の速さおよびBCの瞬間中心を（**a**），（**b**）それぞれについて求めよ．

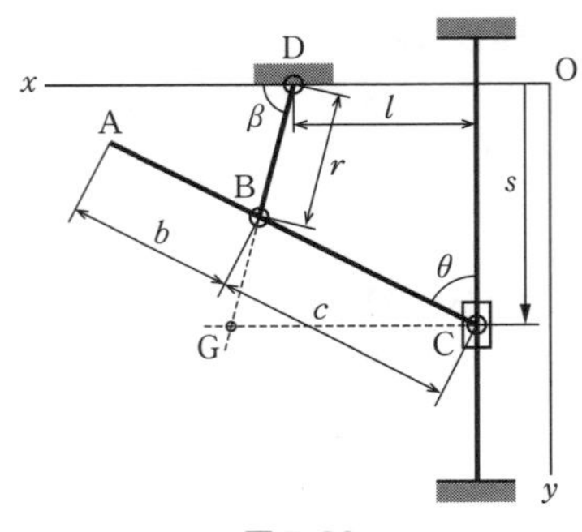

図 5・23

【問題 5・16】 図 5・23のような機構において，スライダCの図の位置での速さが v_0 であるとき，BDの角速度の大きさ ω_{BD} およびA点の速度 $\boldsymbol{v}_A$ を求めよ．また，G点が瞬間中心であることをG点から見たA点の位置ベクトルと $\boldsymbol{v}_A$ の内積を取ることで確認せよ．

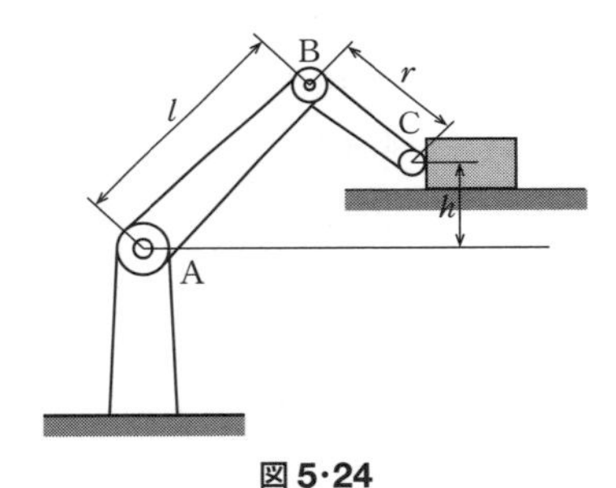

図 5・24

【問題 5・17】 図 5・24のように，ロボットアームの基部Aが角速度の大きさ ω で回転する．先端Cが水平に移動しているときのABに対するBCの相対角速度の大きさと回転の向きを求めよ．

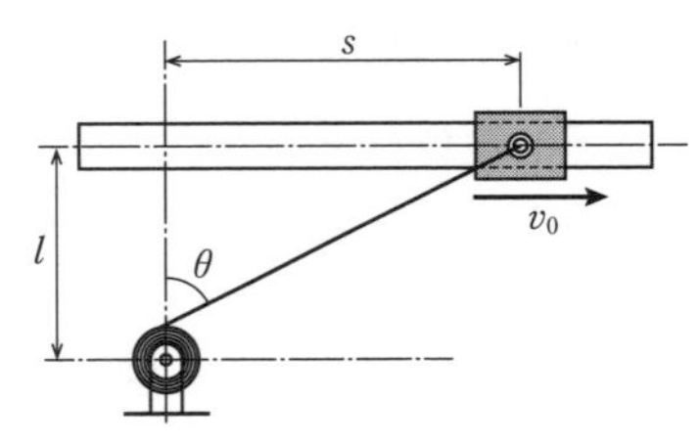

図 5・25

【問題 5・18】 図 5・25のように，リールに巻かれたロープの先が，速度 v_0 で動くスライダにつながれている．θ の時間変化 ω を θ，v_0，l を用いて表わせ．ただし，リールの大きさは無視できるものとする．

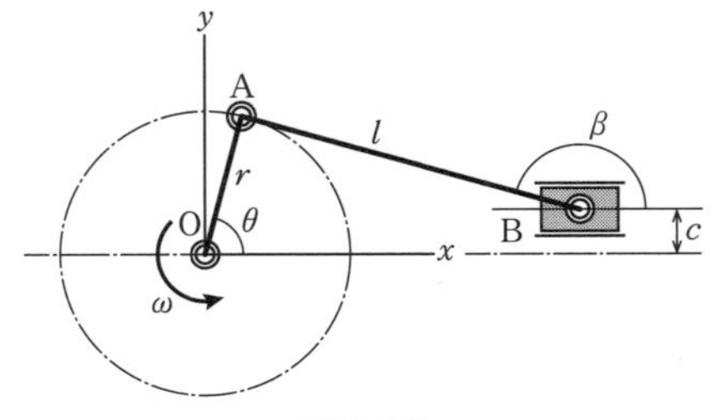

図 5・26

【問題 5・19】 図 5・26のようなスライダ部分が偏心している機構において，クランクが角速度の大きさ ω で回転するとき，スライダの速さを求めよ．

【問題 5·20】 図 **5·27** のように，2 本の棒が C 点でスライダを介して結合されている．棒 AC の角速度の大きさが ω であるとき，棒 BD の角速度の大きさ ω_B およびスライダの棒 BD に対する相対的な速さ v_C を求めよ．

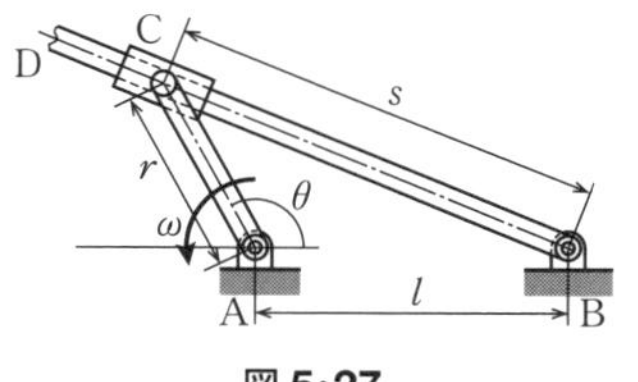

図 5·27

【問題 5·21】 図 **5·28** のように，油圧シリンダが O 点まわりに回転する．ピストンの長さ l がシリンダ内のオイル圧力によって制御されている．シリンダが一定の速さ $\dot{\theta} = 60$ deg/s で回転し，l が一定の速さ 150 mm/s で縮んでいるとし，$l = 125$ mm となったときの端点 B の速さ v と加速度の大きさ a をそれぞれ算出せよ．

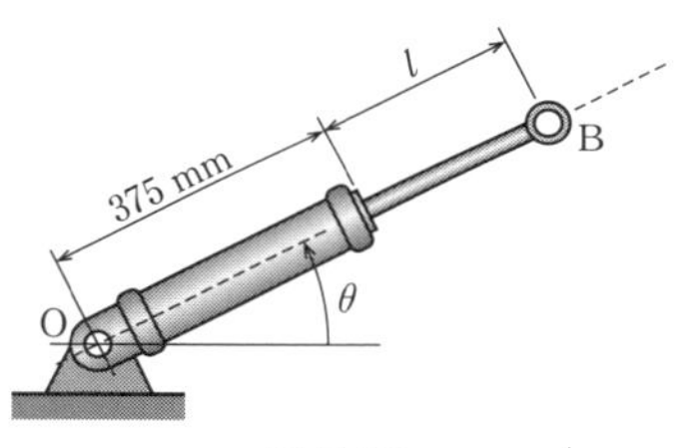

図 5·28

【問題 5·22】 図 **5·29** のように，人工衛星が内部機構によって z 軸まわりの角速度の大きさが $\Omega = 0.05$ rad/s に保たれている．ブームの長さ l を 0 から 3 m まで一定の速さで伸ばしたい．精密な実験モジュール P の許容最大加速度の大きさが 0.011 m/s^2 であるとき，l の最大伸展速さを求めよ．

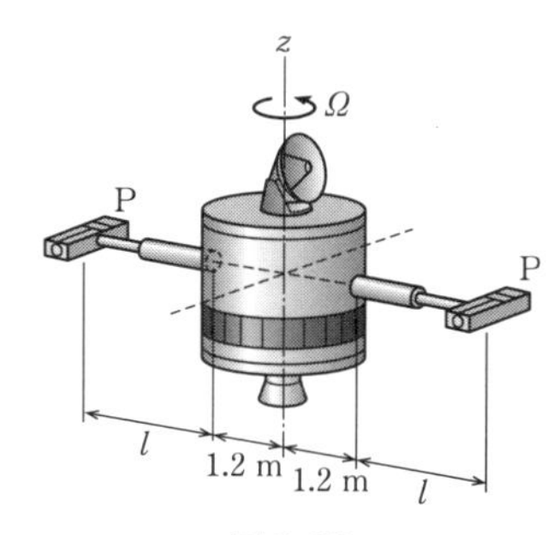

図 5·29

6

質点の動力学

本章では，ニュートンの運動の第 2 法則（運動方程式）を用いた質点運動の解析方法について学ぶ．

6･1 基礎事項

6･1･1 ニュートンの運動法則

ニュートンの運動の 3 法則をまとめると以下のようになる．

第 1 法則　慣性の法則：物体に力が作用しなければ，物体は静止状態を保つか，または等速直線運動を続ける．物体が運動状態をそのまま保持しようとする性質を**慣性**という．

第 2 法則　運動方程式：物体に力が作用すると，力の作用する向きに力の大きさに比例した加速度を生じる．すなわち，質量 m の質点に力 $\boldsymbol{F}$ が作用しているときの加速度を $\boldsymbol{a}$ とすると，次の運動方程式が成り立つ．

$$\boldsymbol{F} = m\boldsymbol{a} \tag{6･1}$$

2 つ以上の質点からなる質点系の場合には，個々の質点ごとに式(**6･1**)を求め，連立させて解く．

第 3 法則　作用・反作用の法則：2 つの物体間に働く力は同一作用線上に作用し，大きさが等しく逆向きの 1 対の力となる（**1** 章，**2** 章参照）．

6･1･2 質点の運動方程式

加速度は位置を二階微分した式(**5･3**)であることから，式(**6･1**)で表される運動方程式は位置を変数とすると，ベクトル値の二階の微分方程式となる．たとえば，図 **6･1** のように質点 m に力 $\boldsymbol{F}$ が作用し，加速度 $\boldsymbol{a}$ が生じる運動を直交座標系で表現すると以下のようになる．

$$F = ma = m\frac{\mathrm{d}^2 r}{\mathrm{d}t^2}$$

$$\begin{bmatrix} F_x \\ F_y \\ F_z \end{bmatrix} = m\begin{bmatrix} a_x \\ a_y \\ a_z \end{bmatrix} = m\begin{bmatrix} \mathrm{d}^2 r_x/\mathrm{d}t \\ \mathrm{d}^2 r_y/\mathrm{d}t \\ \mathrm{d}^2 r_z/\mathrm{d}t \end{bmatrix} \quad (6\cdot2)$$

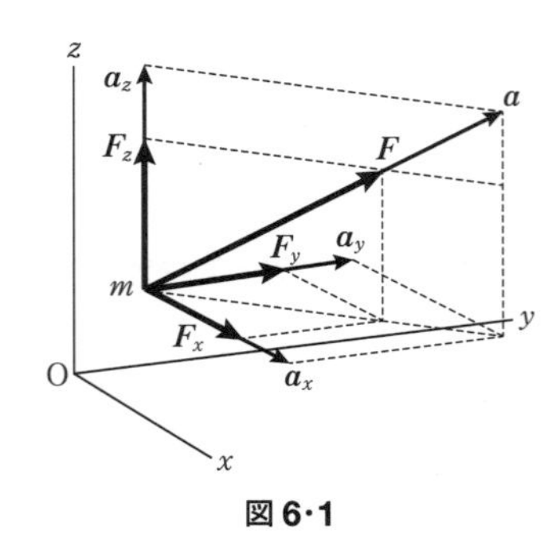

図 6·1

直交座標系の各軸へ分解した力，加速度をそれぞれ各軸の添字を使い F_x，F_y，F_z，a_x，a_y，a_z とすると，軸ごとに運動方程式が成り立ち

$$F_x = ma_x \qquad F_y = ma_y \qquad F_z = ma_z \quad (6\cdot3)$$

また，$F = F_x + F_y + F_z$，$a = a_x + a_y + a_z$ を満たす．軸ごとに分解することで各軸方向の運動はスカラーで扱うこともでき，

$$F_x = ma_x \qquad F_y = ma_y \qquad F_z = ma_z \quad (6\cdot4)$$

のように書くこともできる．これらの方程式を解くことで物体の運動状態がわかる．

6·1·3 質点の円運動の運動方程式

図 6·2 に示す質量 m の質点の円運動は，5·1·2 項より接線方向と法線方向に分けて考えることができる．各軸方向の運動方程式は以下のようになる．

$$F_t = ma_t = m\alpha \times r \quad (6\cdot5)$$

$$F_n = ma_n = m\omega \times (\omega \times r) \quad (6\cdot6)$$

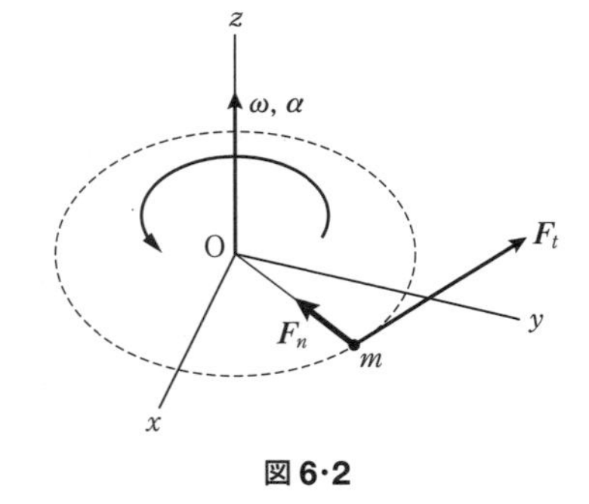

図 6·2

ここで r は質点の位置ベクトル，ω，α はそれぞれ角速度，角加速度，F_t，F_n は質点にかかる力を接線方向，法線方向に分解した分力であり，法線方向の分力を**向心力**と呼ぶ．

6·1·4 相対運動と慣性力

5·1·3 項では剛体内の任意の 2 点の関係が回転運動と扱えることを紹介したが，剛体内の 2 点に限定せず，任意の 2 物体の関係を考えることもできる．一般に，物体間の関係を相対的なものとしてとらえた場合の，一方の物体に対する他方の物体の運動を**相対運動**という．すべての運動は観測者と運動する物体の相対運動と考えられるが，本書では本項以外でとくに言及しない場合は，静止している座標系（これを**慣性座標系**という）から観測する運動を考える．

運動している2物体間の相対運動の解析では，慣性座標系から観測する運動には現れない見かけの力の作用を扱う場合がある．たとえば，式(**6·1**)で表される運動をしている質量 m の物体を，その物体とともに運動する座標系から観測すると，相対運動としてその質点は静止しているように見える．この相対運動の運動方程式は以下で表される．

$$\boldsymbol{F} - m\boldsymbol{a} = 0 \tag{6·7}$$

ここで左辺の $-m\boldsymbol{a}$ は，質点とともに動く座標系から見たときに観測される見かけの力であり，**慣性力**と呼ぶ．この式は**1**章の力のつりあい式と一致する．このように，加速度と等価な慣性力を考えることで，動力学の問題は静力学の問題に帰着させることができる．これを**ダランベールの原理**と呼ぶ．

上式からわかるように，観測者の加速運動による慣性力は，観測対象の質量と観測者の加速度の積にマイナスの符号を付けたものになる（問題**6·7**参照）

慣性力は，運動を観測する基準となる座標系の運動によって呼び名が変わる．たとえば，等速円運動をしている質点といっしょに回転運動する座標系から質点を見た場合，式(**6·6**)，式(**6·7**)より，法線方向の運動方程式は

$$\boldsymbol{F}_n - m\boldsymbol{\omega} \times (\boldsymbol{\omega} \times \boldsymbol{r}) = 0 \tag{6·8}$$

となる．このときの慣性力 $-m\boldsymbol{\omega} \times (\boldsymbol{\omega} \times \boldsymbol{r})$ を遠心力と呼ぶ．

より一般に，回転する座標系から質点の運動を観測すると，以下のような力がかかっているように見える[*1]．

$$m\boldsymbol{a}_r = \boldsymbol{F}_r - m\boldsymbol{\omega} \times (\boldsymbol{\omega} \times \boldsymbol{r}_r) - 2m\boldsymbol{\omega} \times \boldsymbol{v}_r - m\boldsymbol{\alpha} \times \boldsymbol{r}_r \tag{6·10}$$

ここで $\boldsymbol{a}_r$，$\boldsymbol{F}_r$ は，回転座標系から見た質点の加速度，質点にかかる外力を表し，$\boldsymbol{r}_r$，$\boldsymbol{v}_r$ は回転座標系から見た質点の位置と速度，$\boldsymbol{\omega}$，$\boldsymbol{\alpha}$ は回転座標系の角速度，角加速度を表す．

[*1] 詳細は省略するが，式(**6·10**)は以下のように導出できる．慣性座標系で観測した質点の位置ベクトルを $\boldsymbol{r}_i$ とし，慣性座標系に対する回転座標系の向きを回転行列 R で表すと，$\boldsymbol{r}_i = R\boldsymbol{r}_r$ が成り立つ．この式の両辺を微分し，$\boldsymbol{v}_i = \dot{R}\boldsymbol{r}_r + R\boldsymbol{v}_r = R(\boldsymbol{\omega} \times \boldsymbol{r}_r + \boldsymbol{v}_r)$ を得る．さらに両辺を微分し

$$\boldsymbol{a}_i = R(\boldsymbol{a}_r + \boldsymbol{\omega} \times (\boldsymbol{\omega} \times \boldsymbol{r}_r) + 2\boldsymbol{\omega} \times \boldsymbol{v}_r + \boldsymbol{\alpha} \times \boldsymbol{r}_r) \tag{6·9}$$

これを慣性座標系での運動方程式 $m\boldsymbol{a}_i = \boldsymbol{F}_i$ に代入し，両辺の左から R^{T} を掛け，$\boldsymbol{F}_r = R^{\mathrm{T}}\boldsymbol{F}_i$ であることに注意して整理することで式(**6·10**)を得る．

右辺の第2から第4項はすべて慣性力であり，それぞれ**遠心力**，**コリオリ力**，**オイラー力**と呼ぶ．

6·2 基本例題

【例題 6·1】 図 **6·3**(**a**)のように，回転する半径 r の容器の垂直な側面に，質量 m の物体が静止しているために必要な回転の速さ ω の範囲を求めよ．ただし，物体と壁面の静止摩擦係数を μ とする．

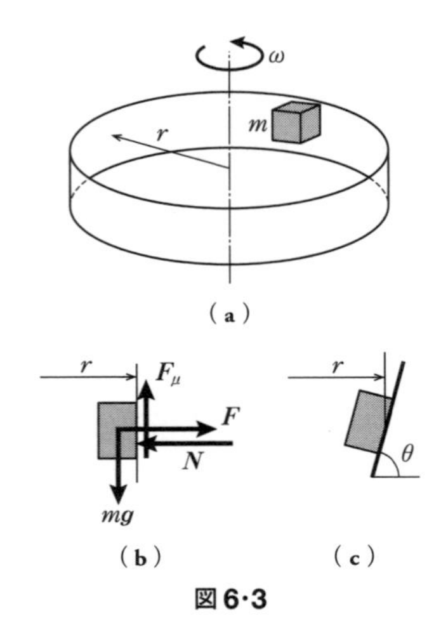

図 6·3

［**解**］ 角速度 $\boldsymbol{\omega}$ で回転中の物体を同じ回転をする座標系から見ると，物体に作用する力は図(**b**)のように，重力 $m\boldsymbol{g}$，壁から受ける抗力 $\boldsymbol{N}$，摩擦力 $\boldsymbol{F}_\mu$ と慣性力である遠心力 $\boldsymbol{F}$ である．ここで $\boldsymbol{g}$ は大きさ g で鉛直下向きの重力加速度である．鉛直方向 v，水平方向 h に分けて考えると，運動方程式は

$$m\boldsymbol{a}_v = \boldsymbol{F}_\mu + m\boldsymbol{g}$$
$$m\boldsymbol{a}_h = \boldsymbol{F} + \boldsymbol{N}$$

である．静止しているためには $\boldsymbol{a}_v$，$\boldsymbol{a}_h$ ともにゼロであり，慣性力の向きに注意して以下を満たせばよい．

$$\boldsymbol{F}_\mu = -m\boldsymbol{g}$$
$$\boldsymbol{N} = -\boldsymbol{F} = m\boldsymbol{\omega}\times(\boldsymbol{\omega}\times\boldsymbol{r}) \qquad (6\cdot11)$$

式(**6·11**)は壁から受ける抗力が式(**6·6**)の向心力となることを意味する．

次に，静止摩擦力の取りうる値の範囲は

$$0 \leq |\boldsymbol{F}_\mu| \leq \mu N$$

である．この力の大きさが mg と等しくなればよいので，抗力は以下を満たせばよい．

$$mg \leq \mu N$$

よって，式(**6·11**)を代入し，回転の速さの範囲は以下のように求まる．

$$\omega \geq \sqrt{\frac{g}{\mu r}} \quad \text{or} \quad \omega \leq -\sqrt{\frac{g}{\mu r}}$$

【例題 6·2】 質量 m_B の荷物を積んだ質量 m_A のトラックが，時速 $\boldsymbol{v}_0$ で直線走行中にブレーキをかけられ，一定減速度で s 進んで停止した．① 制動力を求めよ．② 荷台の荷物はすべらずに停止した．荷台と荷物の間の摩擦係数はいくら以上か．③ トラックと荷物の重心が図 **6·4** の位置のとき，前・後輪が地面から受ける垂直抗力の大きさを求めよ．

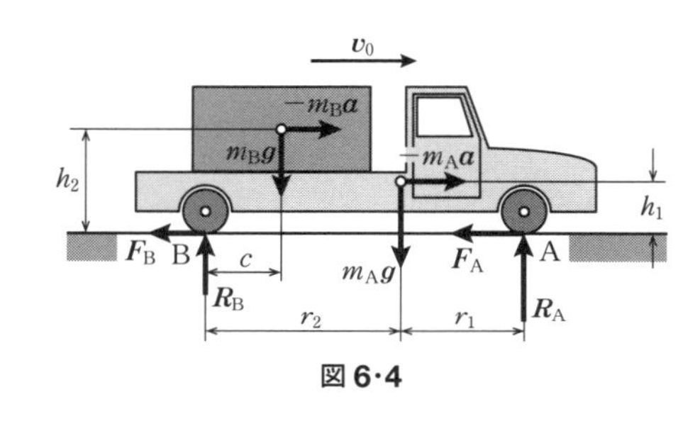

図 6·4

［**解**］ 直線運動であるのでスカラーで考えると，制動時の加速度 a は等加速度直線運動なので，式(**5·5**)，式(**5·4**)を連立して時間 t を削除すると

$$a = -\frac{{v_0}^2}{2s}$$

となる．したがって，制動力 $F = F_A + F_B$ が作用して停止する間の運動方程式より

$$F = (m_A + m_B)a = -\frac{(m_A + m_B){v_0}^2}{2s}$$

となる．

トラックから見るとこの間，荷物には慣性力 $-m_B a$ が作用する．荷物と荷台の静止摩擦係数を μ とすると，最大摩擦力は $\mu m_B g$ である（**4** 章 **4·1·1** 項参照）．荷物はすべらないので，慣性力よりも摩擦力が大きかったことになり，静止摩擦係数は以下を満たす．

$$\mu \geq -\frac{a}{g} = \frac{{v_0}^2}{2sg}$$

トラックに作用する力の向きは図のようになり，ダランベールの原理によってこれらの力がつりあうので，たとえばB点まわりのモーメントのつりあいから，符号に注意して

$$R_A(r_1 + r_2) - m_A g r_2 - m_B g c + m_A a h_1 + m_B a h_2 = 0$$

が得られ，A の垂直抗力 R_A は

$$R_A = \frac{m_A(r_2g - h_1a) + m_B(cg - h_2a)}{r_1 + r_2}$$

となる．また，垂直方向の力のつりあいから

$$R_A + R_B = m_Ag + m_Bg$$

が得られ，R_B も求まる．

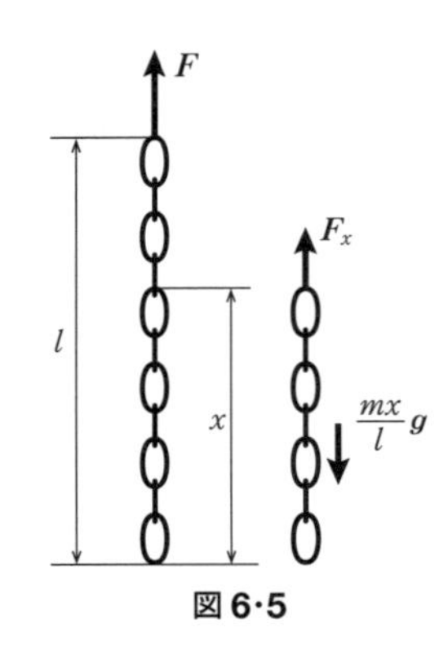

図6·5

【例題6·3】 図6·5のように，長さ l，質量 m の吊ってある鎖の一端を $\boldsymbol{F}$ の力で引き上げたとき，鎖の加速度および下端より x の位置での鎖にかかる力を求めよ．

［**解**］ たるみなく吊ってある鎖であるから，鎖のどの部分も同じ加速度 $\boldsymbol{a}$ を受けて上昇する．したがって，鎖全体の運動方程式は

$$m\boldsymbol{a} = \boldsymbol{F} + m\boldsymbol{g}$$

となる．ここで $\boldsymbol{g}$ はベクトルであり，右辺はベクトルの足し算である．よって，鎖の加速度は次のようになる．

$$\boldsymbol{a} = \frac{1}{m}\boldsymbol{F} + \boldsymbol{g}$$

また，鎖の単位長さあたりの質量は m/l［kg/m］であるので，鎖の下端から x の位置までの質量は mx/l［kg］となる．この部分が受ける力は，重力と x の位置で受ける力 $\boldsymbol{F_x}$ であり，運動方程式は

$$\frac{mx}{l}\boldsymbol{a} = \boldsymbol{F_x} + \frac{mx}{l}\boldsymbol{g}$$

となる．これに加速度 $\boldsymbol{a}$ を代入すれば，下端から x の位置での鎖の受ける力 $\boldsymbol{F_x}$ は

$$\boldsymbol{F_x} = \frac{x}{l}\boldsymbol{F}$$

となる．

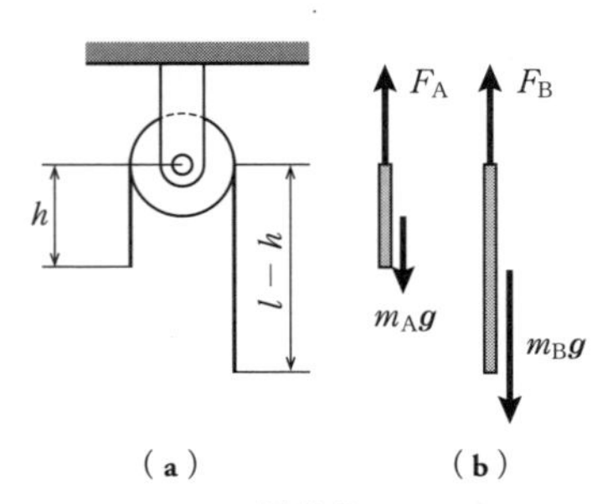

図6·6

【例題6·4】 摩擦のない質量を無視できる滑車に，全長 l，質量 m のロープがかけられている．ロープが静止状態からずり落ち，一方の側のロープの長さが h となったとき（図6·6），ロープ重心の加速度 $\boldsymbol{a}_G$ を求めよ．

［**解**］ ロープに作用する力は，ロープの重

力と滑車からの反力である．ロープが図(**a**)の位置にあるときのロープに作用する力を示すと，図(**b**)のようになる．ここで，m_A，m_B は滑車の左右のロープの質量，$\boldsymbol{F}_A$ と $\boldsymbol{F}_B$ は滑車の左右でのロープの張力である．したがって，滑車の左右のロープの加速度をそれぞれ $\boldsymbol{a}_A$，$\boldsymbol{a}_B$ とし，ロープの各部分の運動方程式は

$$m_A\boldsymbol{a}_A = m_A\boldsymbol{g} + \boldsymbol{F}_A$$

$$m_B\boldsymbol{a}_B = m_B\boldsymbol{g} + \boldsymbol{F}_B$$

となる．なお，左右のロープの質量は以下のようになる．

$$m_A = \frac{mh}{l} \qquad m_B = (l-h)\frac{m}{l}$$

また，ロープ全体の重心の移動する加速度を $\boldsymbol{a}_G$ とすれば，

$$m\boldsymbol{a}_G = m\boldsymbol{g} + \boldsymbol{F}_A + \boldsymbol{F}_B$$

となる．ここで，$\boldsymbol{F}_A + \boldsymbol{F}_B$ はロープ全体が滑車から受けている力である．

滑車の質量を無視するので，$\boldsymbol{F}_A$ と $\boldsymbol{F}_B$ は等しく，加速度 $\boldsymbol{a}_A$ と $\boldsymbol{a}_B$ の大きさは等しく，向きが逆であることから，ここまでの式を連立して，$\boldsymbol{a}_G$ は次のようになる．

$$\boldsymbol{a}_G = \frac{(l-2h)^2}{l^2}\boldsymbol{g}$$

これより，ロープ重心の加速度は重力加速度の向きと同じであることがわかる．

【例題 6·5】 図 6·7(**a**)のように，質量 m の球が 2 本の長さの等しいロープで吊るされている．① 2 本のロープに作用している張力を求めよ．② 右側のロープを切断した瞬間のもう一方のロープの張力と球の加速度を求めよ．

［**解**］ 図(**b**)のように，質点に作用する力のつりあいから，2 本とも張力は等しく（**1** 章参照)，2 本のロープの張力の大きさを $F_0 = |\boldsymbol{F}_1| = |\boldsymbol{F}_2|$ とすると，

$$F_0 = \frac{mg}{2\cos\theta}$$

となる．一方のロープを切断すると，質点はもう片方のロープの固定端を中心に円運動を始める．切断直後の質点に作用する力は図

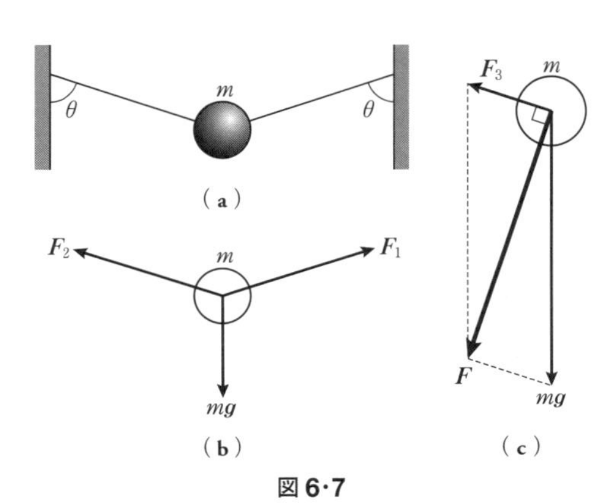

図 6·7

(c)のようになるから，質点の運動の接線方向の運動方程式は，接線加速度を $\boldsymbol{a}_t$ とすると，式(**6·5**)から

$$m\boldsymbol{a}_t = m(\boldsymbol{g}\cdot\boldsymbol{e}_t)\boldsymbol{e}_t$$

ここで，$\boldsymbol{e}_t$ は接線方向である t 方向の単位ベクトルであり，$(\boldsymbol{g}\cdot\boldsymbol{e}_t)$ は重力加速度と $\boldsymbol{e}_t$ の内積であり，重力加速度の t 方向成分を表す．スカラーで表すと，t 方向加速度の大きさは $\boldsymbol{a}_t = g\sin\theta$ となる．

同様に向心方向を n 方向とし，n 方向の単位ベクトルを $\boldsymbol{e}_n$ とすると，球の n 方向の運動方程式は

$$m\boldsymbol{a}_n = \boldsymbol{F}_3 + m(\boldsymbol{g}\cdot\boldsymbol{e}_n)\boldsymbol{e}_n$$

であり，大きさで表すと符号に注意して，$ma_n = F_3 - mg\cos\theta$ となる．切断直後は速度，角加速度がゼロであるので，式(**5·14**)より切断直後の $\boldsymbol{a}_n$ もゼロとなる．したがって，切断直後の未切断ロープの張力の大きさは

$$F_3 = mg\cos\theta$$

となる．切断前の張力とどのように違うか比較してみよ．また，切断後は質点が加速していき，角速度をもつようになる．このとき，向心方向には式(**5·14**)より角速度に応じた張力が作用することになる．

角加速度 $\boldsymbol{\alpha}$ と接線加速度 $\boldsymbol{a}_t$ の関係式(**5·13**)と角加速度の定義式(**5·8**)より，運動の接線方向と θ の増加の向きに注意して，大きさについて整理すると

$$\alpha = \frac{\mathrm{d}^2\theta}{\mathrm{d}t^2} = -\frac{a_t}{l} = -\frac{g}{l}\sin\theta$$

が成り立つ．この θ についての二階の微分方程式を解くことで，一方のロープを切断した後の質点の運動状態を求めることができる．

【例題 6·6】 図 **6·8** のように，傾いた床の上を質量 m_A，m_B の物体がロープでつながれてすべり降りる．物体 A と床の摩擦はなく，物体 B と床の間の動摩擦係数は μ であるとき，ロープの張力を求めよ．

［**解**］ 2 物体の運動の方向は一致しているので，斜面下向きを正としてスカラーで考えると，それぞれの運動方程式は

$$m_\mathrm{A}a = m_\mathrm{A}g\sin\theta - F$$

$$m_\mathrm{B}a = m_\mathrm{B}g\sin\theta + F - F_\mu$$

となる．ここで，F，F_μ はロープの張力，摩擦力で

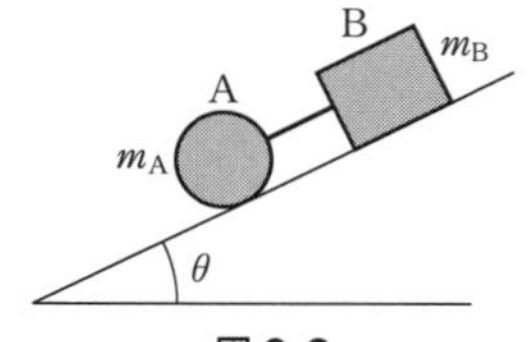

図 6·8

ある．摩擦力は $\mu m_B g\cos\theta$ となるので，代入して整理することで以下を得る．

$$a=g\left(\sin\theta-\frac{\mu m_B\cos\theta}{m_A+m_B}\right)$$

$$F=\frac{\mu m_A m_B\cos\theta}{m_A+m_B}g$$

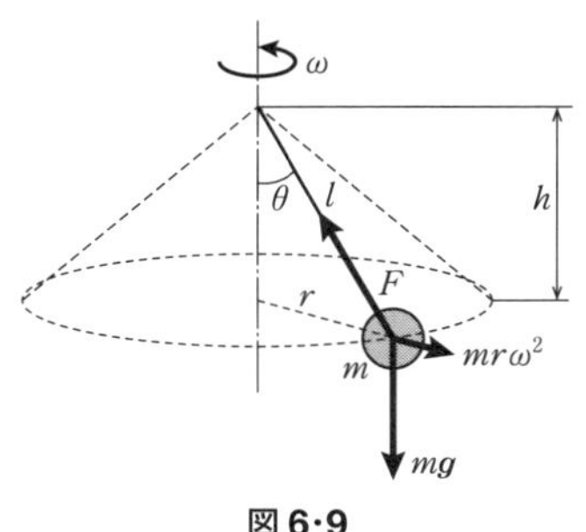

図 6·9

【例題 6·7】 図 6·9 のように，長さ l のひもに吊るされた質量 m の物体が，角速度 $\boldsymbol{\omega}$ で水平面内を回転している．質点の回転の周期と高さ h を求めよ．

［解］ 回転軸と質点を通る平面上で考えると，質点は静止しているように見え，ダランベールの原理より，質点に作用する力は糸の張力 $\boldsymbol{F}$，重力 $m\boldsymbol{g}$ および式(5·14)の向心加速度と反対向きの慣性力である遠心力 $-m\boldsymbol{\omega}\times(\boldsymbol{\omega}\times\boldsymbol{r})$ がある．ここで $\boldsymbol{r}$ は回転中心から見た質点の位置ベクトルである．これらの力がつりあい状態にあるので，

$$\boldsymbol{F}=m\boldsymbol{\omega}\times(\boldsymbol{\omega}\times\boldsymbol{r})-m\boldsymbol{g}$$

が成り立つ．右辺は $\boldsymbol{F}$ の水平と鉛直方向の分力に対応しており，それらの大きさの比を取ると $\tan\theta=r\omega^2/g$ となる．また，図より幾何的に $\tan\theta=r/h$ が成り立つ．よって質点の高さは

$$h=\frac{g}{\omega^2}$$

のようになり，おもりの質量に無関係である．また，周期 T は 1 回転する時間であるから

$$T=\frac{2\pi}{\omega}$$

と求まる．

【例題 6·8】 摩擦のない斜面に，全長 l のロープが図 6·10 のように置かれている．手を離した後，ロープがすべり，端が頂点に達したときのロープの速さを求めよ．ただし，ロープの l_1 部分は短く，B 方向にすべり落ちるものとする．

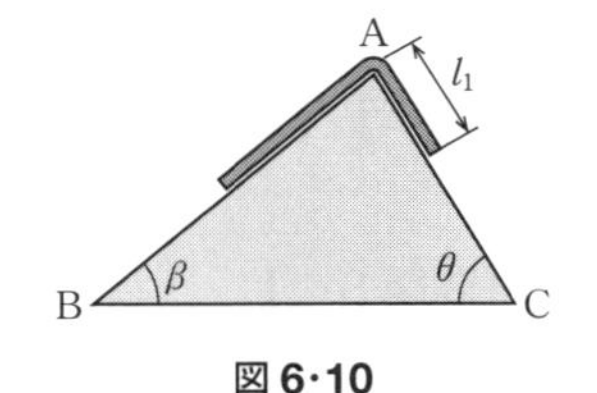

図 6·10

［**解**］ ロープがBにすべり落ちる向きをAB，AC各部分の運動の正方向とし，斜面ACにあるロープの長さがs（$s \leq l_1$）のときの加速の大きさをaとする．このときAB，AC各部分のロープの運動方程式は，Aでの張力の大きさをFとすれば

$$\text{AB部分}：\frac{l-s}{l}ma=\frac{l-s}{l}mg\sin\beta-F$$

$$\text{AC部分}：\frac{s}{l}ma=-\frac{s}{l}mg\sin\theta+F \qquad (\mathbf{6 \cdot 12})$$

となり，連立して解くことで，加速度の大きさaがsの関数として以下のように求まる．

$$a=g\sin\beta-\frac{s(\sin\beta+\sin\theta)}{l}g$$

これを式(**6·12**)に代入することで

$$F=\frac{(l-s)s}{l^2}(\sin\beta+\sin\theta)mg$$

を得る．AB側にすべり落ちるためには，式(**6·12**)の左辺が正，つまり$F > smg\sin\theta/l$を満たす必要がある．これよりβとθの関係として以下が求まる．

$$(l-s)\sin\beta > s\sin\theta$$

また，定義より$a/v=(\mathrm{d}v/\mathrm{d}t)/(\mathrm{d}s/\mathrm{d}t)=\mathrm{d}v/\mathrm{d}s$なので，$a\mathrm{d}s=v\mathrm{d}v$が成り立つ．両辺を積分して

$$\int_0^v v\mathrm{d}v=\frac{1}{2}v^2=\int_0^{l_1}a\mathrm{d}s=\left[sg\sin\beta-\frac{s^2(\sin\beta+\sin\theta)}{2l}g\right]_0^{l_1}$$

$$=l_1 g\sin\beta-\frac{{l_1}^2(\sin\beta+\sin\theta)}{2l}g$$

となり，端が頂点に達したときのロープの速さは以下のように求まる．

$$v=\sqrt{\frac{l_1}{l}g((2l-l_1)\sin\beta-l_1\sin\theta)}$$

6·3 演習問題

【問題6·1】 一定速度で進行する電車が急ブレーキをかけたところ，吊り輪が垂直に対して20°傾いた．このときの電車の減速の大きさはいくらか．

［**解**］ 電車の進行方向を図**6·11**のように右向きとし，ブレーキをかけたときの加速度を$\boldsymbol{a}$とする．このとき，吊り輪にかかる力は，重力$m\boldsymbol{g}$とひもから受ける力$\boldsymbol{F}$である．電車の中から吊り輪を見ると慣性力$-m\boldsymbol{a}$がかかっているように見え，ダランベールの原理により，これらの力がつりあい力の三角形を形成するので，吊り輪の傾き角度をθとすると，力の大きさに関する関係式として

$$\tan\theta = {}^{(a)}\square$$

を満たさなければならない．この式のθに20°を代入すれば，加速の大きさが$a = {}^{(b)}\square$ m/s^{2}と求まる．このときのひもに生ずる張力の大きさFは$^{(c)}\square$となる．

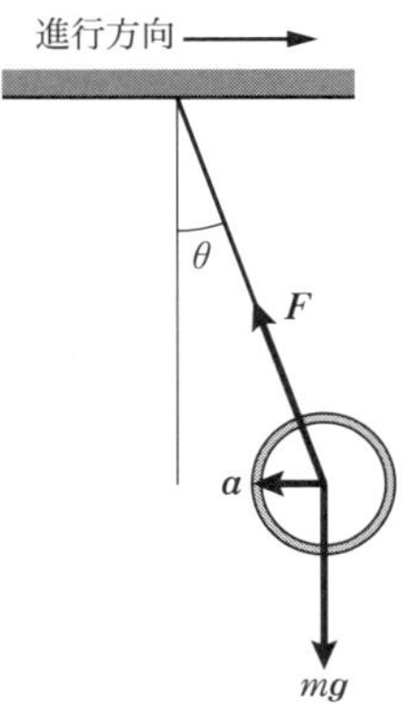

図**6·11**

【問題6·2】 図**6·12**のように，質量m_A，m_Bの2物体A，Bを滑車を介してロープで結ぶ．滑車とロープの質量が十分に小さいものとして，ロープの張力と物体の加速度を求めよ．

［**解**］ 原点を天井に取る．ロープは伸縮しないので，運動中の物体A，Bのある瞬間での位置ベクトル$\boldsymbol{r}_\mathrm{A}$，$\boldsymbol{r}_\mathrm{B}$の和は，常に一定であるから

$$^{(a)}\square = c\ （一定）$$

となる．**5**章で示したように，これを時間で二階微分したものが加速度であるので，物体A，Bの加速度$\boldsymbol{a}_\mathrm{A}$，$\boldsymbol{a}_\mathrm{B}$の間の関係は$\boldsymbol{a}_\mathrm{A} + \boldsymbol{a}_\mathrm{B} = 0$となる．

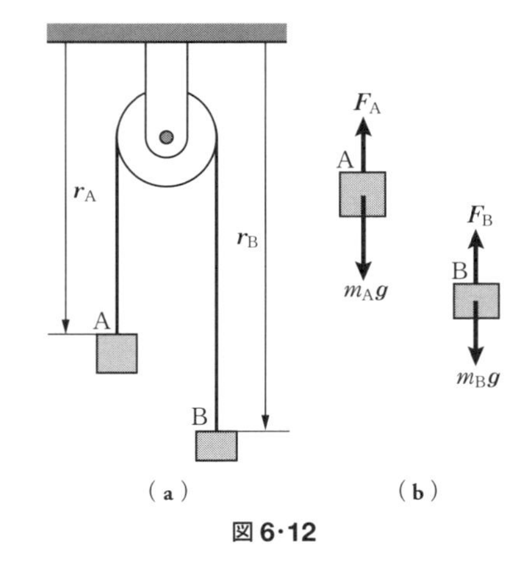

図**6·12**

次に物体A，Bの運動方程式を求める．たとえば，図(**b**)に示すように，物体Aには重力$m_\mathrm{A}\boldsymbol{g}$とロープからの力$\boldsymbol{F}_\mathrm{A}$が作用するので，運動方程式は

$$m_\mathrm{A}\boldsymbol{a}_\mathrm{A} = {}^{(b)}\square$$

となる．物体Bも同様にして次のようになる．

$$m_\mathrm{B}\boldsymbol{a}_\mathrm{B} = \boldsymbol{F}_\mathrm{B} + m_\mathrm{B}\boldsymbol{g}$$

また，ここでは滑車の質量は無視しているので，張力$\boldsymbol{F}_\mathrm{A}$と$\boldsymbol{F}_\mathrm{B}$は等しい．なお，滑車の質量が無視できない場合には$\boldsymbol{F}_\mathrm{A}$と$\boldsymbol{F}_\mathrm{B}$は等しくなく，その場合の問題の解

き方は7章で扱う．

したがって，以上の式を連立させて解けば，張力および加速度は

$$F_A = F_B = \frac{^{(c)}\boxed{}}{m_A + m_B}g$$

$$a_A = -a_B = \frac{^{(d)}\boxed{}}{m_A + m_B}g$$

ここで，$m_A > m_B$ とすると，物体Aの加速度は重力加速度 $\boldsymbol{g}$ と同じ向き，すなわち物体Aは下方の加速度を受けて下方に移動し，物体Bの加速度は $\boldsymbol{g}$ と反対方向であるので，上方の加速度を受けて上方に移動することになる．

以上のように，直線上の運動でもベクトルを使った式を立てることで向きが自然と考慮され，符号の間違いを起こしにくい．

なお，滑車が回転せず静止しているときには，物体の重力につりあう反力 $\boldsymbol{R}_1 = {}^{(e)}\boxed{}$ が滑車の支点Oに生ずる．一方，運動中の反力は $\boldsymbol{R}_2 = \boldsymbol{F}_A + \boldsymbol{F}_B$ である．反力の向きはどちらも重力加速度と反対，つまり上向きであるので，反力の大きさの差を求めると

$$|\boldsymbol{R}_1| - |\boldsymbol{R}_2| = \frac{^{(f)}\boxed{}}{m_A + m_B}g > 0$$

となり，運動中のほうが静止しているときに比べ，支点反力は小さくなる．

【問題6･3】 図6･13(a)のように，3両連結の車が速度 v_0 で走っているときにブレーキをかけた．AB，BC間の連結器①，②にかかる力および車が停止するまでの時間を求めよ．ただし，制動力は3両ともに $\boldsymbol{F}_0$ とし，車両A，B，Cの質量をそれぞれ m_A，m_B，m_C とする．

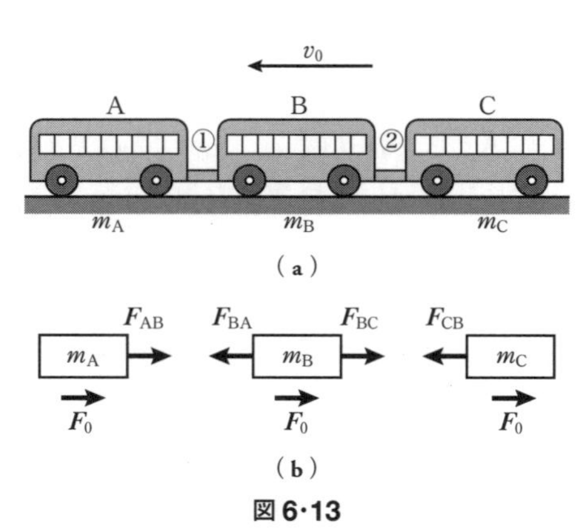

図6･13

［解］ 図(b)のように分解し，それぞれの車両で運動方程式を立てると

$$m_A\boldsymbol{a}_A = {}^{(a)}\boxed{}$$

$$m_B\boldsymbol{a}_B = {}^{(b)}\boxed{}$$

$$m_C\boldsymbol{a}_C = \boldsymbol{F}_{CB} + \boldsymbol{F}_0$$

となる．連結器の両端にかかる力

は，作用・反作用の法則より，$\boldsymbol{F}_{AB}=$ (c)[　　]，$\boldsymbol{F}_{BC}=$ (d)[　　]となる．3両の車両は同じ動きをするので加速度は等しく，その加速度を$\boldsymbol{a}(=\boldsymbol{a}_A=\boldsymbol{a}_B=\boldsymbol{a}_C)$とし，運動方程式に代入し整理すると

$$\boldsymbol{a}=\text{(e)}\boxed{}\,\boldsymbol{F}_0$$

$$\boldsymbol{F}_{AB}=\frac{\text{(f)}\boxed{}}{m_A+m_B+m_C}\boldsymbol{F}_0$$

$$\boldsymbol{F}_{CB}=\frac{\text{(g)}\boxed{}}{m_A+m_B+m_C}\boldsymbol{F}_0$$

であり，等加速度運動になるので，停止するまでにかかる時間は式(5·4)より

$$t=\frac{|\boldsymbol{v}_0|}{|\boldsymbol{a}|}=\frac{\text{(h)}\boxed{}}{3F_0}$$

と求まる．

【問題6·4】 図6·14(a)のような角度θ傾いた床上に，たがいに接触させた質量m_A，m_Bの物体A，Bを置く．2物体が接触しあいながら滑降するとき，物体間に作用する力を求めよ．ただし，床と2物体との動摩擦係数は，それぞれμ_A，μ_Bとする．

［**解**］ 2物体の運動の方向は一致しているので，斜面下向きを正として，スカラーで考える．

物体A，Bに作用する力は図(b)のようになる．なお$\boldsymbol{F}_A$，$\boldsymbol{F}_B$はそれぞれ物体と床との摩擦力，$\boldsymbol{N}_A$，$\boldsymbol{N}_B$はそれぞれ物体が床から受ける効力，$\boldsymbol{F}_{AB}$はAがBから受ける力，$\boldsymbol{F}_{BA}$はBがAから受ける力である．ここで，F_A，F_Bの大きさは4章の動摩擦の定義から次のようになる．

$$F_A=\mu_A m_A g\cos\theta$$

$$F_B=\text{(a)}\boxed{}$$

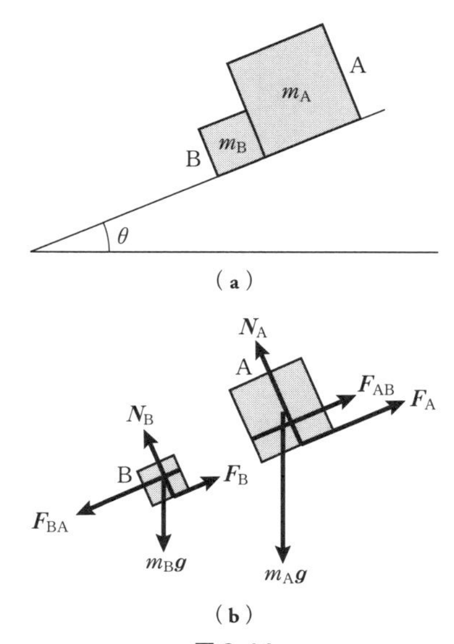

図6·14

次に，物体A，Bの加速度の大きさをa_A，a_Bとし，加速度と力の作用する向きに注意して，2物体の斜面に平行な方向の

運動方程式を求めると

$$m_\mathrm{A}a_\mathrm{A} = {}^{(\mathrm{b})}\boxed{}$$

$$m_\mathrm{B}a_\mathrm{B} = {}^{(\mathrm{c})}\boxed{}$$

2物体は接触しながら滑降するので $a_\mathrm{A} = a_\mathrm{B}$ であり，作用・反作用の法則から，$\boldsymbol{F}_\mathrm{AB} = -\boldsymbol{F}_\mathrm{BA}$ であり，大きさは等しい．これより2物体の加速度の大きさは

$$a_\mathrm{A} = a_\mathrm{B} = g\sin\theta - \frac{(m_\mathrm{A}\mu_\mathrm{A} + m_\mathrm{B}\mu_\mathrm{B})g\cos\theta}{m_\mathrm{A} + m_\mathrm{B}}$$

と求まり，物体間に作用する力は

$$F_\mathrm{AB} = \frac{m_\mathrm{A}m_\mathrm{B}(\mu_\mathrm{B} - \mu_\mathrm{A})g\cos\theta}{m_\mathrm{A} + m_\mathrm{B}}g$$

となる．ここで，$\mu_\mathrm{B} < \mu_\mathrm{A}$ のときには力 F_AB の値が負となるが，この場合には2物体は離れてしまい，実際には力が作用しあわない．

［**別解**］ 形式的にベクトルで解くこともできる．斜面下方向を t，斜面の法線上向きを n とするTNB座標系を考える．物体が斜面から受ける力を $\boldsymbol{N}$ とすると，動摩擦力 $\boldsymbol{F}_\mu$ は

$$\boldsymbol{F}_\mu = \boldsymbol{\mu} \times \boldsymbol{N} \tag{6・13}$$

と形式的に表すことができる．このように定義すると，向きも含めて矛盾なく計算できる．ここで，$\boldsymbol{\mu}$ は $\boldsymbol{\mu} = [0 \quad 0 \quad \mu]^\mathrm{T} = \mu\boldsymbol{e}_b$ を満たすベクトルである．これよりA，Bにかかる摩擦力は，それぞれ次のように表せる．

$$\boldsymbol{F}_\mathrm{A} = \boldsymbol{\mu}_\mathrm{A} \times (-m_\mathrm{A}(\boldsymbol{g}\cdot\boldsymbol{e}_n))\boldsymbol{e}_n = \mu_\mathrm{A}m_\mathrm{A}(\boldsymbol{g}\cdot\boldsymbol{e}_n)\boldsymbol{e}_t$$

$$\boldsymbol{F}_\mathrm{B} = \boldsymbol{\mu}_\mathrm{B} \times (-m_\mathrm{B}(\boldsymbol{g}\cdot\boldsymbol{e}_n))\boldsymbol{e}_n = \mu_\mathrm{B}m_\mathrm{B}(\boldsymbol{g}\cdot\boldsymbol{e}_n)\boldsymbol{e}_t$$

ただし，$\boldsymbol{e}_b \times \boldsymbol{e}_n = -\boldsymbol{e}_t$ なる関係を用いた．

t 方向の斜面からの抗力はゼロであることから，t 方向の運動方程式は以下のようになる．

$$m_\mathrm{A}\boldsymbol{a}_{\mathrm{A}t} = m_\mathrm{A}(\boldsymbol{g}\cdot\boldsymbol{e}_t)\boldsymbol{e}_t + \boldsymbol{F}_\mathrm{A} + \boldsymbol{F}_\mathrm{AB}$$

$$m_\mathrm{B}\boldsymbol{a}_{\mathrm{B}t} = m_\mathrm{B}(\boldsymbol{g}\cdot\boldsymbol{e}_t)\boldsymbol{e}_t + \boldsymbol{F}_\mathrm{B} + \boldsymbol{F}_\mathrm{BA}$$

ここで，$\boldsymbol{F}_\mathrm{AB} = -\boldsymbol{F}_\mathrm{BA}$，$\boldsymbol{a}_{\mathrm{A}t} = \boldsymbol{a}_{\mathrm{B}t}$ より

$$\boldsymbol{a}_\mathrm{A} = \boldsymbol{a}_\mathrm{B} = \left((\boldsymbol{g}\cdot\boldsymbol{e}_t) + \frac{(\mu_\mathrm{A}m_\mathrm{A} + \mu_\mathrm{B}m_\mathrm{B})(\boldsymbol{g}\cdot\boldsymbol{e}_n)}{m_\mathrm{A} + m_\mathrm{B}}\right)\boldsymbol{e}_t$$

以上より

$$\boldsymbol{F}_\mathrm{AB} = -\boldsymbol{F}_\mathrm{BA} = \frac{m_\mathrm{A}m_\mathrm{B}(\mu_\mathrm{B} - \mu_\mathrm{A})(\boldsymbol{g}\cdot\boldsymbol{e}_n)}{m_\mathrm{A} + m_\mathrm{B}}\boldsymbol{e}_t$$

【問題 6·5】 スキーヤーが，傾き θ の斜面を初速度ゼロで最急勾配の方向に真っ直ぐすべり降り始めた．距離 l 進んだときの速さ v を求めよ．ただし，スキーと雪の間の動摩擦係数を μ とする．

【問題 6·6】 遠心分離機を用いて液体を分離する．重力の 70 倍の遠心力を液体に与えるには，1 分間に何回転させればよいか．ただし，回転時の半径を r とする．

【問題 6·7】 2 つの質点 A，B が，それぞれ以下の運動方程式にしたがい，運動している．

$$m_\mathrm{A}\boldsymbol{a}_\mathrm{A} = \boldsymbol{F}_\mathrm{A}$$

$$m_\mathrm{B}\boldsymbol{a}_\mathrm{B} = \boldsymbol{F}_\mathrm{B}$$

このとき，質点 A から B の運動を見たときの B の運動方程式を求めよ．

【問題 6·8】 図 6·15 のように，なめらかで水平な床の上の質量 m_A，m_B の 2 物体 A，B が，滑車を介して質量 m_C の物体 C とロープでつながれている．物体 C が重力によって落下するときのロープの張力を求めよ．ただし，滑車，ロープの質量は無視する（滑車の運動が無視できない場合は 7 章にて扱う）．

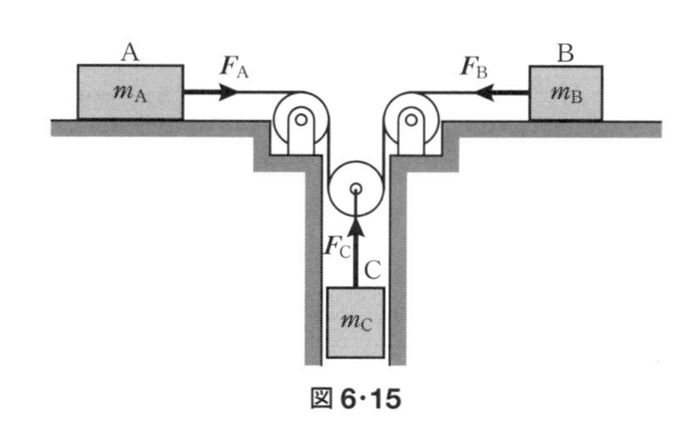

図 6·15

【問題 6·9】 図 6·16 のようなばね定数 k のばねと，質量 m のスライダーからなる機構がある．スライダーを図の位置 x にて離した直後の加速の大きさを求めよ．ただし，ばねの自由長を h とし，スライダーと案内棒の摩擦はないものとする．

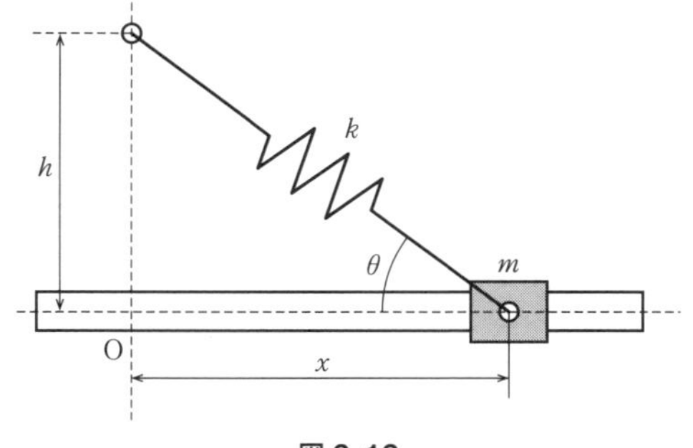

図 6·16

【問題 6·10】 図 6·17 のように，傾いた床の上を質量 m_A の物体Aがすべり落ち，さらにその上を質量 m_B の物体Bがすべり落ちる．物体Aの加速の大きさ a_A を求めよ．ただし，物体Aと床，物体Aと物体Bの間の動摩擦係数をそれぞれ μ_A，μ_B とする．

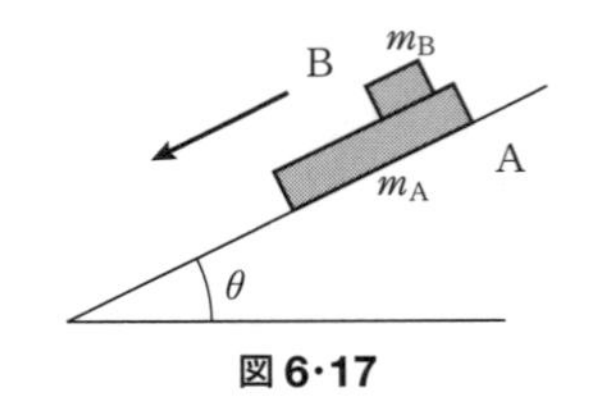

図 6·17

【問題 6·11】 図 6·18 のような重さを無視できる滑車とロープの組合せにおいて，質量 m_A，m_B，m_C の 3 物体が重力によって移動する．③ のロープの張力の大きさ T_3 を求めよ．

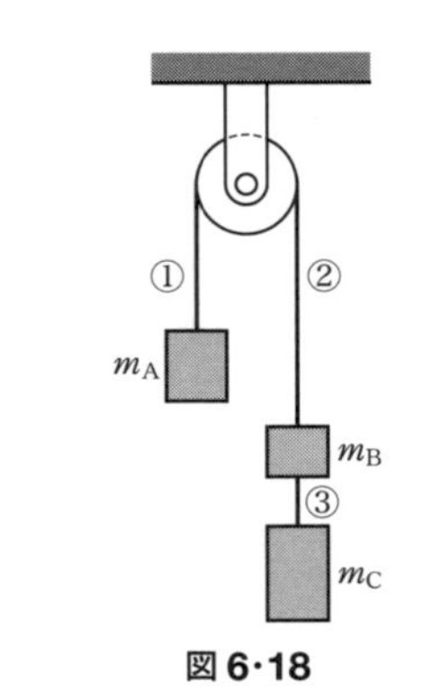

図 6·18

【問題 6·12】 図 6·19 のように，なめらかな床の上に質量 m_A，m_B の 2 物体が，たがいに滑車を介してロープでつながれて置かれている．物体Aに力 F_0 を作用させたときのロープの張力の大きさ T を求めよ．ただし，滑車の質量は無視する．

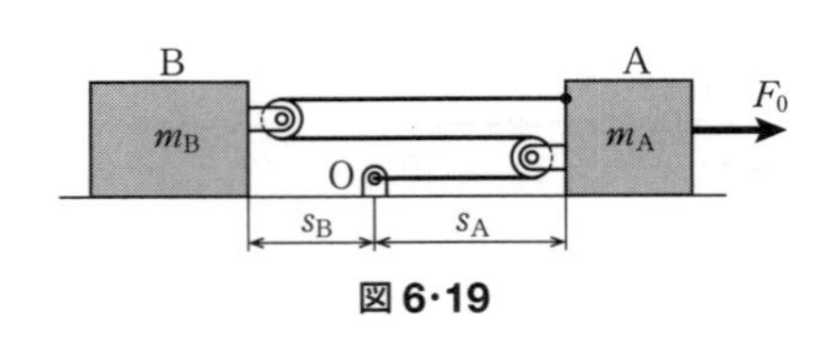

図 6·19

【問題 6·13】 図 6·20 のように，なめらかな床の上に置かれた質量 m_A の物体をロープおよび 2 つの滑車を介して質量 m_B の物体Bとつなぐ．物体Bが重みにより落下するとき，物体Bの加速の大きさ a_B を求めよ．ただし，滑車の質量は無視する．

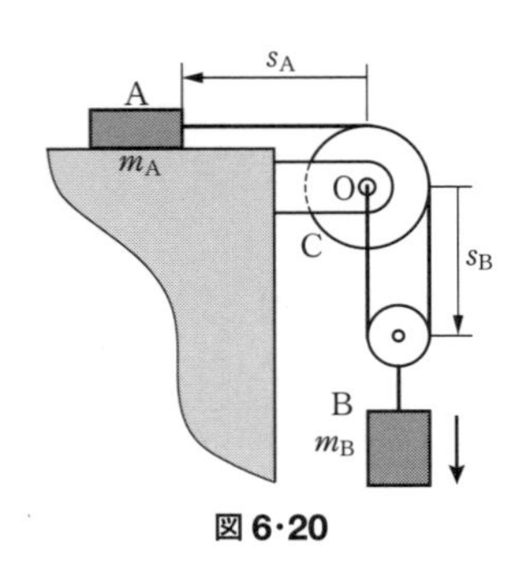

図 6·20

【問題 6·14】 トラックが半径 50 m の水平なカーブを曲がるとき，横転しない最大の速さはいくらか．ただし，トラックの左右のタイヤの間の幅は 1.8 m，重心は路面から 1.2 m の高さにあるものとする．

【問題 6·15】 図 6·21 のように，ベルトコンベアによって質量 m の物体が運ばれる．物体が AB の間において，すべらずに運ばれるにはコンベアの速さ v をいくら以下にする必要があるか．ただし，ベルトと物体の間の静止摩擦係数を μ とする．

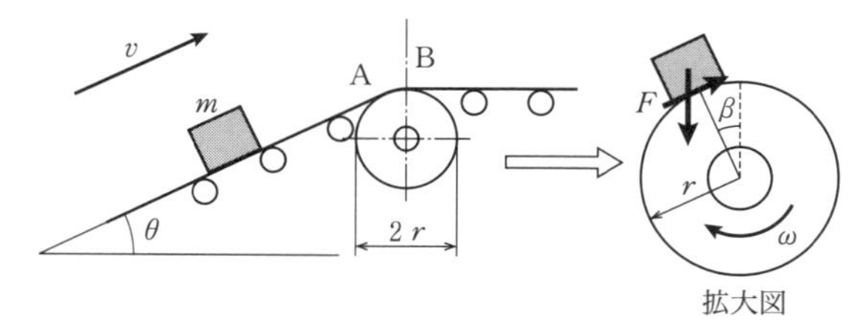

図 6･21

【問題 6･16】 例題 6･1 の回転する壁面が図 6･3(c)のように角度 θ 傾いている場合，物体が落下も上昇もしないための回転の速さ ω の範囲を求めよ．

【問題 6･17】 図 6･22 のように，なめらかで水平な床の上に質量 m_A の三角形状のブロックが置かれている．その上で質量 m_B の物体が摩擦なくすべり降りる．このとき物体 A の加速度と物体 B の A から見た相対加速度を求めよ．

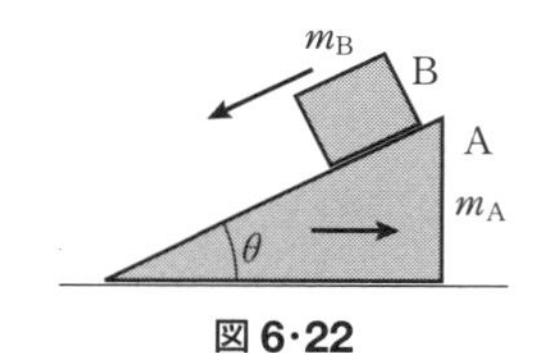

図 6･22

7

剛体の動力学

本章においては，運動方程式を用いた剛体運動の解析方法を学ぶ．

7・1 基礎事項

7・1・1 剛体の並進運動の運動方程式

剛体の並進運動については，剛体の全質量 m が重心に集中しているとみなして，**6** 章において説明した以下の運動方程式によって解析できる．

$$\boldsymbol{F} = m\boldsymbol{a} \tag{7・1}$$

7・1・2 剛体の回転運動の運動方程式

剛体がトルク $\boldsymbol{T}$ を受けて角加速度 $\boldsymbol{\alpha}$ で回転する運動を記述した運動方程式を**オイラーの運動方程式**と呼び，以下で表される．

$$\boldsymbol{T} = \boldsymbol{I\alpha} \tag{7・2}$$

ここで $\boldsymbol{I}$ は，**7・1・4** 項で述べる慣性モーメントと呼ばれる 3×3 の行列である．**4・1・2** 項で述べたように，外力が働く場合，その力のモーメントがトルクになる．式(**7・2**)は，剛体の回転運動が物体に作用するトルクや力のモーメントに依存することを意味している．

7・1・3 運動量と角運動量

運動量 $\boldsymbol{L}$ とは，運動の激しさを表す物理量であり，質量 m と速度 $\boldsymbol{v}$ の積として定義される．

$$\boldsymbol{L} = m\boldsymbol{v} \tag{7・3}$$

運動量を時間微分すると $\mathrm{d}\boldsymbol{L}/\mathrm{d}t = m\mathrm{d}\boldsymbol{v}/\mathrm{d}t = m\boldsymbol{a}$ であり，ニュートンの運動の第2法則式(**6·1**)より，運動量の時間微分が力となることがわかる．

角運動量とは運動量のモーメントを表す物理量である．質点の場合，位置を $\boldsymbol{r}$，運動量を $\boldsymbol{L}$ とすると，力のモーメントの式(**1·34**)と同様に，角運動量は以下のように表される．

$$\boldsymbol{L}_\omega = \boldsymbol{r} \times \boldsymbol{L} \tag{7·4}$$

運動量の場合と同様に，角運動量の時間微分が力のモーメントとなる（**8·1·3**項参照）．

7·1·4 慣性モーメント

図**7·1**(**a**)のように，剛体中の微小質量 $\mathrm{d}m$ をもつ質点の運動を考える．この質点の運動量 $\mathrm{d}\boldsymbol{L}$ は，質量と速度の積であり，式(**7·3**)の定義により $\mathrm{d}\boldsymbol{L} = \mathrm{d}m\boldsymbol{v}$ となる．これを式(**7·4**)に代入し，式(**5·6**)の関係を用いると，この質点の角運動量は

$$\mathrm{d}\boldsymbol{L}_\omega = \boldsymbol{r} \times (\mathrm{d}m\boldsymbol{v}) = \boldsymbol{r} \times (\boldsymbol{\omega} \times \boldsymbol{r})\mathrm{d}m = -\boldsymbol{r} \times (\boldsymbol{r} \times \boldsymbol{\omega})\mathrm{d}m \tag{7·5}$$

となる．ただし，最後の等式は式(**1·29**)を用いた．外積演算を行列とベクトルの積に置き換える表現〔式(**5·26**)参照〕を用いると，上式は $\mathrm{d}\boldsymbol{L}_\omega = (-\hat{\boldsymbol{r}}^2\mathrm{d}m)\boldsymbol{\omega}$ と角運動量と角速度の関係として表せる．運動量と速度の関係における質量と同様に，角運動量と角速度の関係における $-\hat{\boldsymbol{r}}^2\mathrm{d}m$ は，回転のしにくさを表す物理量であり，質点の慣性行列と呼ぶ．

物理量に負の符号がついていることに違和感を感じる読者もいるかも知れないが，これは外積の順序を入れ替える操作で出てくるもので，図**7·1**(**a**)において，回転軸 z からの距離を l とし，回転軸に関する成分だけで表すと $l^2\mathrm{d}m$ と正の値になる．これを質点 $\mathrm{d}m$ の慣性モーメントという．

慣性行列は，物体の形状，質量，密度ならびに基準座標系を決めることによって定まる物理量であり，剛体の慣性行列は，微小質量 $\mathrm{d}m$ の慣性行列を剛体全体にわたって積分することで求まる．

$$I = \int_V -\hat{\boldsymbol{r}}^2\,\mathrm{d}m \tag{7·6}$$

密度が ρ で均一な剛体の場合，微小質量は微小体積 $\mathrm{d}V$ を使って $\mathrm{d}m = \rho\mathrm{d}V$ と表せる．さらに直交座標系上で考える場合，微小体積は各軸の微小長さを使って $\mathrm{d}V = \mathrm{d}x\mathrm{d}y\mathrm{d}z$ と表せ，慣性行列の具体的な計算は以下のように表せる．

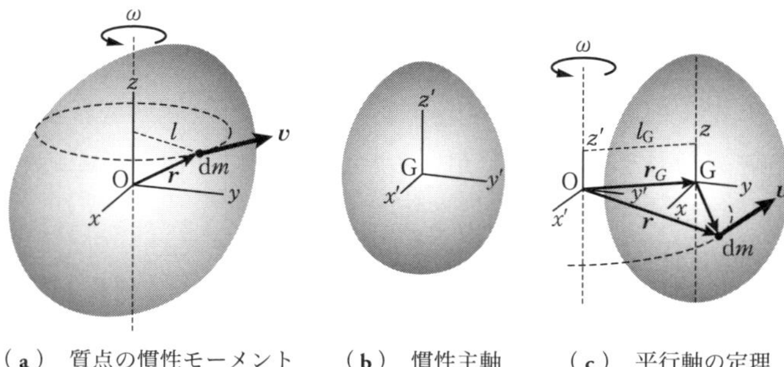

（a） 質点の慣性モーメント　（b） 慣性主軸　（c） 平行軸の定理

図 7･1

$$
\begin{aligned}
\boldsymbol{I} &= \rho \iiint -\hat{\boldsymbol{r}}^2 \mathrm{d}x\mathrm{d}y\mathrm{d}z \\
&= \rho \iiint \begin{bmatrix} {r_y}^2 + {r_z}^2 & -r_x r_y & -r_x r_z \\ -r_x r_y & {r_x}^2 + {r_z}^2 & -r_y r_z \\ -r_x r_z & -r_y r_z & {r_x}^2 + {r_y}^2 \end{bmatrix} \mathrm{d}x\mathrm{d}y\mathrm{d}z
\end{aligned} \tag{7･7}
$$

この形式からわかるように，慣性行列は **5･1･4** 項で説明した対称行列であり，座標系を適切にとることで対角行列とできる．慣性行列の対角成分を**慣性モーメント**，非対角成分を**慣性乗積**と呼び，慣性行列が対角行列になるような座標軸を**慣性主軸**，そのときの対角成分を**主慣性モーメント**と呼ぶ．

図 **7･1**（a）の O-xyz は慣性主軸ではないが，図 **7･1**（b）のように重心 G を原点とした G-$x'y'z'$ は慣性主軸になる．簡単な形状をした物体の主慣性モーメントは，付録 7 にまとめた．

慣性主軸 O-xyz 上で回転の運動を考え，式(**7･2**)を成分表示すると

$$
\begin{bmatrix} T_x \\ T_y \\ T_z \end{bmatrix} = \begin{bmatrix} I_x & 0 & 0 \\ 0 & I_y & 0 \\ 0 & 0 & I_z \end{bmatrix} \begin{bmatrix} \alpha_x \\ \alpha_y \\ \alpha_z \end{bmatrix} = \begin{bmatrix} I_x \alpha_x \\ I_y \alpha_y \\ I_z \alpha_z \end{bmatrix} \tag{7･8}
$$

となり，各軸独立な回転として議論することができるようになり，とても便利である．慣性主軸の 1 つの軸に着目した場合，その軸まわりの慣性モーメントは，式(**7･6**)より，軸から微小質量までの距離を r とすると

$$
I = \int_V r^2 \mathrm{d}m \tag{7･9}
$$

のように，スカラーの値として求まる．このため剛体の回転運動は慣性主軸を使っ

て解析することが多く，本書でも例題や演習問題はすべて慣性主軸上で議論する．

式(**7・6**)の質点の位置を表すベクトル $\boldsymbol{r}$ は，どの座標系から質点を見るかで成分が変わる．そのため，慣性行列もどの座標系で考えるかで値が変わり，慣性行列を式(**7・2**)の回転運動の運動方程式に用いるときは，どの座標系から見た運動なのかに注意する必要がある．

式(**7・6**)で説明したように，微小質量の慣性行列を剛体全体で足し合せる（積分する）ことで剛体の慣性行列が算出できる．このことからわかるように，図**7・2**のように剛体を分割し，それぞれの慣性行列が $\boldsymbol{I}_1$，$\boldsymbol{I}_2$，…，$\boldsymbol{I}_i$，…と求まった場合，元の剛体の慣性行列は単純に $\boldsymbol{I}_1+\boldsymbol{I}_2+\cdots+\boldsymbol{I}_i+\cdots$ と足し合せて求められる．

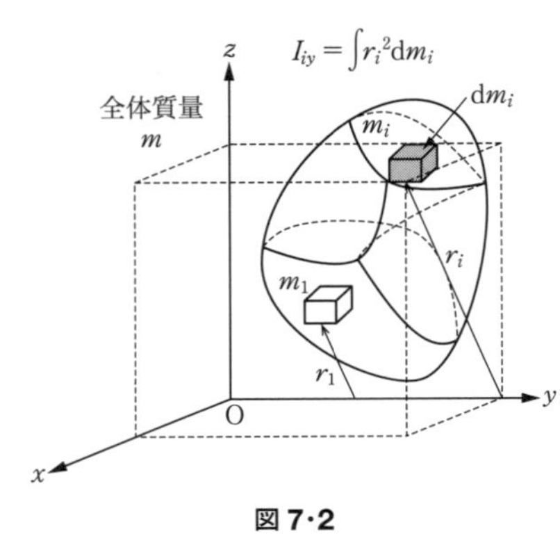

図 7・2

逆に，慣性行列が $\boldsymbol{I}_1$ の物体に慣性行列 $\boldsymbol{I}_2$ 分の孔を開けた物体の慣性行列は $\boldsymbol{I}_1-\boldsymbol{I}_2$ となり算術計算によって求まる．このように複雑な形状の剛体でも，単純な形状の剛体の組合せで表現できる場合，慣性行列は，それぞれの単純形状の剛体の慣性行列から算術計算によって求められる（問題**7・2**，問題**7・6**参照）．

ただし，このような慣性行列の足し引きができるのは，同じ座標系で慣性行列を算出している場合のみである点は注意が必要である．そのため，複雑な形状の剛体を複数剛体の組合せとして考える場合，それぞれの慣性主軸で慣性行列を求めた後，座標系をそろえる作業が必要になる．その際，以下の定理が有用である．

平行軸の定理：質量 m の剛体の重心Gを基準とした慣性行列を $\boldsymbol{I}_\mathrm{G}$ とする．別の点Oを基準としたこの剛体の慣性行列 $\boldsymbol{I}_\mathrm{O}$ は，O点から見たG点の位置ベクトルを $\boldsymbol{r}_\mathrm{G}$ として，以下のように表せる[*1]．

$$\boldsymbol{I}_\mathrm{O}=\boldsymbol{I}_\mathrm{G}-m\hat{\boldsymbol{r}}_\mathrm{G}^2 \tag{7・10}$$

慣性主軸を座標軸とするG-xyz を考えると，式(**7・8**)で説明したように慣性行列は対角行列となり，軸ごとに独立して扱えるようになる．ここで，z 軸まわりの慣性モーメントを I_G とし，図**7・1**(**c**)のようにG-xyz を xy 平面内で平行移動した

*1　式(7・10)は，式(7・6)の微小質点の位置を表すベクトルに r_G を足し合せ展開し，重心まわりの1次モーメントはゼロであることを使って導くことができる．

座標系をO-$x'y'z'$としたときの，z'軸まわりの慣性モーメントI_Oを考える．

xy平面上の平行移動より，O軸とz軸の関係は$\boldsymbol{r}_G=[r_{Gx} \quad r_{Gy} \quad 0]^T$で表せ*2，式(**7・10**)に代入し，$z$成分のみ取り出すと以下を得る．

$$I_O = I_G + ml_G{}^2 \tag{7・11}$$

ここでl_Gは，O軸とz軸の距離$\sqrt{r_{Gx}{}^2+r_{Gy}{}^2}$である．これを**平行軸の定理**と呼ぶ．この定理より，重心まわりの慣性モーメントI_Gが任意の回転軸まわりの慣性モーメントの中で最小となることがわかる（例題**7・3**，例題**7・4**参照）．

直交軸の定理：図**7・3**のように，厚みの無視できる薄い平板の慣性主軸を，図のようにO-xyz軸とすると，各軸まわりの慣性モーメントは$I_x=\int y^2 \mathrm{d}m$，$I_y=\int x^2 \mathrm{d}m$，$I_z=\int r^2 \mathrm{d}m$と求まる．$r^2=x^2+y^2$という関係より，各軸まわりの慣性モーメントの間には，以下の関係が成り立ち，**直交軸の定理**と呼ぶ（例題**7・4**参照）．

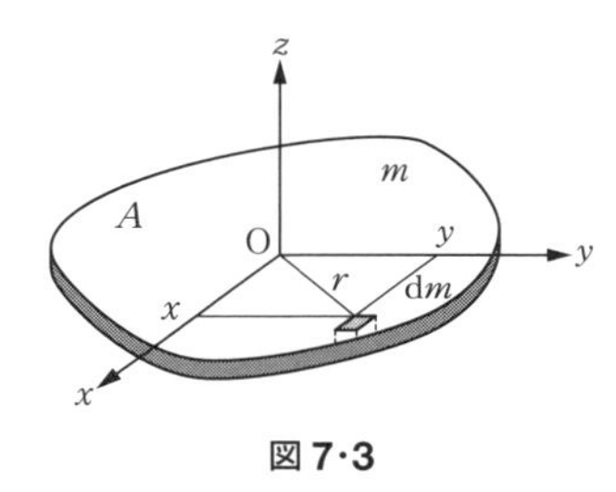

図**7・3**

$$I_z = I_x + I_y \tag{7・12}$$

このI_zのことを**極慣性モーメント**と呼び，I_Pで表す．

ある慣性主軸まわりの回転の場合，スカラーの慣性モーメントとして考えることができ，剛体の全質量mが回転軸から半径kの位置に集中したと仮定すると，慣性モーメントは

$$I = mk^2 \tag{7・13}$$

と表すことができる．このときのkを**回転半径**と呼ぶ（問題**7・2**，問題**7・11**参照）．

7・1・5　剛体の運動方程式

前項で，慣性行列はどの座標系で表すかによって成分表示が変わることを説明した．この事実より，**7・1・2**項で説明した剛体の回転運動の運動方程式も，どの座標系で考えるかによって，成分表示したときの具体的な式の見え方が大きく変わる．

重心まわりの慣性主軸では，慣性行列が対角行列で主慣性モーメントの値が最小になることから，重心まわりの慣性主軸を使って慣性モーメントを表現する方法がもっともよく用いられる．これを基準とすることで平行軸の定理も利用できて便利

*2　T は転置を表す（**5・1・4**項参照）．

である．

5・1・3 項では，図 **5・3** に示すように，剛体運動を重心の並進運動と重心まわりの回転運動に分解できることを説明した．式(**7・1**)，式(**7・2**)を重心 G について立てれば，この分解に基づいた並進，回転の運動方程式が次のように得られる．

$$\boldsymbol{F} = m\boldsymbol{a}_{\mathrm{G}} \tag{7・14}$$

$$\boldsymbol{T}_{\mathrm{G}} = \boldsymbol{I}_{\mathrm{G}}\boldsymbol{\alpha} \tag{7・15}$$

ここで，$\boldsymbol{a}_{\mathrm{G}}$ は重心加速度，$\boldsymbol{T}_{\mathrm{G}}$ が重心まわりにかかるトルク，$\boldsymbol{I}_{\mathrm{G}}$ が重心まわりの慣性行列である．これが剛体の運動解析の基本となる式である．

一方で図 **5・4**(**a**)で説明したように，剛体の運動は瞬間的に瞬間中心まわりの回転運動とみなすことができる．これは瞬間中心 O まわりで立式すれば，次のように回転運動の運動方程式 1 つで，剛体の運動が記述できることを意味する．

$$\boldsymbol{T}_{\mathrm{O}} = \boldsymbol{I}_{\mathrm{O}}\boldsymbol{\alpha} \tag{7・16}$$

ここで，$\boldsymbol{T}_{\mathrm{O}}$ は瞬間中心 O まわりにかかるトルク，$\boldsymbol{I}_{\mathrm{O}}$ は O 点まわりの慣性行列である．

ただし，瞬間中心は一般に動く点であり，このような立式で運動を解析する場合は座標系の運動自体を考える必要があり，煩雑になりやすい点に注意しておく．そのため，瞬間中心まわりの回転の運動方程式のみによる解析は，利用されるとしても瞬間中心が固定点としてわかっている特殊な場合に限られる（例題 **7・1** 別解 **2**，問題 **8・3** 参照）．

7・2 基本例題

【例題 7・1】 図 7・4(a)のように，天井から垂れ下がる振り子の運動を考える．振り子の質量，重心まわりの慣性行列をそれぞれ m，$\boldsymbol{I}_{\mathrm{G}}$ とする．振り子の長さ，重心から支点までの長さをそれぞれ l，l_g とし，重力加速度を $\boldsymbol{g}$ とする．角速度が ω のときの角加速度 $\boldsymbol{\alpha}$ の大きさ α を求めよ．

［**解**］ 支点から振り子が受ける力を $\boldsymbol{R}$，重心から見た支点の位置ベクトルを $\boldsymbol{r}_{\mathrm{O}}$ とすると，振り子の並進運動の運動方程式，重心まわりの回転の運動方程式は式(**7・14**)，式(**7・15**)より，それぞれ以下のように書ける．

$$m\boldsymbol{a} = \boldsymbol{R} + m\boldsymbol{g} \tag{7・17}$$

$$\boldsymbol{I}_{\mathrm{G}}\boldsymbol{\alpha} = \boldsymbol{r}_{\mathrm{O}} \times \boldsymbol{R} \tag{7・18}$$

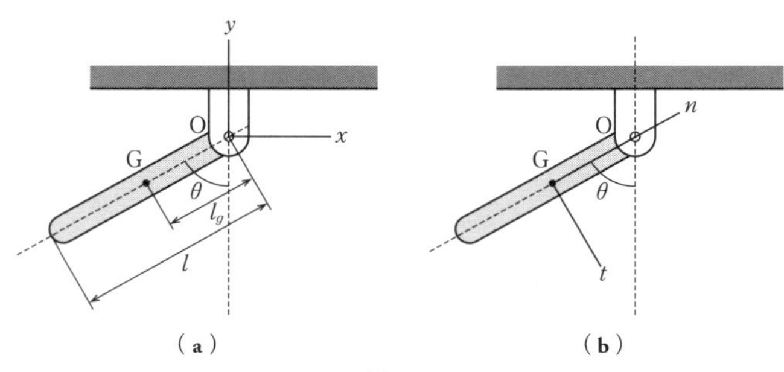

図 7·4

ここで $\boldsymbol{a}$ は重心の加速度である．図 7·4(a)の O を原点とし，x-y を軸とする右手座標系 O-xyz を考えると，式(7·17)は具体的な成分表示として以下のように書き下せる．

$$m\begin{bmatrix} a_x \\ a_y \\ a_z \end{bmatrix} = \begin{bmatrix} R_x \\ R_y \\ R_z \end{bmatrix} + mg\begin{bmatrix} 0 \\ -1 \\ 0 \end{bmatrix} \tag{7·19}$$

この振子の運動では，並進運動において z 軸方向を考える必要はないが，次の回転運動と合せるため，z 軸についても記述している．z 軸についての並進運動はゼロであり，R_z もゼロとなる．

重心での z 軸まわりの慣性モーメントを I_z，鉛直下方からの角度を θ とすることで，回転の運動方程式は

$$\begin{bmatrix} * & * & 0 \\ * & * & 0 \\ 0 & 0 & I_z \end{bmatrix}\begin{bmatrix} \alpha_x \\ \alpha_y \\ \alpha_z \end{bmatrix} = \begin{bmatrix} l_g \sin\theta \\ l_g \cos\theta \\ 0 \end{bmatrix} \times \begin{bmatrix} R_x \\ R_y \\ R_z \end{bmatrix} = \begin{bmatrix} 0 \\ 0 \\ l_g(R_y \sin\theta - R_x \cos\theta) \end{bmatrix} \tag{7·20}$$

と表せる．ここで慣性行列の左上の 2×2 成分の値は，振子の角度 θ によって変化する値であるが，この問題では必要ないので求めない．

重心は支点まわりに回転運動するので，図 7·4(b)のように運動の接線方向 t と向心方向 n を考える．角速度 $\boldsymbol{\omega}$ と角加速度 $\boldsymbol{\alpha}$ の大きさをそれぞれ ω，α とすると，支点から見た重心の位置ベクトルは $-\boldsymbol{r}_{\mathrm{O}}$ であるので，接線加速度 $\boldsymbol{a}_t$，向心加速度 $\boldsymbol{a}_n$ はそれぞれ式(5·13)，式(5·14)より

$$\boldsymbol{a}_t = \boldsymbol{\alpha} \times (-\boldsymbol{r}_{\mathrm{O}}) = \begin{bmatrix} l_g \alpha \cos\theta \\ -l_g \alpha \sin\theta \\ 0 \end{bmatrix}$$

$$\boldsymbol{a}_n=\boldsymbol{\omega}\times(\boldsymbol{\omega}\times(-\boldsymbol{r}_{\mathrm{O}}))=\begin{bmatrix} l_g\omega^2\sin\theta \\ l_g\omega^2\cos\theta \\ 0 \end{bmatrix}$$

となる．これより加速度の x，y 成分は $\boldsymbol{a}_t$，$\boldsymbol{a}_n$ の各軸成分の和として

$$\begin{aligned} a_x &= l_g(\omega^2\sin\theta+\alpha\cos\theta) \\ a_y &= l_g(\omega^2\cos\theta-\alpha\sin\theta) \end{aligned} \qquad (7\cdot21)$$

となる．付表 7(a) より $I_z=ml^2/12$ であり，$\alpha=\alpha_z$ に注意して，式(7·19)から式(7·21)を連立し整理することで以下を得る．

$$\alpha=\frac{12l_g g\sin\theta}{l^2+12l_g{}^2} \qquad (7\cdot22)$$

［別解 1］ 重心 G を原点とし，図 7·4(b)のように t-n を軸とする右手座標系 G-tnz を考えると，式(7·17)は具体的な成分表示として以下のように書き下せる．

$$m\begin{bmatrix} a_t \\ a_n \\ a_z \end{bmatrix}=\begin{bmatrix} R_t \\ R_n \\ R_z \end{bmatrix}+mg\begin{bmatrix} \sin\theta \\ -\cos\theta \\ 0 \end{bmatrix} \qquad (7\cdot23)$$

$a_z=0$ なので，ここからも $R_z=0$ が確認できる．同様に回転の運動方程式は

$$\begin{bmatrix} I_t & 0 & 0 \\ 0 & I_n & 0 \\ 0 & 0 & I_z \end{bmatrix}\begin{bmatrix} \alpha_t \\ \alpha_n \\ \alpha_z \end{bmatrix}=\begin{bmatrix} 0 \\ l_g \\ 0 \end{bmatrix}\times\begin{bmatrix} R_t \\ R_n \\ 0 \end{bmatrix}=\begin{bmatrix} 0 \\ 0 \\ -l_g R_t \end{bmatrix} \qquad (7\cdot24)$$

と表せる．ここで G-tnz 座標系は振子の慣性主軸となるので，慣性行列は対角行列として表せる．

式(5·15)，式(5·16)より，接線加速度，法線加速度の大きさは

$$\begin{aligned} a_t &= l_g\alpha \\ a_n &= l_g\omega^2 \end{aligned} \qquad (7\cdot25)$$

となる．式(7·23)から式(7·25)までを連立し整理することで式(7·22)を得る．

［別解 2］ 7·1·5 項で説明したように，瞬間中心が支点から動かない振り子の運動の場合は，式(7·16)のように，支点まわりの回転運動の運動方程式だけで解析することができ，次のようになる．

$$\boldsymbol{I}_{\mathrm{O}}\boldsymbol{\alpha}=\boldsymbol{r}_{\mathrm{G}}\times m\boldsymbol{g} \qquad (7\cdot26)$$

ここで $\boldsymbol{I}_{\mathrm{O}}$ は O 点まわりの振子の慣性モーメントであり，$\boldsymbol{r}_{\mathrm{G}}$ は支点から見た重心の位置ベクトルである．具体的な成分を解答の O-xyz 座標系で表すと，式(7·26)

の右辺は

$$-l_g\begin{bmatrix}\sin\theta\\ \cos\theta\\ 0\end{bmatrix}\times mg\begin{bmatrix}0\\ -1\\ 0\end{bmatrix}=\begin{bmatrix}0\\ 0\\ mgl_g\sin\theta\end{bmatrix} \qquad (7\cdot 27)$$

となる．振子の運動の自由度として x，y 軸まわりの回転は生じないので，I_O の z 軸に関する第（3，3）成分を計算すると，平行軸の定理より

$$I_{Oz}=I_z+ml_g{}^2=\frac{m}{12}(l^2+12l_g{}^2) \qquad (7\cdot 28)$$

である．式(**7·27**)，式(**7·28**)を式(**7·26**)に代入して，角加速度の大きさは，式(**7·22**)と求まる．

この例題からわかるように，剛体の運動解析は回転運動を考慮する点が質点の運動解析と大きく異なる点になる．回転運動は式(**5·6**)や式(**5·13**)，式(**5·14**)によって並進運動と関連付けられるが，これらの関連付けでは，それぞれの運動の向きに関する関連付けも大切になる．

本例題でも重心位置を表し，時間微分して速度，加速度を求めることもできるが，図 **7·4** の場合，θ の増加の向きが時計回りであり，図 **7·4** の座標系から定まる回転の向きと反対である．つまり $\omega=-d\theta/\mathrm{d}t$ なる関係となることに注意が必要である．

例題の解答では，ベクトルを使った解析をすることで，向きの情報も含めて体系的に扱えている．より入り組んだ複数剛体の運動を解析する場合などに備えて，ベクトルを使った体系的な手法に習熟しておくことが望ましい．

【例題 7·2】 慣性モーメントが 1 kg·m^2 のはずみ車が 300 rpm で回転している．2 N·m の制動トルクを加えると，はずみ車は何秒後に停止するか．また，停止するまでに何回転するか．

［**解**］ 慣性モーメントを I，制動トルクを T とすると，はずみ車の角加速度の大きさは式(**7·2**)より，

$$\alpha=\frac{T}{I}=-2\ \mathrm{rad/s^2}$$

となる．はずみ車の初期角速度の大きさ ω_0 は $300\times 2\pi/60=31.4$ rad/s であり，停止時の角速度は 0 であるから，式(**5·9**)より所要時間は

$$t=-\frac{\omega_0}{\alpha}=15.7\ \mathrm{s}$$

となる．また停止するまでの回転角度θは，式(**5・10**)より求まるので，停止するまでの回転数nは次のようになる．

$$n=\frac{\theta}{2\pi}=39\ 回$$

【例題 7・3】 図**7・5**のように，質量m，長さlの棒の重心Gにおけるy-y軸および端部Oにおけるy'-y'軸まわりの慣性モーメントを求めよ．

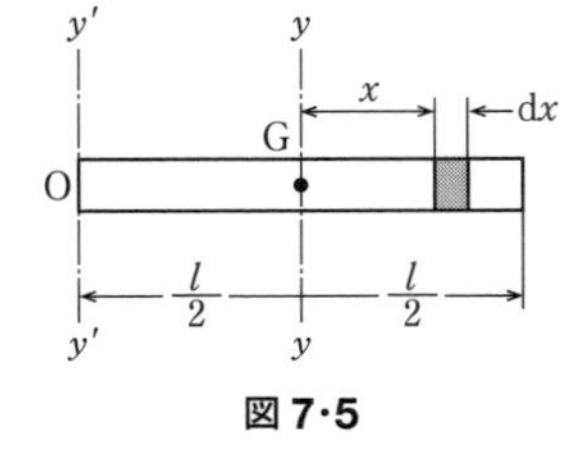

図 7・5

［解］ 棒の断面積をAとすれば，図**7・5**に示す微小長さ$\mathrm{d}x$の質量は

$$\mathrm{d}m=\frac{m}{lA}A\mathrm{d}x=\frac{m}{l}\mathrm{d}x$$

となり，重心Gを通り，棒に直角な軸まわりの慣性モーメントは

$$I_\mathrm{G}=\int x^2\mathrm{d}m=\frac{M}{l}\int_{-\frac{l}{2}}^{\frac{l}{2}}x^2\mathrm{d}x=\frac{ml^2}{12}$$

となる．また，棒の一端Oを通り，Gを通る回転軸に平行なy'-y'軸まわりの慣性モーメントは，平行軸の定理から次のようになる．

$$I=I_\mathrm{G}+m\left(\frac{l}{2}\right)^2=\frac{ml^2}{3}$$

【例題 7・4】 図**7・6**のような質量m，半径r_0，厚みtの円板の重心での慣性行列$\boldsymbol{I}_\mathrm{G}$および円周上の点Aを通り，板に垂直な軸まわりの慣性モーメントI_Aを求めよ．ただし，密度ρは一様であるとする．

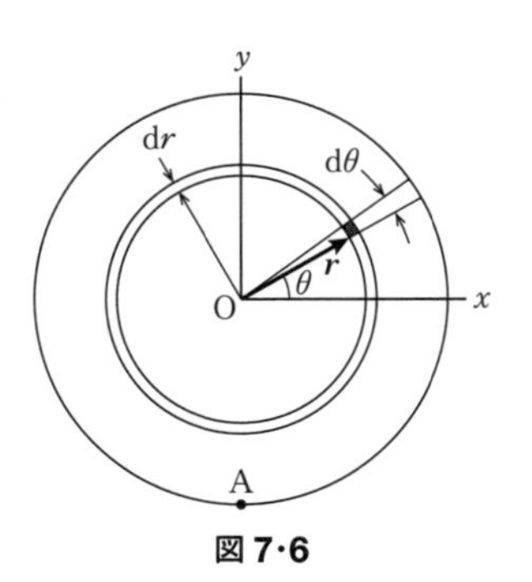

図 7・6

［解］ 微小体積$\mathrm{d}V$の質量は$\rho\mathrm{d}V$であり，その位置を重心に原点を設置した座標系で，$\boldsymbol{r}=[r\cos\theta\quad r\sin\theta\quad z]^\mathrm{T}$とする．ここで$^\mathrm{T}$は，ベクトルの転置を表す．$[r,\ r+\mathrm{d}r]\times[\theta,\ \theta+\mathrm{d}\theta]\times$

$[z, z+\mathrm{d}z]$ なる領域の微小体積を考えると，2次の微小量を無視して $\mathrm{d}V = r\mathrm{d}r\mathrm{d}\theta\mathrm{d}z$ と求まる．慣性行列の式(7·7)より，重心での慣性行列は

$$
\begin{aligned}
\boldsymbol{I}_\mathrm{G} &= \rho\int -\hat{\boldsymbol{r}}^2\mathrm{d}V \\
&= \rho\int_0^{r_0}\int_0^{2\pi}\int_{-\frac{t}{2}}^{\frac{t}{2}}\begin{bmatrix} r^2\sin^2\theta+z^2 & -r^2\cos\theta\sin\theta & -rz\cos\theta \\ -r^2\cos\theta\sin\theta & r^2\cos^2\theta+z^2 & -rz\sin\theta \\ -rz\cos\theta & -rz\sin\theta & r^2 \end{bmatrix} r\mathrm{d}z\mathrm{d}\theta\mathrm{d}r \\
&= m\begin{bmatrix} \dfrac{{r_0}^2}{4}+\dfrac{t^2}{12} & 0 & 0 \\ 0 & \dfrac{{r_0}^2}{4}+\dfrac{t^2}{12} & 0 \\ 0 & 0 & \dfrac{{r_0}^2}{2} \end{bmatrix}
\end{aligned}
$$

と求まる．ここで，円板の質量 m が $m=\rho\pi {r_0}^2 t$ と表せることを用いた．薄い円板の場合 t^2 が ${r_0}^2$ に比べ，十分小さく無視できるため，x，y 軸まわりの慣性モーメントはそれぞれ ${r_0}^2/4$ となり，直交軸の定理式(**7·12**)が成り立つ．

次に，平行軸の定理より A 軸まわりの慣性モーメント I_A は

$$I_\mathrm{A} = I_{\mathrm{G}z} + m{r_0}^2 = \frac{3}{2}m{r_0}^2$$

と求まる．ただし，$I_{\mathrm{G}z}$ は z 軸まわりの慣性モーメントである．

【例題 7·5】 図 7·7(a)に示すように，水平軸 O のまわりに回転できる半径 r，質量 m_R の円柱にひもを巻き付け，ひもの一端に質量 m_W のおもりをつけて落下させる．円柱の角加速度の大きさ，およびひもの張力を求めよ．ただし，回転軸の重さや摩擦は無視する．

［**解**］ 図 7·7(b)に示すように，円柱とおもりを分離し，自由物体として考える．おもりの並進運動は上向きを正，円柱の回転運動は反時計回転を正にとる．おもりの加速の大きさを a，ひもの張力の大きさを F とすれば，おもりの重心の運動方程式は

$$m_\mathrm{W}a = F - m_\mathrm{W}g$$

となる．円柱の回転軸まわりの慣性モーメ

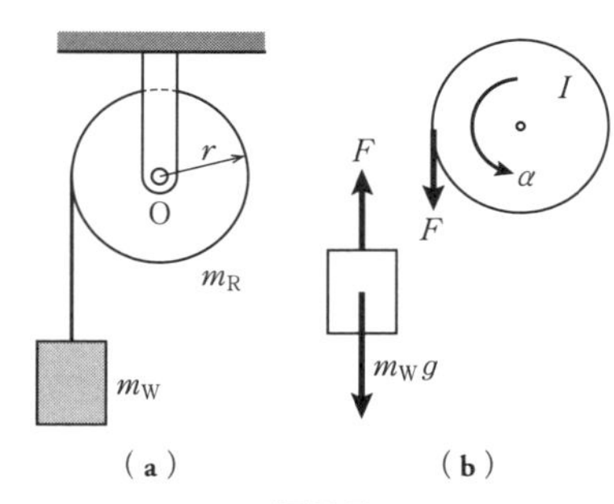

図 7·7

ントは付表7(m)より $m_{\rm R}r^2/2$ であり，ひもの張力は円柱を反時計方向に回転させるので，円柱の回転運動の運動方程式は，角加速度の大きさを α とすると

$$\frac{1}{2}m_{\rm R}r^2\alpha = Fr$$

となる．また，おもりの加速の大きさ a と円柱表面の接線方向の加速の大きさ $r\alpha$ は式(**5・15**)の関係にあるが，両方の正の向きを考慮して

$$a = -r\alpha \tag{7・29}$$

となる．以上の3式を連立して，角加速度の大きさ α およびひもの張力 F は次のようになる．

$$\alpha = \frac{2m_{\rm W}}{r(m_{\rm R}+2m_{\rm W})}g, \qquad F = \frac{m_{\rm R}m_{\rm W}}{m_{\rm R}+2m_{\rm W}}g$$

［**別解**］ 式(**7・29**)の符号は初学者には間違えやすい点であるが，以下のようにベクトルを使って表すと，体系的に符号も含めた関係式を導出できる．O を原点とし，水平右向きと鉛直上向きをそれぞれ x，y 軸とする O-xyz 座標系を考えると式(**5・13**)より，加速度 $\boldsymbol{a}$ と角加速度 $\boldsymbol{\alpha}$ の間に以下の関係が成り立つ．

$$\boldsymbol{a} = \begin{bmatrix}0\\a\\0\end{bmatrix} = \boldsymbol{\alpha}\times\boldsymbol{r} = \begin{bmatrix}0\\0\\\alpha\end{bmatrix}\times\begin{bmatrix}-r\\0\\0\end{bmatrix} = \begin{bmatrix}0\\-r\alpha\\0\end{bmatrix}$$

【例題7・6】 回転の速さ ω_0 で回転している質量 $m_{\rm R}$，半径 r の円柱を平らな床に静かに置くと円柱は動き出す．円柱と床の動摩擦係数を μ_k とし，円柱の加速の大きさ，最大速さおよびすべらずに転がり運動となるまでの時間を求めよ．

［**解**］ 図**7・8**に示すように，鉛直方向には運動しないので，並進運動の向きは右向き，回転は反時計回転を正にとる．円柱を静かに床上に置くと，接地点において大きさ F の摩擦力が作用する．並進方向に作用する力はこれだけであり，並進の運動方程式は

$$ma = F = \mu_k mg$$

となる．これより重心の加速度は $\mu_k g$ と求まり，等加速度運動であることがわかる．

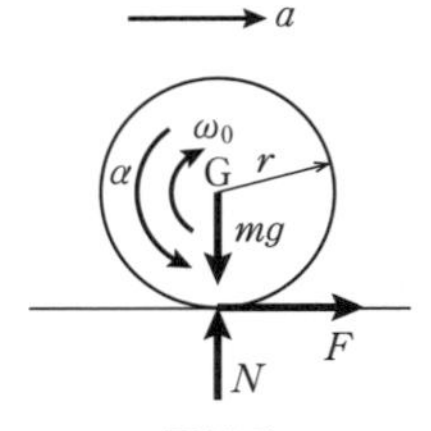

図7・8

摩擦力の作用線は重心を通らないので，重心まわりにモーメントが生じる．これが回転の制動トルクとなる．円柱の角加速度の大きさを α とし，円柱の慣性モーメントを I とする

と，重心まわりの回転の運動方程式は

$$I\alpha = Fr$$

となる．円柱の慣性モーメントは $mr^2/2$ であるから，α は $2\mu_k g/r$ となる．これより等角加速度運動であることがわかる．

t 秒後の重心の速さを v_G，円柱の回転の速さを ω とすると，式(**5・4**)，式(**5・9**)よりそれぞれ

$$v_G = at = \mu_k gt \tag{7・30}$$

$$\omega = -\omega_0 + \alpha t = -\omega_0 + \frac{2\mu_k gt}{r} \tag{7・31}$$

となる．これより円柱はすべりながら転がり，時間の経過とともに重心の速さは増加する．一方で，回転は反時計回りを正としたので，角速度の大きさは，はじめ $-\omega_0$ であり，時間とともに増加する．

水平右向き，鉛直上向きを x，y とする右手座標系 G-xyz を考える．接地点を A とすると，速度 $\boldsymbol{v}_A$ は重心速度 $\boldsymbol{v}_G$ と重心から見た A 点の相対速度 $\boldsymbol{v}_{AG}$，式(**5・17**)，式(**5・18**)より以下のように表せる．

$$\begin{aligned} \boldsymbol{v}_A &= \boldsymbol{v}_G + \boldsymbol{v}_{AG} = \boldsymbol{v}_G + \boldsymbol{\omega} \times \boldsymbol{r}_{AG} \\ &= \begin{bmatrix} v_G \\ 0 \\ 0 \end{bmatrix} + \begin{bmatrix} 0 \\ 0 \\ \omega \end{bmatrix} \times \begin{bmatrix} 0 \\ -r \\ 0 \end{bmatrix} = \begin{bmatrix} v_G + r\omega \\ 0 \\ 0 \end{bmatrix} \end{aligned} \tag{7・32}$$

ただし，$\boldsymbol{r}_{AG}$ は重心から見た A 点の位置ベクトルである．この速度の大きさは時間とともに減少し，$\boldsymbol{v}_A$ がゼロになったときすべりがなくなり，円柱は転がり運動のみの等速運動となる．式(**7・32**)に，式(**7・30**)と式(**7・31**)を代入することで，すべらなくなるまでの時間 t は

$$t = \frac{r\omega_0}{3\mu_k g}$$

と求まる．このときの瞬間中心は，円柱と床の接触点に移動する（問題 **5・4** 参照）．また，最大の速さはこのときの速さであり，$r\omega_0/3$ となる．

上述のように，並進加速度は $\mu_k g$ と動摩擦係数と重力加速度のみにより決定し，回転の速さには無関係であることがわかる．動摩擦係数は静止摩擦係数より低いため，自動車の加速・減速時に車輪を空転させることは，加速・減速性能を低下させているだけである．

7·3 演習問題

【問題 7·1】 図 **7·9** のような質量 m，半径 r_0 の球の重心における慣性行列 I_G を求めよ．

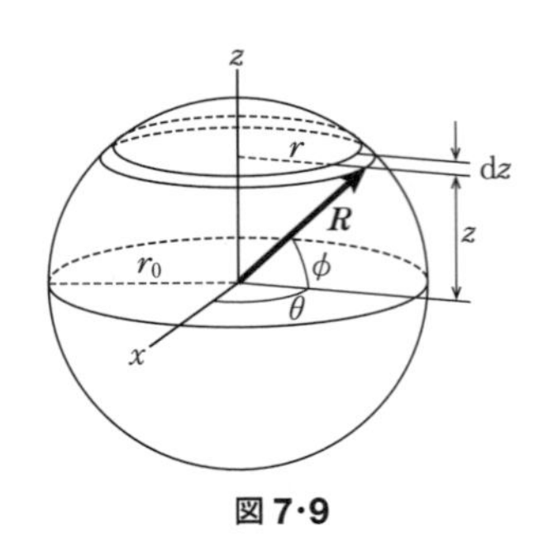

図 7·9

［解］ 球は回転対称であり慣性モーメントはすべて同じ値になるので，z 軸まわりについて考える．図 **7·9** のように，原点から z の位置にあり，z 軸に垂直な微小厚さ dz の円板の極慣性モーメント $dI_P(z)$ は，この円板の微小質量を dm，半径を r とすれば，例題 **7·4** を参考にして

$$dI_P(z) = \frac{1}{2} r^2 dm$$

となる．球の体積は $4\pi r_0{}^3/3$ であるから

$$dm = \frac{m}{4\pi r_0{}^3/3} {}^{(a)} \boxed{} dz = \frac{3mr^2}{4r_0{}^3} dz$$

となる．また，$r^2 = r_0{}^2 - z^2$ であるから，I_z は次のようになる．

$$I_z = \int dI_P(z) = \int_{-r_0}^{r_0} \frac{3m^2(r_0 - z^2)^2}{8r_0{}^3} dz = {}^{(b)} \boxed{}$$

球の対称性より $Ix = Iy = Iz$ となる．

この結果は，微小質量の位置を **5·1·5** 項で説明した極座標表示を使って $\boldsymbol{R} = r_0 [\cos\theta \cos\phi \quad \cos\phi \sin\theta \quad \sin\phi]^T$ とし，微小領域の体積が $dxdydz = r_0{}^2 \cos\phi dr d\theta d\phi$ と表せることに注意し，定義より積分によって求めても同様の結果を得るので試してみよ．

【問題 7·2】 図 **7·10(a)** に示す，鋳鉄製はずみ車の回転軸まわりの慣性モーメントおよび回転半径を求めよ．ただし，鋳鉄の密度を 7200 kg/m³ とし，各部の寸法は断面図 **7·10(b)** に示すものとする．

［解］ はずみ車の全質量 m はリム，ウェブ，ボスの質量の和に等しい．各部分の質量 m_R，m_W，m_B は

$$m_R = 7200 \times 0.2 \times \frac{\pi}{4}(1.0^2 - 0.8^2) = 407 \text{ kg}$$

$$m_{\mathrm{W}} = 7200 \times 0.03 \times \frac{\pi}{4} {}^{(\mathrm{a})}\boxed{} = 104\ \mathrm{kg}$$

$$m_{\mathrm{B}} = 7200 \times 0.1 \times \frac{\pi}{4}(0.16^2 - 0.05^2) = 13.1\ \mathrm{kg}$$

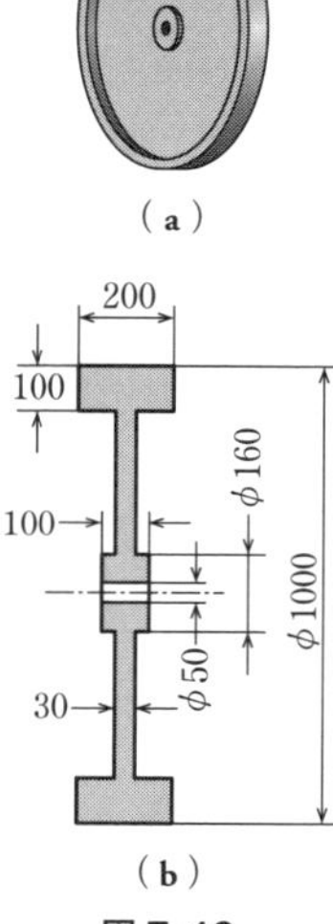

図 7·10

となり，全質量 m は $^{(\mathrm{b})}\boxed{}$ kg となる．また，各部の回転軸まわりの慣性モーメントは，付録 7(**g**)から

$$I_{\mathrm{R}} = 407\frac{0.5^2 + 0.4^2}{2} = 83.4\ \mathrm{kg \cdot m^2}$$

$$I_{\mathrm{W}} = 104\frac{{}^{(\mathrm{c})}\boxed{}}{2} = 8.7\ \mathrm{kg \cdot m^2}$$

$$I_{\mathrm{B}} = 13.1\frac{0.08^2 + 0.025^2}{2} = 4.6 \times 10^{-2}\ \mathrm{kg \cdot m^2}$$

となる．同一軸まわりの慣性モーメントは足し合せることができるので

$$I = 83.4 + 8.7 + 0.0 = 92.1\ \mathrm{kg \cdot m^2}$$

が全体の慣性モーメントとなる．リム部の慣性モーメントが著しく大きく，ボス部は非常に小さいことから，慣性モーメントは軸から離れたところの質量が大きく影響することがわかる．また，回転半径は式(**7·13**)から次のようになる．

$$k = {}^{(\mathrm{b})}\boxed{} = \sqrt{92.1/524} = 0.42\ \mathrm{m}$$

【問題 7·3】 図 **7·11** のように，質量が m_{A}，m_{B} の 2 個のおもりがひもで結ばれ，半径 r，質量 m の定滑車にかけられている．定滑車の角加速度を求めよ．

［**解**］ $\boldsymbol{r}_{\mathrm{A}}$，$\boldsymbol{r}_{\mathrm{B}}$ をそれぞれ滑車の中心からおもり A，B につながるひもが滑車に接する位置を表すベクトルとすると，$\boldsymbol{r}_{\mathrm{A}} = -\boldsymbol{r}_{\mathrm{B}}$ である．滑車の中心を原点 O とし，右向き，上向きをそれぞれ x，y 軸の正方向とする右手座標系 O-xyz で考えると，おもりと滑車それぞれの運動方程式は

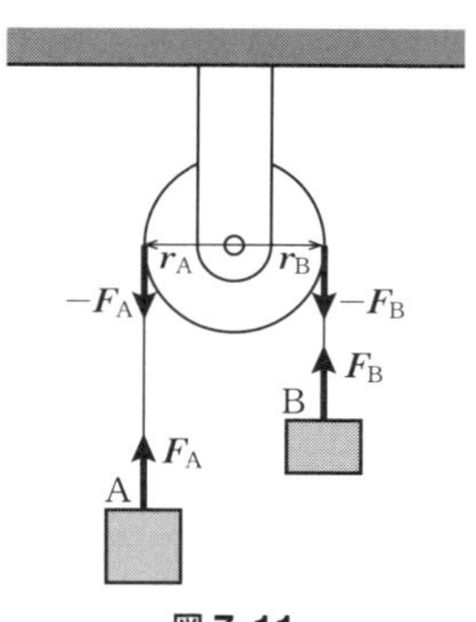

図 7·11

$$m_{\mathrm{A}}\boldsymbol{a}_{\mathrm{A}} = {}^{(\mathrm{a})}\boxed{} \qquad (7 \cdot 33)$$

$$m_{\mathrm{B}}\boldsymbol{a}_{\mathrm{B}} = {}^{(\mathrm{b})}\boxed{} \qquad (7 \cdot 34)$$

$$I\alpha = r_A \times (-F_A) + {}^{(c)}\boxed{} \tag{7・35}$$

となる．ここで，I は滑車の重心まわりの慣性行列，α は角加速度である．加速度と角加速度の関係式(5・13)より $a_A = {}^{(d)}\boxed{}$，$a_B = {}^{(e)}\boxed{} = -a_A$ を得る．これらより式(5・26)を使って式(7・33) − 式(7・35)を連立すると

$$(I + {}^{(f)}\boxed{}\,\hat{r}_A{}^2)\alpha = {}^{(g)}\boxed{}\,\hat{r}_A g$$

という関係が得られる．成分表示すると

$$\left(\begin{bmatrix} I_x & 0 & 0 \\ 0 & I_y & 0 \\ 0 & 0 & \dfrac{mr^2}{2} \end{bmatrix} + (m_A + m_B)\begin{bmatrix} 0 & 0 & 0 \\ 0 & r^2 & 0 \\ 0 & 0 & r^2 \end{bmatrix}\right)\begin{bmatrix} 0 \\ 0 \\ \alpha \end{bmatrix} = (m_A - m_B)\begin{bmatrix} 0 \\ 0 \\ rg \end{bmatrix}$$

となる．よって，角加速度は $\alpha = [0 \quad 0 \quad {}^{(h)}\boxed{}]^T$ である．

【問題7・4】 図7・12のように，角度 θ 傾いた斜面を転がる質量 m，半径 r の円柱の加速の大きさを求めよ．

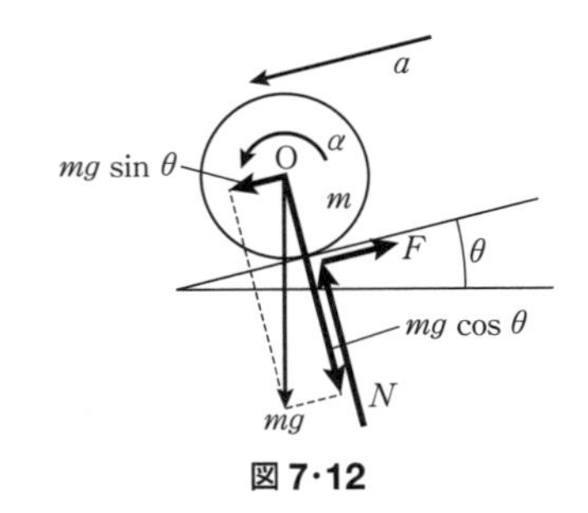

図7・12

［**解**］ 図に示すように，斜面を下る方向と斜面に垂直な方向に分けて考えると扱いやすく，斜面下方向を t，垂直上方向を n とし，斜面での摩擦力，斜面からの垂直抗力の大きさをそれぞれ F, N とすると，円柱の並進の運動方程式は，各軸をスカラーで表し，

$$ma_t = {}^{(a)}\boxed{}$$
$$ma_n = {}^{(b)}\boxed{}$$

となる．また，n 方向の加速度はゼロであり，円柱の加速の大きさ a は a_t と一致する．

次に反時計回りを正とすると，力のモーメントの向きに注意して，回転の運動方程式は

$$I\alpha = rF$$

となる．ここで I は，円柱の回転軸方向の慣性モーメントであり，$I = {}^{(c)}\boxed{}$ である．

円柱がすべらずに転がるとき，加速の大きさと角加速度の大きさの関係式(5・15)は，それぞれの正の向きに注意して $a = {}^{(d)}\boxed{}$ となる．以上より a を求

めると，次のようになる．

$$a = {}^{(e)}\boxed{}$$

これより，円柱は斜面を一定の加速度で転がり下りることがわかる．

$N = mg\cos\theta$，$F = mg\sin\theta$ であり，円柱と斜面の摩擦係数を μ とすれば，最大静止摩擦力が発生しているとき $F = {}^{(f)}\boxed{}$ が成り立ち，そのときの摩擦係数は

$$\mu = {}^{(g)}\boxed{}$$

となる．摩擦係数がこの値より小さいとき，円柱と斜面の間にすべりが生じる．

【問題 7・5】 直径の等しい均一な円柱 A と薄肉円筒 B を横断面が接するようにして 10° の斜面上に置く．ともにすべらないで転がるとしたとき，5 秒後の両者間の距離はいくらとなるか．

【問題 7・6】 図 **7・13** に示すように，厚さ $t = 25$ mm，半径 $r_1 = 200$ mm の円形鋼板（密度 7.8 t/m^3）の半径 $r_2 = 100$ mm の位置に 3 個の円孔（直径 $d = 100$ mm）がある．この円板の面に垂直な中心軸まわりの慣性モーメントを求めよ．

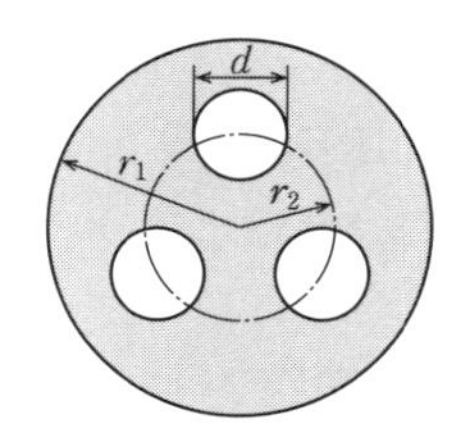

図 7・13

【問題 7・7】 質量 m，軸半径 r，軸まわりの慣性モーメント I のヨーヨーが，下降する場合と上昇する場合の糸の張力の大きさをそれぞれ求めよ．ただし，糸は図 **7・14** のように上端で固定してあり，並進運動は上下方向のみとする．

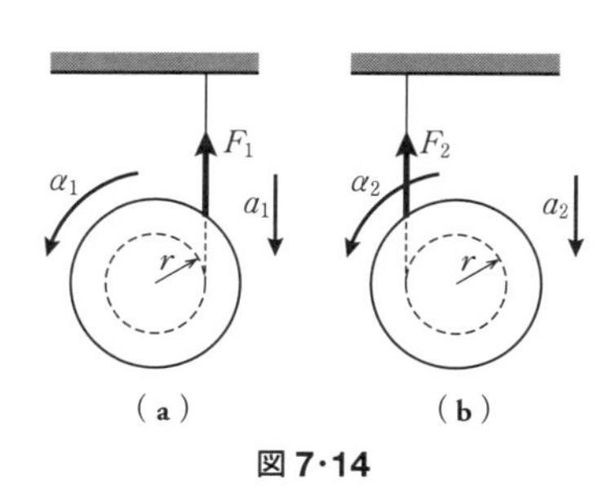

図 7・14

【問題 7・8】 直径 50 mm，長さ 4000 mm の鋼製の丸棒の両端を 2 人で水平になるように支えている．一方の人が急に手を離すと，その瞬間に他方の人はどの程度の重量を支えることになるか．鋼の密度は 7800 kg/m^3 とする．

【問題 7・9】 質量 m，長さ l の一様な太さのはり AB が，図 **7・15** のように水平に支えられている．B に取り付けられているワイヤを切断した瞬間の支持ピン C

から受ける抗力の大きさ N と B 点の加速の大きさ a_B を求めよ．

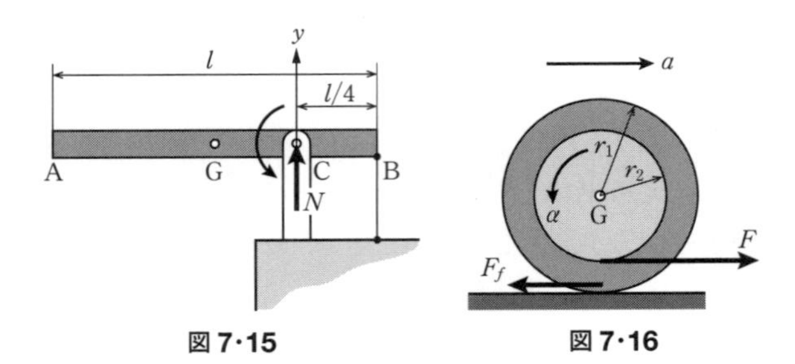

図 7·15　図 7·16

【問題 7·10】 質量 m が 50 kg，半径 r_1 が 100 mm，回転半径 k が 70 mm の車輪に半径 r_2 が 80 mm のドラムを取り付け，ドラムには図 7·16 のようにロープが巻き付けられている．ロープを水平に $F=200$ N の力で引くときの重心の加速の大きさと車輪の角加速度の大きさを求めよ．ただし，ドラムの質量は無視し，車輪と床の静止摩擦係数を $\mu_s=0.2$，動摩擦係数を $\mu_k=0.15$ とする．

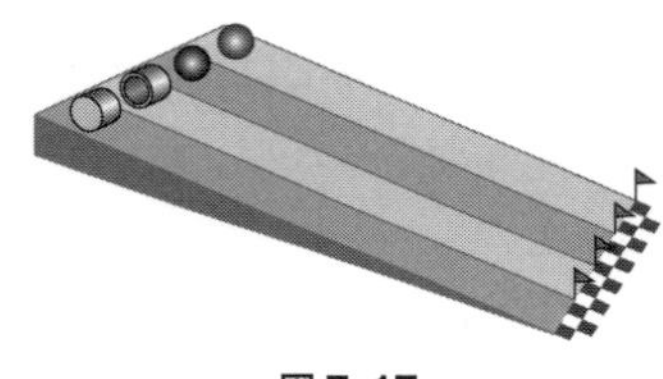

図 7·17

【問題 7·11】 図 7·17 のように，質量と半径が等しい円柱，円筒，球，球殻を斜面におき，すべらないように転がした．それぞれの回転軸まわりの慣性モーメントと回転半径，ゴールする順番を答えよ．

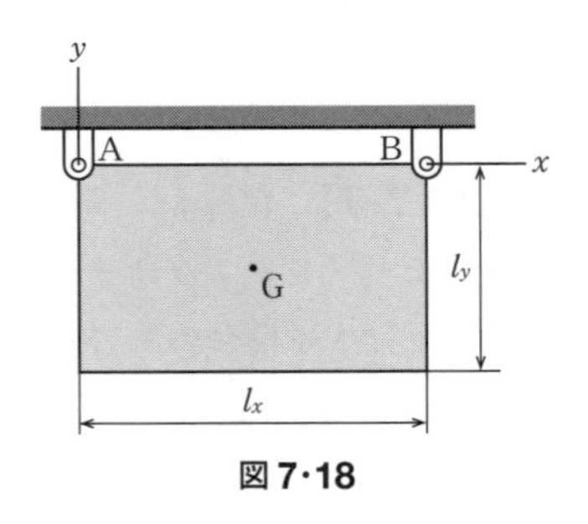

図 7·18

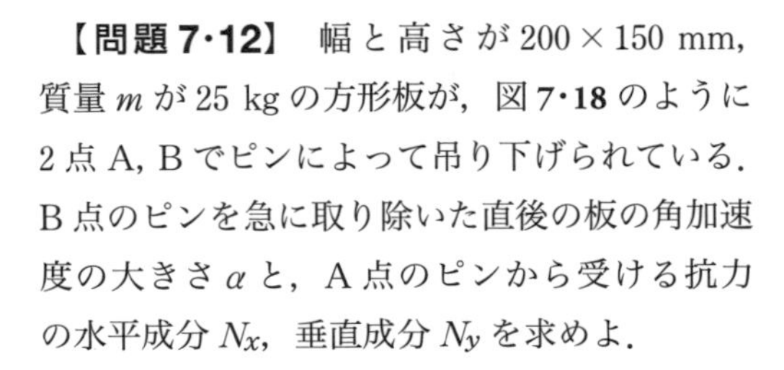

【問題 7·12】 幅と高さが 200 × 150 mm，質量 m が 25 kg の方形板が，図 7·18 のように 2 点 A, B でピンによって吊り下げられている．B 点のピンを急に取り除いた直後の板の角加速度の大きさ α と，A 点のピンから受ける抗力の水平成分 N_x，垂直成分 N_y を求めよ．

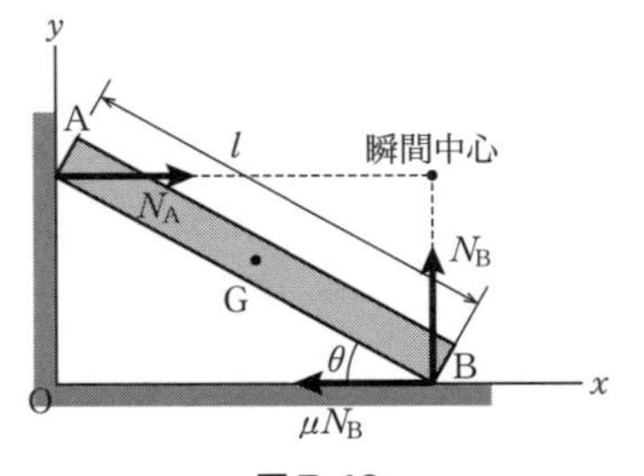

図 7·19

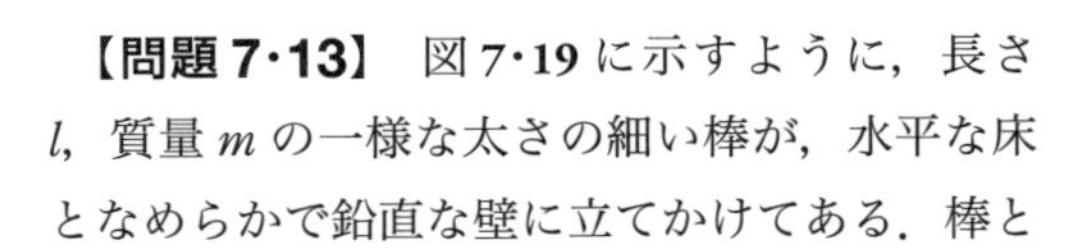

【問題 7·13】 図 7·19 に示すように，長さ l，質量 m の一様な太さの細い棒が，水平な床となめらかで鉛直な壁に立てかけてある．棒と

床の間の動摩擦係数をμとし，$\angle \mathrm{ABO}=\theta$の姿勢ですべらないように止めておき，急に離した．棒がすべり始めた瞬間のA，B点での抗力の大きさN_A，N_Bを求めよ．

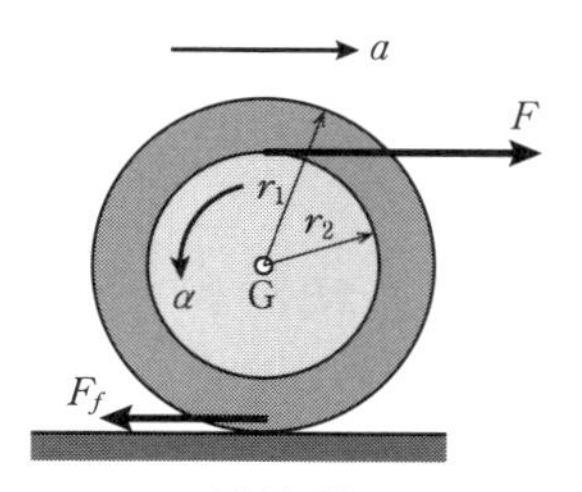

図 7·20

【問題 7·14】 半径$r_1=200$ mmの円板に，半径$r_2=100$ mmのドラムを取り付け，図**7·20**のように問題**7·10**と逆向きにロープを巻き付ける．円板とドラムの全質量mは10 kgで回転半径kは150 mmである．ロープに40 Nの力を水平に加えたとき，円板はすべらないで転がるものとし，① 円板の加速の大きさと角加速度の大きさ，② この運動に適合する静止摩擦係数μの最小値を求めよ．

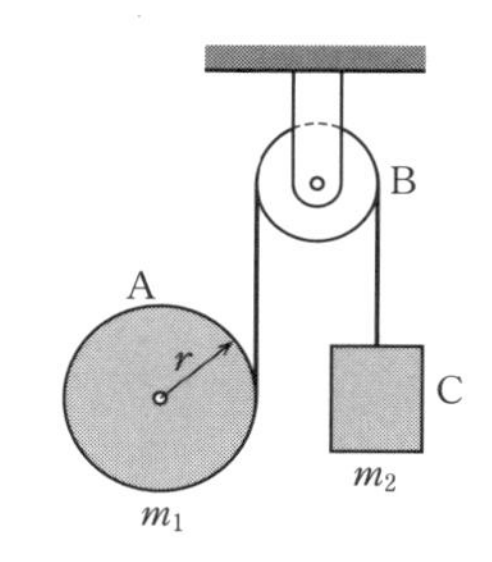

図 7·21

【問題 7·15】 図**7·21**に示すように，質量m_1，半径rの円柱Aに糸を巻き付け，質量の無視できる定滑車Bを介して，他端に質量m_2のおもりCを取り付けて放す．円柱およびおもりの加速度の大きさを求めよ．

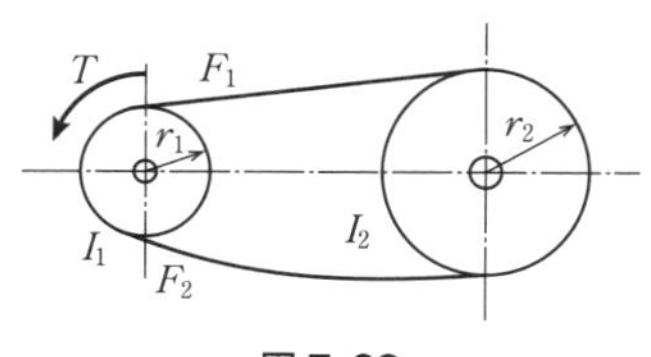

図 7·22

【問題 7·16】 図**7·22**のように，2個のベルト車で動力を伝達させる．原動車は半径r_1，慣性モーメントI_1，従動車は半径r_2，慣性モーメントI_2とし，原動車を大きさTのトルクで駆動する．従動車の角加速度の大きさおよび張り側とゆるみ側のベルトの張力差を求めよ．

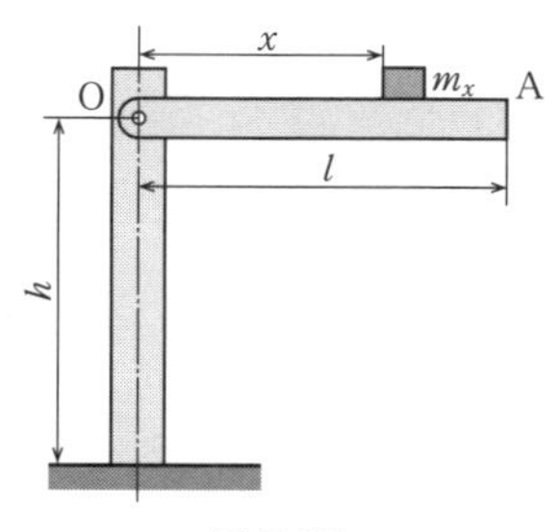

図 7·23

【問題 7·17】 図**7·23**のように，質量m，長さlの均質な棒の回転端より，xの位置に質量m_x（$m_x \ll m$）の物体を載せ，高さhの位置に水平に支えている．支えAを外したとき，物体の落下する位置を求めよ．ただし，物体は棒上をすべらず，回転軸の摩擦はないものとする．

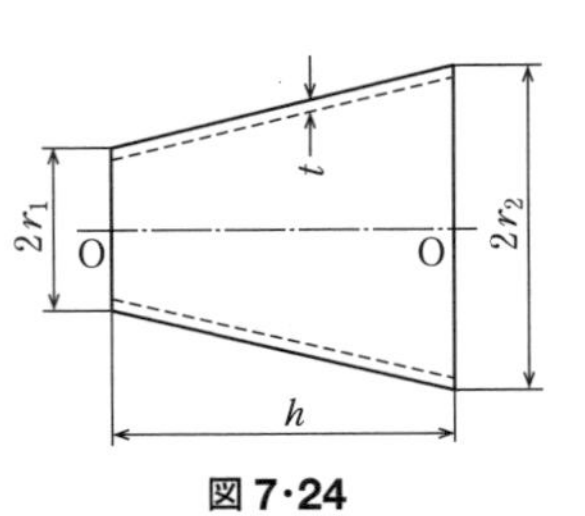

図 7·24

【問題 7·18】 図 7·24 に示す質量 m の鋼製の薄肉円錐殻の O-O 軸まわりの慣性モーメントを求めよ．

【問題 7·19】 例題 5·1 の連接棒 AB が一様な太さで質量 m_A，ピストン B の質量を m_B として，$\theta=0$ の状態で連接棒 AB が A 点で受ける力とピストンが B 点で受ける力の大きさ F_A，F_B を求めよ．

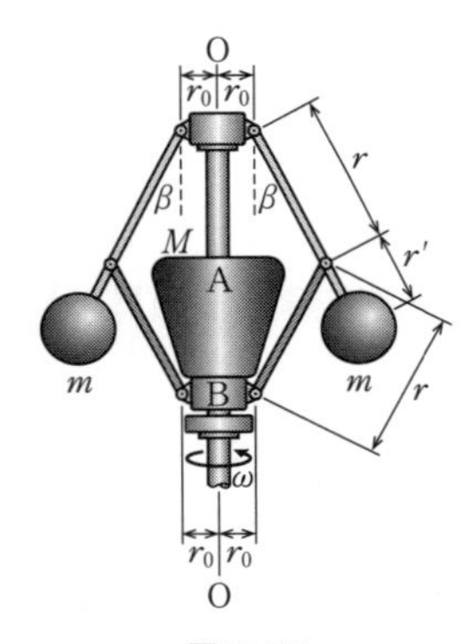

図 7·25

【問題 7·20】 図 7·25 に示すように，質量 $m=1.5$ kg の球を付けたガバナーが O-O 軸まわりに回転している．回転の速さ ω が増すと球の回転の半径も増し，質量 $M=10$ kg のおもり A が持ち上がる．回転の速さが $\omega=150$ rpm のときの角度 β の定常値を求めよ．ただし，各部の長さは $r_0=3$ cm，$r=12$ cm，$r'=6$ cm とし，アームや円環 B の質量，各部の摩擦は無視できるものとする．

8

エネルギーと運動量

本章では，力学的エネルギー保存の法則ならびに運動量保存の法則を用いた物体の運動解析法について学ぶ．

8･1 基礎事項

8･1･1 力学的エネルギーとエネルギー保存の法則

力学的エネルギーは位置エネルギーと運動エネルギーの和で表され，保存力の下では不変であり，これを**力学的エネルギー保存の法則**という（例題 **8･2** ① 参照）．**保存力**とは重力やばねの復元力のようにポテンシャル場によって生じる力で，摩擦力や後述する完全弾性衝突以外で発生する力などは保存力ではない．

位置エネルギー：物体が潜在的に有するエネルギー．**4** 章にて学んだように，図 **8･1** に示す質量 m の物体を高さ h 持ち上げるとき，重力 mg をその作用する向きと逆に h 移動させる仕事 W が必要であり，この仕事量が物体に蓄えられ，位置エネルギー U となる．すなわち，U は式(**4･5**)から次式のようになる．

$$U = W = mgh \tag{8･1}$$

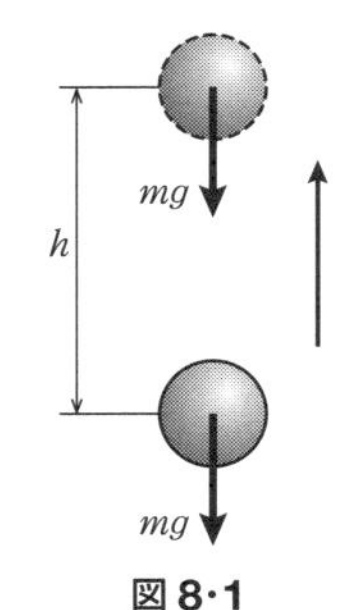

図 8･1

ばねに蓄えられるエネルギーも位置エネルギーの一種である．ばねに作用する力 F と伸び x がばね定数 k を傾きとする比例関係（**フックの法則**：$F = kx$）にあるとき，x 伸びたばねに蓄えられる位置エネルギー U は以下で示される．

$$U = \int \mathrm{d}W = \int F\mathrm{d}\xi = \int_0^x k\xi \mathrm{d}\xi = \frac{kx^2}{2} \tag{8･2}$$

Uは図**8・2**の三角形OABの面積と等しくなる．ばね以外の弾性体においても同様であり，一般に**弾性ひずみエネルギー**という．

運動エネルギー：運動中の物体が保有しているエネルギーのことである（例題**8・2**②，③参照）．質量mの質点が速さvで運動しているときの運動エネルギーは

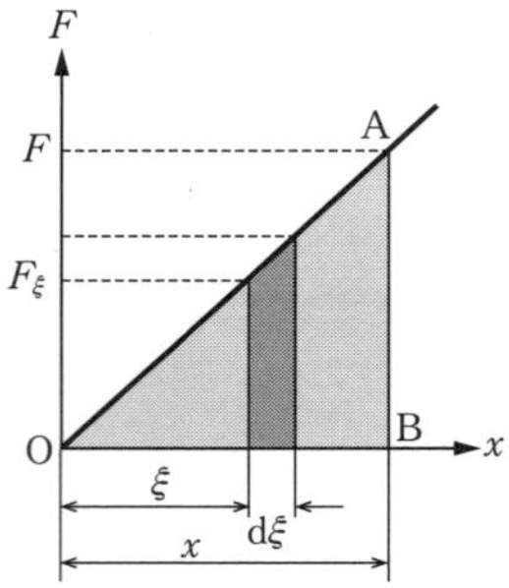

$$K=\frac{1}{2}mv^2 \qquad (8\cdot3)$$

図8・2

となる．また，質量mの剛体が角速度$\boldsymbol{\omega}$で回転している場合の運動エネルギーは慣性モーメントを$\boldsymbol{I}$として，次のようになる．

$$K=\frac{1}{2}\boldsymbol{\omega}^{\mathrm{T}}\boldsymbol{I}\boldsymbol{\omega} \qquad (8\cdot4)$$

ここで，**5・1・4**項で説明したように^{T}はベクトルの転置を表し，右辺は横ベクトルと正方行列，縦ベクトルの積によりスカラーになる．慣性主軸まわりの回転運動の場合，回転軸まわりの慣性モーメントをIとし，回転の速さをωとすると，

$$K=\frac{1}{2}I\omega^2 \qquad (8\cdot5)$$

と表せる．本書では簡単のため慣性主軸まわりの回転のみを扱うものとし，以下では式(**8・5**)の表記を用いる．

剛体の運動エネルギーは剛体の重心運動と重心まわりの回転運動の運動エネルギーの和となる．

$$K=\frac{1}{2}m{v_{\mathrm{G}}}^2+\frac{1}{2}I_{\mathrm{G}}\omega^2 \qquad (8\cdot6)$$

力学的エネルギー保存の法則は，質量mの質点または剛体の運動変化前後の速さv，角速度の大きさω，基準点からの高さhに添字1，2をつけ

質点の場合：

$$mgh_1+\frac{1}{2}m{v_1}^2=mgh_2+\frac{1}{2}m{v_2}^2 \qquad (8\cdot7)$$

剛体の場合：

$$mgh_{\mathrm{G1}}+\frac{1}{2}m{v_{\mathrm{G1}}}^2+\frac{1}{2}I_{\mathrm{G}}{\omega_1}^2=mgh_{\mathrm{G2}}+\frac{1}{2}m{v_{\mathrm{G2}}}^2+\frac{1}{2}I_{\mathrm{G}}{\omega_2}^2 \qquad (8\cdot8)$$

となる．添字 G は重心の状態を表す．

8·1·2　力積と運動量保存の法則

力 $\boldsymbol{F}$ とその作用時間 t の積 $\boldsymbol{F}t$ を**力積**と呼ぶ．7·1·3 項で説明したように，運動量式(7·3)の時間微分が力であり $\boldsymbol{F}=m\boldsymbol{a}=m\mathrm{d}\boldsymbol{v}/\mathrm{d}t$ が成り立つ．これより

$$\boldsymbol{F}\mathrm{d}t=\mathrm{d}(m\boldsymbol{v}) \tag{8·9}$$

となる．すなわち，微小時間 $\mathrm{d}t$ 中の運動量の変化 $\mathrm{d}(m\boldsymbol{v})$ は力積 $\boldsymbol{F}\mathrm{d}t$ に等しい．

質点および剛体の並進運動の場合：力 $\boldsymbol{F}$ を時間 t の間作用させ，作用前後の速度を $\boldsymbol{v}_1$，$\boldsymbol{v}_2$ とすれば，式(8·9)を積分して次の式が得られる．

$$\boldsymbol{F}t=m\boldsymbol{v}_2-m\boldsymbol{v}_1 \tag{8·10}$$

この式から，外力 $\boldsymbol{F}$ が作用しない運動の変化の場合，運動量の総和も変化しないことがわかる．これを**運動量保存の法則**という．

8·1·3　角力積と角運動量保存の法則

力のモーメント $\boldsymbol{r}\times\boldsymbol{F}$ とその作用時間 t の積 $\boldsymbol{r}\times\boldsymbol{F}t$ を**角力積**と呼ぶ．定義より明らかなように角力積は力積のモーメントととらえることもできる．角運動量は式(7·4)に示すように運動量のモーメントであり，時間微分すると

$$\frac{\mathrm{d}\boldsymbol{L}_\omega}{\mathrm{d}t}=\frac{\mathrm{d}\boldsymbol{r}}{\mathrm{d}t}\times\boldsymbol{L}+\boldsymbol{r}\times\frac{\mathrm{d}\boldsymbol{L}}{\mathrm{d}t}=v\times(m\boldsymbol{v})+\boldsymbol{r}\times(m\boldsymbol{a})=\boldsymbol{r}\times\boldsymbol{F} \tag{8·11}$$

ここで外積の時間微分の式（5·1·2 項の脚注）と 1·1·7 項の外積の定義から $\boldsymbol{v}\times\boldsymbol{v}=0$ が成り立つことを用いた．これより角運動量の時間微分は力のモーメントと一致することがわかる．また，角運動量は $\boldsymbol{I}\omega$ と表せることより，運動量と力積の関係のように

$$r\times\boldsymbol{F}\mathrm{d}t=\mathrm{d}(\boldsymbol{I}\omega) \tag{8·12}$$

となる．すなわち，微小時間 $\mathrm{d}t$ 中の角運動量の変化 $\mathrm{d}(\boldsymbol{I}\omega)$ は角力積 $\boldsymbol{r}\times\boldsymbol{F}\mathrm{d}t$ に等しい．

剛体の回転運動の場合：力のモーメント $\boldsymbol{r}\times\boldsymbol{F}$ を時間 t の間作用させ，作用前後の角速度を ω_1，ω_2，慣性行列の変化を $\boldsymbol{I}_1$，$\boldsymbol{I}_2$ とすると，次の関係が得られる．

$$\boldsymbol{r}\times\boldsymbol{F}t=\boldsymbol{I}_2\omega_2-\boldsymbol{I}_1\omega_1 \tag{8·13}$$

この式より力のモーメントが作用しない運動の変化の場合，角運動量は変化しないことがわかる．これを**角運動量保存の法則**という．外力が加わらない場合はもちろん保存するが，外力が加わっても $\boldsymbol{r}\times\boldsymbol{F}=0$ となる場合，つまり物体の位置ベク

トルと作用する力の向きが平行な場合は力のモーメントはゼロなので，運動量は変化しても角運動量は保存する（問題**8·5**参照）.

8·1·4 衝突

図**8·3**のような2物体が運動中に接触（**衝突**）する場合を考えると，接触中に物体間には力（作用反作用力）が作用し，各物体の運動量はそれぞれ $m_A\boldsymbol{v}_{A1}$，$m_B\boldsymbol{v}_{B1}$ から $m_A\boldsymbol{v}_{A2}$，$m_B\boldsymbol{v}_{B2}$ に変化する．一方で系全体，つまり2物体をまとめてみると，そこには外力は作用していない．そのため接触の前後の運動量の総和は保存し以下を満たす．

$$m_A\boldsymbol{v}_{A1}+m_B\boldsymbol{v}_{B1}=m_A\boldsymbol{v}_{A2}+m_B\boldsymbol{v}_{B2} \tag{8·14}$$

角運動量についても同様に回転する2物体が接触して回転が変化しても，物体間の力のモーメントのやりとりだけであれば，角運動量の総和は保存し以下が成り立つ．

$$\boldsymbol{I}_{A1}\omega_{A1}+\boldsymbol{I}_{B1}\omega_{B1}=\boldsymbol{I}_{A2}\omega_{A2}+\boldsymbol{I}_{B2}\omega_{B2} \tag{8·15}$$

物体の衝突前後の衝突面に垂直方向の相対速さの比 e を**反発係数**といい，次式で求まるスカラー値である．

$$e=-\frac{((\boldsymbol{v}_{A2}-\boldsymbol{v}_{B2})\cdot\boldsymbol{e}_n)}{((\boldsymbol{v}_{A1}-\boldsymbol{v}_{B1})\cdot\boldsymbol{e}_n)} \tag{8·16}$$

ここで，$\boldsymbol{e}_n$ は接触面の法線単位ベクトルであり，速度と $\boldsymbol{e}_n$ との内積は速度の接触面との法線方向成分を意味する．つまり接触後の接触面に対して垂直な方向の相対速度は，接触面に垂直な方向の接触前の相対速度と向きが反対で反発係数倍したものになっている．接触面が x 軸と垂直な図**8·3**の場合 x，y 方向でそれぞれ以下が成り立つ．

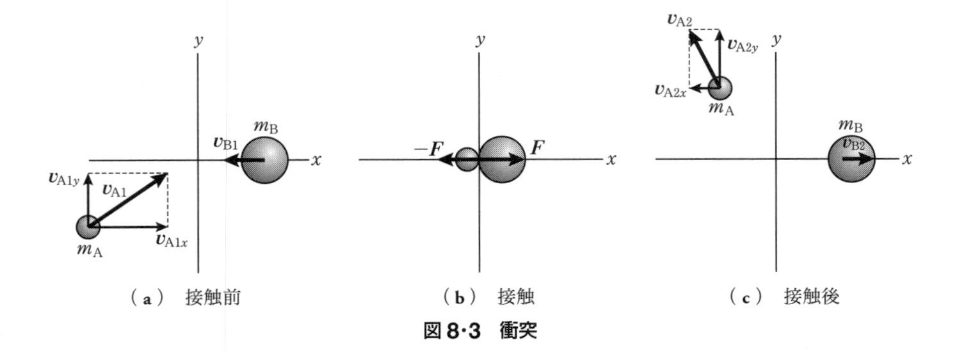

（a） 接触前　（b） 接触　（c） 接触後

図8·3 衝突

$$v_{A2x} - v_{B2x} = -e(v_{A1x} - v_{B1x}) \tag{8·17}$$

$$v_{A2y} = v_{A1y} \tag{8·18}$$

$$v_{B2y} = v_{B1y} = 0 \tag{8·19}$$

接触面に垂直な x 軸方向だけ相対速度が反発係数分減衰しており，接触面内の y 軸方向速度は A，B ともに影響を受けない．

反発係数は主に接触物体の材質に依存し，形状，速度なども影響する．e が1のときを**完全弾性衝突**といい，このときのみ運動エネルギーは保存される．e が0のときを**完全非弾性衝突**という．質点の接触の場合，次式で示す ΔU だけ運動エネルギーを失う*1．ΔU は熱への変換や物体中の弾性波を起こすためなどに使われる．

$$\Delta U = \frac{m_A m_B (1-e^2)((\boldsymbol{v}_{A1} - \boldsymbol{v}_{B1})\cdot \boldsymbol{e}_n)^2}{2(m_A + m_B)} \tag{8·20}$$

8·2 基本例題

【例題 8·1】 図 **8·4** に示す幅と高さが 200 × 150 mm，質量 m が 25 kg 長方形板について，A 点のピンを急に取り除いたところ，板は B 点を中心に回り始めた．重心 G が B 点の真下を通過する瞬間の回転の速さ ω と，B 点のピンから受ける抗力の水平成分 R_x，垂直成分 R_y を求めよ．

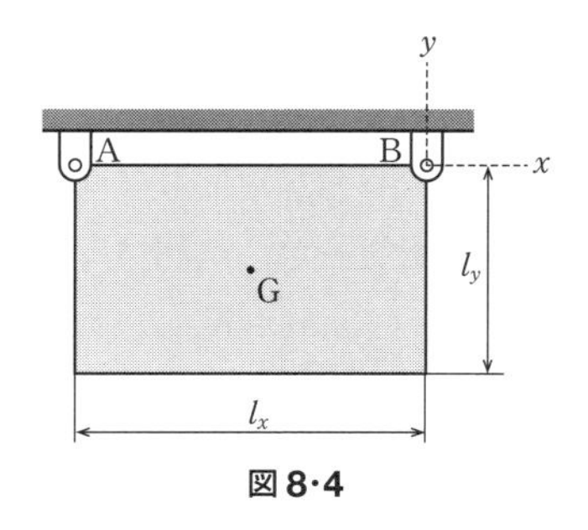

図 8·4

［解］ 図のように B 点を原点とし，右方向，上方向を x，y 軸の正とする B-xyz 座標系を考える．このとき z 軸まわりの回転は紙面の反時計回りが正となる．板の横，縦の長さをそれぞれ l_x，l_y とし，重心 G は B 点のまわりで半径 BG の円を描く．B 点でピンから受ける抗力は仕事をしないので，運動の間は力学的エネルギーが保存する．

ピンを取り除いた瞬間の力学的エネルギー E_1 は重心 G が B 点の真下を通過するときの重心位置を基準に取り，l を対角線の長さとすると式(**8·1**)より以下のようになる．

*1 式(**8·20**)は式(**8·14**)，式(**8·16**)，衝突前後の運動エネルギーの式を連立することで導かれる．

$$E_1 = mg\frac{(l-l_y)}{2}$$

次に重心 G が B 点の真下を通過するときの力学的エネルギー E_2 は運動エネルギーのみで，重心での z 軸まわりの慣性モーメントを I_G とすると式(**8·3**)，式(**8·5**)より

$$E_2 = \frac{1}{2}mv^2 + \frac{1}{2}I_G\omega^2$$

となる．式(**5·7**)より $v = l\omega/2$ であり，慣性モーメントは付録**7**(**g**)より $I_G = ml^2/12$ なので

$$E_2 = \frac{1}{6}ml^2\omega^2$$

と求まる．力学的エネルギー保存の法則より $E_1 = E_2$ であり，ω について解くと以下を得る．

$$\omega = \sqrt{\frac{3}{l^2}(l-l_y)g} = 6.9\ \mathrm{rad/s} \qquad (\mathbf{8\cdot21})$$

B 点の真下を通る瞬間について B 点まわりの回転運動を考えると重力は半径方向に作用するので力のモーメントはゼロとなる．よって，回転の運動方程式より，この瞬間は角加速度もゼロとなる．重心の並進運動を考えると円の接線方向と向心方向に分けられ，式(**6·5**)，式(**6·6**)より，それぞれ以下のようになる．

$$ma_t = R_x \qquad ma_n = R_y - mg \qquad (\mathbf{8\cdot22})$$

角加速度がゼロより接線加速度 a_t もゼロとなる．よって $R_x = 0$.

向心加速度 a_n は式(**5·16**)より

$$a_n = \frac{l}{2}\omega^2$$

であり，式(**8·21**)と合わせて式(**8·22**)に代入して以下を得る．

$$R_y = m\left(\frac{l}{2}\omega^2 + g\right) = \frac{mg}{2l}(5l-3l_y) = 392\ \mathrm{N}$$

【例題 8·2】 ① 図 **8·5** に示すように質量 m の球が高さ h から放たれる．時刻 t において球のもつ運動エネルギーと位置エネルギーを求め，力学的エネルギー保存の法則が成り立っていることを確認せよ．

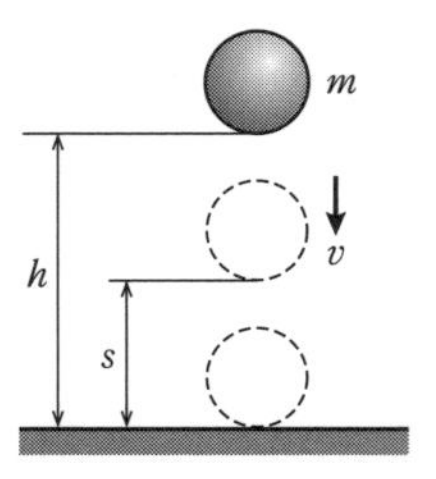

図 8·5

② 図**8･6**のように速さ v_0 で直線運動中の質量 m の質点の運動方向と逆向きに一定の大きさ F の力を作用させて質点を停止させる．停止させるまでに力がする仕事を式(**4･5**)より求めよ．

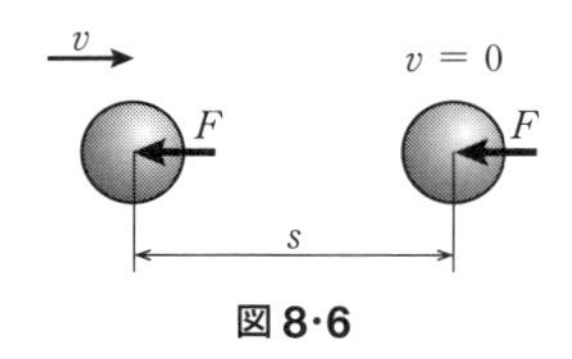

図**8･6**

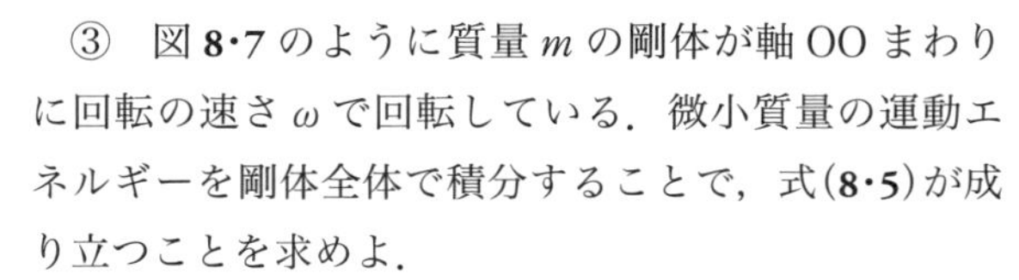

③ 図**8･7**のように質量 m の剛体が軸OOまわりに回転の速さ ω で回転している．微小質量の運動エネルギーを剛体全体で積分することで，式(**8･5**)が成り立つことを求めよ．

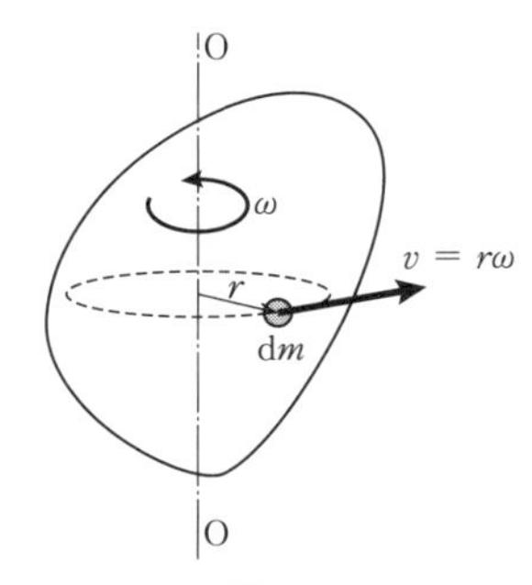

図**8･7**

［**解**］ ① 質量 m の球が高さ h から放たれた場合，時刻 t における速さ v は式(**5･4**)より $v=-gt$ となる．このとき，球のもつ運動エネルギー K_2 は式(**8･3**)より

$$K_2=\frac{1}{2}mg^2t^2 \qquad (\mathbf{8\cdot23})$$

となる．一方，時刻 t における球の高さ s は $s-h=-gt^2/2$ となり，位置エネルギー U_2 は

$$U_2=mgs=mgh-\frac{1}{2}mg^2t^2$$

となる．したがって，高さ s での位置エネルギーは最初の高さ h のときにもっていたエネルギー $E_1=mgh$ より $mg^2t^2/2$ だけ少ない．これがちょうど式(**8･23**)により示される運動エネルギーと等しい．すなわち $K_2+U_2=E_1=mgh=$ 一定で位置エネルギーの減少した分が運動エネルギーに変化したと考えることができ，力学的エネルギー保存の法則が成り立つことがわかる．

② 直線運動なのでスカラーで考える．停止するまでに運動の第2法則から $F=ma$ を満たす加速度が生じる．質点の位置 s，速さ v，加速の大きさ a と作用力の大きさ F の間の関係は

$$F=ma=m\frac{\mathrm{d}v}{\mathrm{d}t}=m\frac{\mathrm{d}s}{\mathrm{d}t}\frac{\mathrm{d}v}{\mathrm{d}s}=mv\frac{\mathrm{d}v}{\mathrm{d}s}$$

となり，$F\mathrm{d}s=mv\mathrm{d}v$ が得られる．停止時の速度はゼロであることを考慮して両辺を積分すると，外力によって

$$K=\int F\mathrm{d}s=\int_{v_0}^{0}mv\mathrm{d}v=-\frac{mv_0{}^2}{2}$$

だけエネルギーが失われ停止する．よって質点は運動中に $mv_0{}^2/2$ だけの運動エネ

ルギーをもっていたことになる.

③　軸より半径rの位置の微小質量$\mathrm{d}m$の運動エネルギーは式(**8·3**)より

$$\mathrm{d}K=\frac{v^2}{2}\mathrm{d}m=\frac{r^2\omega^2}{2}\mathrm{d}m$$

となる．ここで，速さと回転の速さの関係式(**5·7**)を用いた．剛体全体に積分すれば，剛体の回転中の運動エネルギーが求まり，次のようになる.

$$K=\int\frac{r^2\omega^2}{2}\mathrm{d}m=\frac{\omega^2}{2}\int r^2\mathrm{d}m=\frac{1}{2}I\omega^2$$

ここで，Iは式(**7·9**)で求まるOO軸まわりの慣性モーメントである．これより式(**8·5**)が成り立つことがわかる.

【例題 8·3】　水平な路面を質量1500 kgの乗用車が60 km/hで走行している．① ある時刻にブレーキをかけ，路面から750 Nの制動力を受けるものとすれば，乗用車は何秒後に停止するか．② 乗用車の速さを10秒間で60 km/hから100 km/hに一定加速度で加速したい．加えるべき力の大きさはいくらか．路面からの走行中の摩擦抵抗は速度によらず20 Nとする.

［**解**］①　外部より作用する力は摩擦による制動力だけであり，ブレーキ前後の速さをそれぞれv_1，v_2とすると，運動量変化と力積の関係式(**8·10**)より，

$$mv_1+Ft=mv_2$$

となる．上式に$v_1=60\ \mathrm{km/h}=16.7\ \mathrm{m/s}$，$v_2=0$，$m=1500\ \mathrm{kg}$，$F=-750\ \mathrm{N}$を代入して$t$を求めると次のようになる.

$$t=-\frac{mv_1}{F}=33.4\ \mathrm{s}$$

②　加えるべき外力の大きさをF_1，摩擦抵抗力の大きさをF_2とすれば，

$$mv_1+(F_1-F_2)t=mv_2$$

が成り立つ．値を代入してF_1を求めると次のようになる.

$$F_1=\frac{m(v_2-v_1)}{t}+F_2=1687\ \mathrm{N}$$

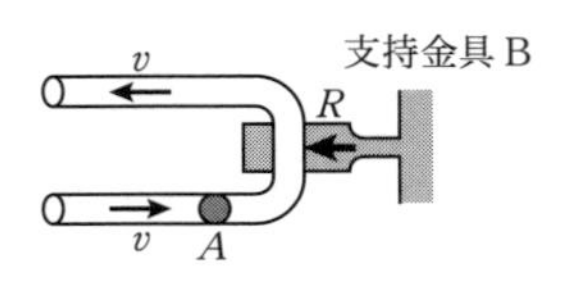

図 8·8

【例題 8·4】　図**8·8**に示すようにU字形のパイプラインが支持金具Bにより固定されている．パイプ

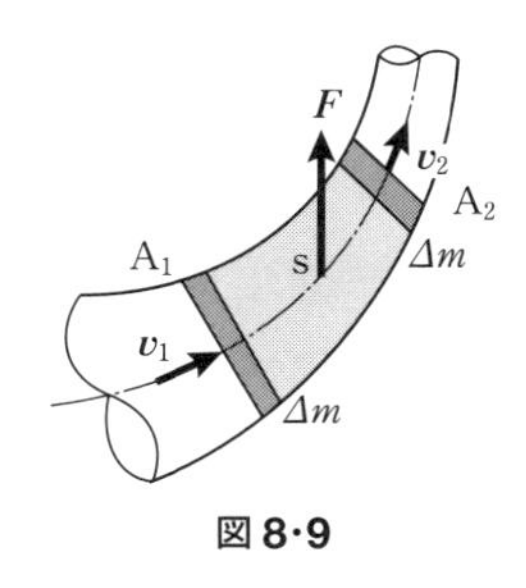

図 8・9

ライン中を流れる流体の速さ v が 5 m/s，パイプの断面積 A が 50 cm^2 のときの支持金具での抗力の大きさ R を求めよ．ただし，流体の密度は $\rho = 880$ kg/m^3 とする．

［解］ ここまで運動量の変化と力積の関係は質点および剛体を対象に議論してきた．いま，案内羽根により流れを変えられる水流や，ダクトまたは送風機を通る空気の流れにこの関係をあてはめてみよう．

図 **8・9** に示すようにある空間 s を考え，この空間に対して微小時間 Δt の間に質量 Δm の流体が $\boldsymbol{v}_1$ の速度で A_1 面から流入し，同量の質量 Δm が速度 $\boldsymbol{v}_2$ で A_2 から流出している．したがって式(**8・10**)は

$$\boldsymbol{F}\Delta t = \Delta m(\boldsymbol{v}_2 - \boldsymbol{v}_1)$$

となる．よって

$$\boldsymbol{F} = \frac{\Delta m}{\Delta t}(\boldsymbol{v}_2 - \boldsymbol{v}_1) = Q_m(\boldsymbol{v}_2 - \boldsymbol{v}_1) \qquad (8\cdot24)$$

が得られる．ここで，Q_m は単位時間あたりの質量の変化で質量流量を表す．空間 s の流体にはこの式で求まる $\boldsymbol{F}$ に相当する力が働く．作用・反作用の法則より案内羽根やダクトには流体から $-\boldsymbol{F}$ の力が働く．

上記の例題を解くにあたり，式(**8・24**)を適用する．最終的な速度変化は図の水平方向のみなのでスカラーで考える．図 **8・8** に示す流体からパイプラインに作用する力の大きさ R は水平右向きを正として式(**8・24**)より

$$R = -F = -\rho Av(v-(-v)) = -2\rho Av^2$$

と求まる．これより支持金具 B での抗力の大きさは左向きに $R = 220$ N である．

【例題 8・5】 図 **8・3** で反発係数を e として衝突後の球 A，B の速度を求めよ．

［解］ 式(**8・14**)と式(**8・16**)を連立させると

$$\boldsymbol{v}_{A2} = \boldsymbol{v}_{A1} + \left(-\frac{m_B}{m_A+m_B}(1+e)((\boldsymbol{v}_{A1}-\boldsymbol{v}_{B1})\cdot\boldsymbol{e}_n)\right)\boldsymbol{e}_n$$

$$\boldsymbol{v}_{B2} = \boldsymbol{v}_{B1} + \left(\frac{m_A}{m_A+m_B}(1+e)((\boldsymbol{v}_{A1}-\boldsymbol{v}_{B1})\cdot\boldsymbol{e}_n)\right)\boldsymbol{e}_n \qquad (8\cdot25)$$

と求まる．接触面が x 軸と垂直な図 **8・3** では $\boldsymbol{e}_n$ は x 軸単位ベクトルとできるので，速度の各軸成分は以下のようになる．

$$
\begin{aligned}
v_{A2x} &= v_{A1x} - \frac{m_B}{m_A + m_B}(1+e)(v_{A1x} - v_{B1x}) \\
v_{A2y} &= v_{A1y} \\
v_{B2x} &= v_{B1x} + \frac{m_A}{m_A + m_B}(1+e)(v_{A1x} - v_{B1x}) \\
v_{B2y} &= v_{B1y}
\end{aligned}
\tag{8・26}
$$

【例題 8・6】 図 **8・10** に示すように，速度 $\boldsymbol{v}_1$ で水平右方向に動いている質点 m_1 の球が質量 m の静止している剛体棒の重心以外の点 O に直角に当たる（偏心衝突という）．静止している棒と球との間の反発係数は e であるとして，衝突直後の棒の角速度と球の速度を求めよ．さらに衝突直後の棒の瞬間中心（これを O 点に対する**撃心**という）を求めよ．

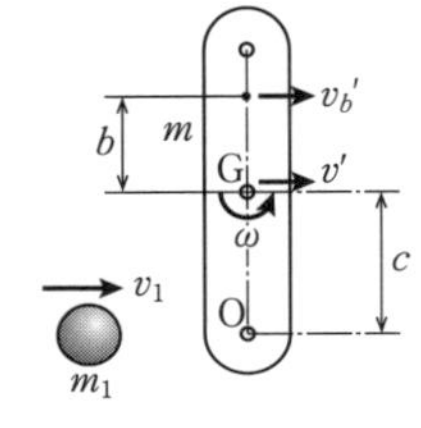

図 8・10

［**解**］ 質量 m_1 の球の衝突前後の速度をそれぞれ $\boldsymbol{v}_1$，$\boldsymbol{v}_1'$，棒の重心まわりの慣性モーメントを $\boldsymbol{I}_G$ とし，衝突後の棒の重心の速度を $\boldsymbol{v}'$，角速度を $\boldsymbol{\omega}$ とする．衝突時の力積と運動量の変化の関係は球と棒の重心の並進運動に関して

$$-\boldsymbol{F}t = m_1(\boldsymbol{v}_1' - \boldsymbol{v}_1) \tag{8・27}$$

$$\boldsymbol{F}t = m\boldsymbol{v}'$$

ここで $\boldsymbol{F}$ は衝突時に球が棒を押す力である．重心から見た O 点の位置ベクトルを $\boldsymbol{c}$ とすると，棒の重心まわりの回転運動については式(**8・13**)より

$$\boldsymbol{c} \times \boldsymbol{F}t = \boldsymbol{I}_G\boldsymbol{\omega} \tag{8・28}$$

が成り立つ．衝突後の O 点における棒の速度を $\boldsymbol{v}_2'$ とすれば，

$$
\begin{aligned}
\boldsymbol{v}_2' &= \boldsymbol{v}' + \boldsymbol{\omega} \times \boldsymbol{c} \\
&= \frac{t}{m}\boldsymbol{F} + \left(\boldsymbol{I}_G^{-1}(\boldsymbol{c} \times \boldsymbol{F}t)\right) \times \boldsymbol{c} \\
&= \left(\frac{1}{m}I_3 - \hat{\boldsymbol{c}}\boldsymbol{I}_G^{-1}\hat{\boldsymbol{c}}\right)\boldsymbol{F}t
\end{aligned}
\tag{8・29}
$$

となる．ここで，I_3 は 3 次の単位行列であり，最後の式変形は式(**1・29**)と式(**5・26**)を第 2 項に用いた．したがって

$$\boldsymbol{F}t = \boldsymbol{I}_e\boldsymbol{v}_2' \tag{8・30}$$

が得られる．ただし，$\boldsymbol{I}_e = (I_3/m - \hat{\boldsymbol{c}}\boldsymbol{I}_G^{-1}\hat{\boldsymbol{c}})^{-1}$ である．

接触点はOの位置なので，その点での反発係数の定義式(**8・16**)より

$$((\boldsymbol{v}_2{}' - \boldsymbol{v}_1{}')\cdot\boldsymbol{e}_n) = e(\boldsymbol{v}_1\cdot\boldsymbol{e}_n) \tag{8・31}$$

ただし，$\boldsymbol{e}_n$は衝突面に垂直な単位ベクトルである．式(**8・27**)，式(**8・30**)，式(**8・31**)を連立し，衝突面に垂直方向の速度は以下のように求まる．

$$(\boldsymbol{v}_2{}'\cdot\boldsymbol{e}_n) = (1+e)m_1(m_1I_3 + \boldsymbol{I}_e)^{-1}(\boldsymbol{v}_1\cdot\boldsymbol{e}_n)$$

$$(\boldsymbol{v}_1{}'\cdot\boldsymbol{e}_n) = \boldsymbol{v}_2{}' - e(\boldsymbol{v}_1\cdot\boldsymbol{e}_n)\boldsymbol{e}_n$$

図**8・10**では衝突前には衝突面に垂直方向の速度しかもっていないので,重心を通り紙面に垂直手前向きの軸まわりの慣性モーメントをI_zとすると，衝突後の速さは

$$v_1{}' = \frac{-emI_z + m_1(I_z + mc^2)}{mm_1c^2 + I_z(m+m_1)}v_1$$

$$v_2{}' = \frac{(1+e)m_1(I_z + mc^2)}{mm_1c^2 + I_z(m+m_1)}v_1$$

と求まる．式(**8・28**)に式(**8・30**)を代入して角速度は

$$\boldsymbol{\omega} = \boldsymbol{I}_{\mathrm{G}}{}^{-1}\hat{\boldsymbol{c}}\boldsymbol{I}_e\boldsymbol{v}_2{}'$$

と求まる．回転は紙面内の運動であり，回転の大きさは以下のようになる．

$$\omega = \frac{(1+e)mm_1c}{mm_1c^2 + I_z(m+m_1)}v_1$$

最後に衝突直後の棒の瞬間中心を求める．$\boldsymbol{v}'$，$\boldsymbol{v}_1{}'$ ともに水平方向であることから，棒の長軸上に瞬間中心があることがわかる．そこでGから見た瞬間中心の位置ベクトルを$\boldsymbol{b}$と表すと，$\boldsymbol{b}$での速度は式(**8・29**)と同様に

$$\boldsymbol{v}_b{}' = \boldsymbol{v}' + \boldsymbol{\omega}\times\boldsymbol{b}$$

と表わせる．瞬間中心の定義より，これがゼロとなればよいので$\boldsymbol{v}_b{}' = 0$とおいて上式を解くと瞬間中心は重心から上方向に

$$b = \frac{I_z}{mc}$$

の位置と求まる．

8・3 演習問題

【問題 8・1】 地上から$h = 20$ m の高さのマンションの屋上にある密度$\rho = 10^3$ kg/m^{3}の水（体積 $V = 10$ m^3）の位置エネルギーを求めよ．

［解］ 質量 m の物体を高さ h まで持ち上げるとき，重力に逆らって距離 h だけ移動させる仕事が必要であり，物体はその分だけ位置エネルギーをもつ．$V\ \mathrm{m}^3$ の水の質量は (a)□ で表され，h の高さにある水の位置エネルギーは

$$U = {}^{(b)}\square\ h = {}^{(c)}\square\ \mathrm{MJ}$$

で与えられる．ただし，$\mathrm{MJ} = 10^6\ \mathrm{J} = 10^6\ \mathrm{N \cdot m}$ である．

【問題 8·2】 質量 m の物体を初速 v_0 で高さ h からばね秤の上に投げ落とす（図 **8·11**）．ばね秤のばね定数を k としてばねの最大圧縮量，および最大圧縮時に床がばね秤におよぼす力の大きさを求めよ．ただし，運動はすべて鉛直線上で起こるとし，$m = 1$ kg，$v_0 = 0.05$ m/s，$h = 0.1$ m，$k = 1$ kN/m とする．

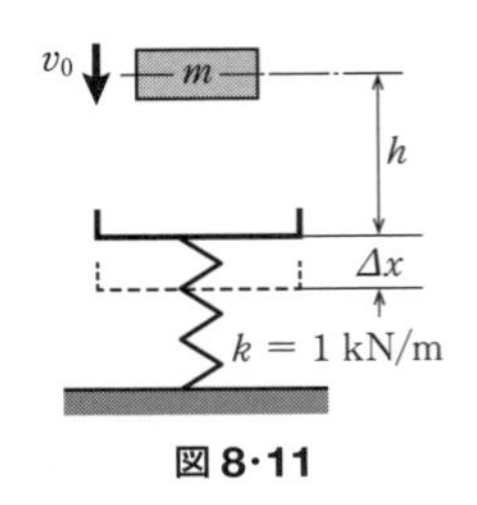

図 8·11

［解］ 物体とばね秤は完全非弾性衝突であり，物体によりばねは Δx だけ圧縮されるものとする．初速 v_0 で高さ h の場所から鉛直下方に投げ落とされた質量 m の物体のもつ力学的エネルギー E_1 は圧縮され縮んだ位置を位置エネルギーの基準として以下のようになる．

$$E_1 = \frac{1}{2} m{v_0}^2 + {}^{(a)}\square$$

一方，ばねが Δx 圧縮されたことによって蓄えられたエネルギー E_2 は (b)□ となる．力学的エネルギーは保存され，$E_1 = E_2$ となる．これを解いてばねの圧縮量 Δx は

$$\Delta x = \frac{1}{k}\left(mg + \sqrt{m^2 g^2 + 2mghk + mk{v_0}^2}\right) = {}^{(c)}\square\ \mathrm{m}$$

となる．ばねが Δx 圧縮されたときフックの法則により $F = k\Delta x = {}^{(d)}\square$ N の大きさの力がばねから床に作用し，逆に反力として床からばね秤に同じ大きさで上向きの力が作用する．

【問題 8·3】 例題 **7·1** では天井から吊り下げられた振り子の運動を重心の並進運動と重心まわりの回転運動に分けて運動方程式を記述する方法と，瞬間中心が支点から動かないことを使って，支点まわりの回転運動の運動方程式だけで表す 2 種類の方法を説明した．同様にして，この振り子の回転の速さが ω のときの，① 重心の並進運動エネルギーと重心まわりの回転運動エネルギーの和と，② 瞬間中心

まわりの回転運動エネルギーをそれぞれ求め比較せよ．

［解］ ① 回転の速さ ω より重心の速さは $v=$ $^{(a)}\boxed{\quad\quad}$ であり，並進の運動エネルギーは

$$K_t=\frac{1}{2}{}^{(b)}\boxed{\quad\quad}=\frac{1}{2}ml_g^2\omega^2$$

重心まわりの回転の運動エネルギーは

$$K_r=\frac{1}{2}I_z\omega^2=\frac{1}{{}^{(c)}\boxed{\quad\quad}}ml^2\omega^2$$

よって合計の運動エネルギーは

$$K_a=K_t+K_r=\frac{1}{24}{}^{(d)}\boxed{\quad\quad}$$

② O 点まわりの慣性モーメントは $I_O=m$ $^{(e)}\boxed{\quad\quad}$ であり，O 点まわりの回転運動エネルギーは

$$K_b=\frac{1}{2}I_O\omega^2=\frac{1}{24}{}^{(f)}\boxed{\quad\quad}$$

となる．以上より，どちらで求めても運動エネルギーは等しくなることがわかる．このようにエネルギーについても瞬間中心まわりの回転だけで運動エネルギーを算出でき，簡便になることがある．

【問題 8・4】 図 8・12 に示すように 30 t と 15 t の貨車 A，B がそれぞれ 5 m/s，1 m/s の速さで同じ方向に移動している．貨車 A が貨車 B に追突し，貨車は連結される．連結後の貨車の速さ v を求めよ．また，連結するのに 0.5 秒かかったとして，貨車の間に働く平均撃力 F を求めよ．貨車とレールの摩擦力は無視できるものとする．

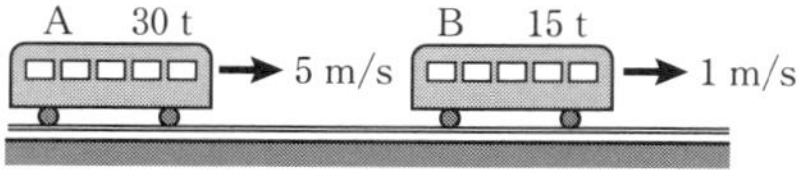

図 8・12

［解］ 貨車 A，B の質量をそれぞれ m_A，m_B とし，連結前の速さをそれぞれ v_A，v_B とすると，連結前の運動量は $^{(a)}\boxed{\quad\quad}$ となる．連結後の運動量は $(m_A+m_B)v$ であるので，運動量保存の法則から連結後の速さは

$$v=\frac{m_Av_A+m_Bv_B}{m_A+m_B}={}^{(b)}\boxed{\quad\quad}\ \mathrm{m/s}$$

となる．

貨車Bの運動量変化はその間の力積によって生じるので式(**8・10**)より

$$Ft = {}^{(c)}\square$$

であり，値を代入して平均撃力は以下のように求まる．

$$F = \frac{m_B v - m_B v_B}{t} = 80000\ \mathrm{N} = 80\ \mathrm{kN}$$

【問題 8・5】 図 **5・2** のように糸につながれ，O点のまわりを回転の速さ ω で回転する質量 m の質点がある．回転の半径が r_1 から r_2 となるよう糸の長さを変化させた．変化の前後での運動量，角運動量それぞれの変化 $\boldsymbol{\Delta L}$，$\boldsymbol{\Delta L_\omega}$ を求めよ．

［**解**］ 向心方向の単位ベクトル $\boldsymbol{e_n}$ を用いて半径 r のときの回転中心から見た質点の位置ベクトル $\boldsymbol{r}$ は $\boldsymbol{r} = {}^{(a)}\square$ と表せる．変化中に質点に加わる力は糸の張力 $\boldsymbol{F}(r)$ であり，半径 r のときの張力は式(**6・6**)より

$$\boldsymbol{F}(r) = m\boldsymbol{\omega} \times (\boldsymbol{\omega} \times (-r\boldsymbol{e_n})) = {}^{(b)}\square\ \boldsymbol{e_n}$$

となる．質点に作用する張力による力のモーメントは $\boldsymbol{r} \times \boldsymbol{F}(r) = (-r\boldsymbol{e_n}) \times (mr\omega^2\boldsymbol{e_n}) = {}^{(c)}\square$ である．この事実と式(**8・13**)より，この力が作用しても角運動量は保存することがわかり，$\boldsymbol{\Delta L_\omega} = {}^{(d)}\square$ である．半径 r のときの質点の回転中心まわりの慣性行列は ${}^{(e)}\square$ となるので，変化の前後での質点の位置ベクトルを $\boldsymbol{r_1}$，$\boldsymbol{r_2}$，角速度を $\boldsymbol{\omega_1}$，$\boldsymbol{\omega_2}$ とすると，角運動量が等しいことから次式が成り立つ．

$$(-m\hat{\boldsymbol{r}}_2{}^2)\boldsymbol{\omega_2} = {}^{(f)}\square$$

具体的な成分で計算することで直ちに $\boldsymbol{\omega_2} = {}^{(g)}\square\ \boldsymbol{\omega_1}$ を得る．

変化後の速度は式(**5・6**)より

$$\boldsymbol{v_2} = \boldsymbol{\omega_2} \times \boldsymbol{r_2} = {}^{(h)}\square\ \boldsymbol{\omega_1} \times \boldsymbol{r_1} = {}^{(i)}\square\ \boldsymbol{v_1}$$

となる．よって変化の前後での運動量の変化は

$$\boldsymbol{\Delta L} = m\boldsymbol{v_2} - m\boldsymbol{v_1} = m\ {}^{(j)}\square\ \boldsymbol{v_1}$$

となる．

以上より，たとえば半径が小さくなるように糸を手繰り寄せる（$r_1 > r_2$）と角運動量は変化しないが運動量は増加するということがわかる．また張力 $\boldsymbol{F}(r)$ のする仕事 W は張力が位置ベクトルと平行なのでスカラーで計算でき，式(**4・6**)より

$$W = \int_{r_1}^{r_2} F(r)\mathrm{d}r = \int_{r_1}^{r_2} -mr\omega^2\mathrm{d}r = -mr_1{}^4\omega_1{}^2\int_{r_1}^{r_2}\frac{1}{r^3}\mathrm{d}r$$

$$= -mr_1{}^4\omega_1{}^2\left[-\frac{1}{2r^2}\right]_{r_1}^{r_2} = \frac{1}{2}mr_1{}^2\omega_1{}^2\left(\frac{r_1{}^2}{r_2{}^2}\right) = \frac{1}{2}mv_2{}^2 - {}^{(\mathrm{k})}\boxed{}$$

と表せる．これより張力のする仕事の分だけ運動エネルギーが変化していることがわかる．

【問題 8・6】 ボールの質量を $m=0.2$ kg とし，図 **8・13** に示すような機構によりボールを打ち上げる．ばねが変形しないときの長さは $l=0.2$ m で，これが $l_1=0.1$ m の長さに圧縮された状態からボールは放たれ飛び出すものとする．このボールが飛び出す瞬間のばねの長さが $l_2=0.15$ m であり，また，ばねの長さを l_1 とするのに要する力の大きさは $F=40$ N であるとしてボールの飛び出し速さ v を求めよ．

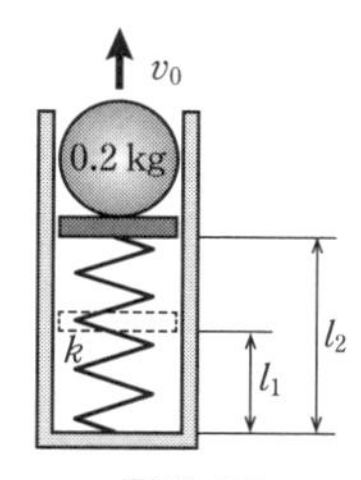

図 8・13

【問題 8・7】 図 **8・14** に示すようなジェットコースターで車は A 点をスタートし，B, C 点を通って D 点へ向かう．車体とレールの間に摩擦力は働かないものとして，B 点での車の速さ v_B と運動エネルギー K_B を求めよ．また，C 点で車がレールから外れないためには最初のスタート地点 A の高さ h_A を最低何 m 以上にすればよいか．ただし，車の質量を 500 kg，B，C 点を通る円の半径を $r=5$ m とする．

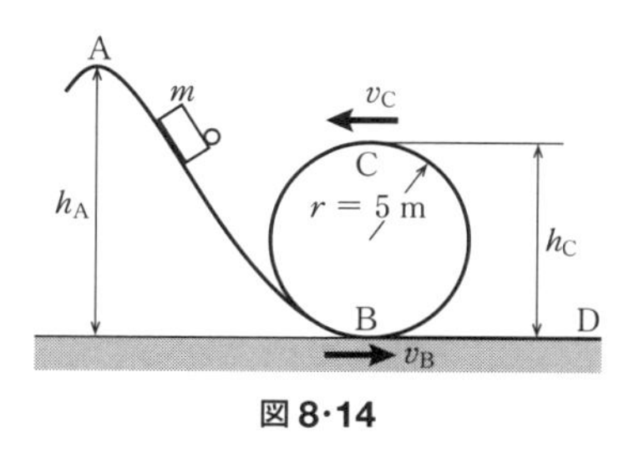

図 8・14

【問題 8・8】 図 **8・15** に示す倒立振り子は片持ばり OO′ の先端の ABCO 平面内で自由に回転できる．振り子の質量を m，振り子を支える針金は長さを l とし質量は無視できるものとする．振り子は位置 A では静止しているものとして，重力のみによる運動とした場合，B，C 点での振り子の質点の速さ v_B，v_C を求めよ．

さらに振り子を質量 m の細長い棒に代えた場合の B，C 点での重心の速さ v_B'，v_C' を求めよ．

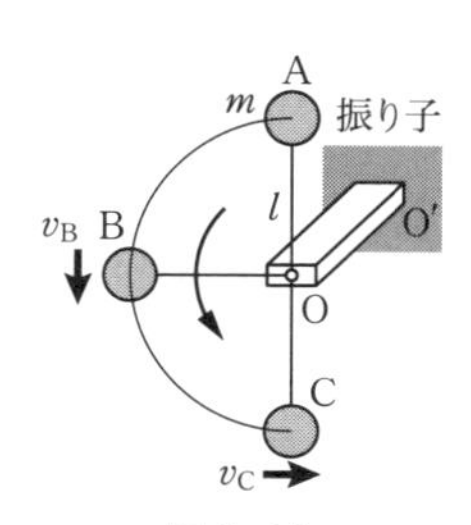

図 8・15

【問題8・9】 図8・16のように慣性モーメントが1.0 kg・m^{2}および0.1 kg・m^{2}の歯車A，Bがある．歯車Bが600 rpmで回転しているときの歯車A，Bのもつ運動エネルギーK_A，K_Bを求めよ．また，歯車Bが静止状態から一定トルクTを受け600 rpmになるまでに10回転した．このとき，歯車に加えられたトルクTを求めよ．

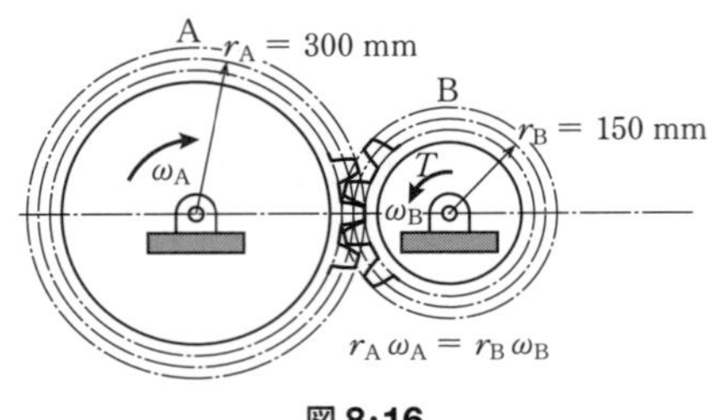

図8・16

【問題8・10】 図8・17でクラッチを構成している円板AおよびBは同じ材料，同じ大きさをしており，その慣性モーメントは$I_A = I_B = 0.1$ kg・m^{2}である．400 rpmで回転している円板Aに静止している円板Bがクラッチ連結し，いっしょに回転するものとして，両円板の最終的な回転の速さω'および系の運動エネルギーの変化ΔKを求めよ．

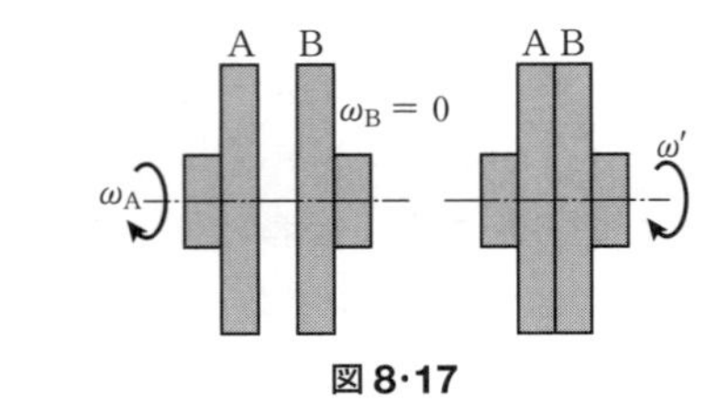

図8・17

【問題8・11】 図8・18に示すように質量m_Bのトラックが質量m_Aの荷物を載せ，v_0の速さで走行している．このトラックへ質量m_Cの乗用車が後ろから速さv_1で追突した．追突と同時に完全非弾性衝突状態でトラック，乗用車とも惰走するものとして，追突直後（荷物はまだ移動していない）のトラックの速さv_2を求めよ．また，トラックの荷台の荷物m_Aが衝撃により移動した後のトラックの速さv_3を求めよ．

図8・18

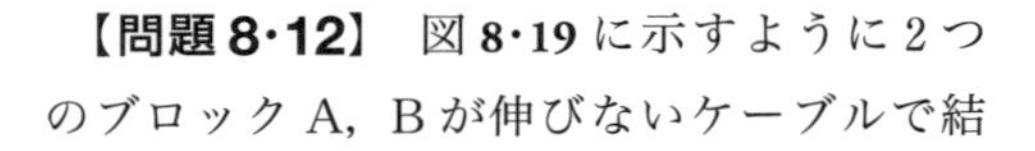

【問題8・12】 図8・19に示すように2つのブロックA，Bが伸びないケーブルで結

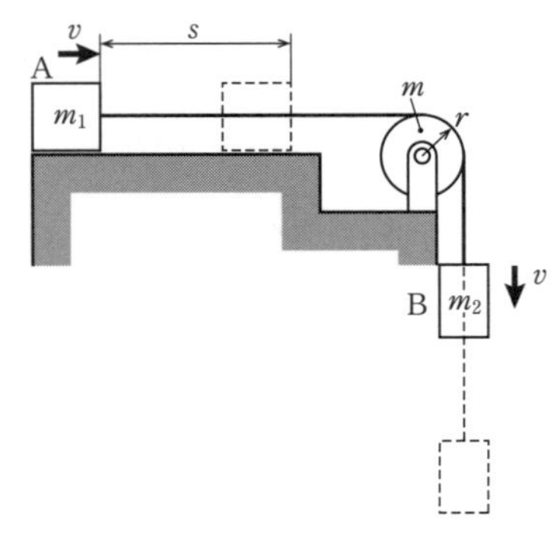

図8・19

ばれている．滑車の質量を無視した場合および滑車の質量 m，半径 r とした場合，それぞれについて，静止状態から移動した距離 s とブロックの速さ v との関係を求めよ．ただし，ブロックAと床面との動摩擦係数は μ とする．

【問題 8・13】 玉突きゲームにおいて，球Aは速さ 0.1 m/s で静止している同じ質量の球Bに図 **8・20** に示すような角度で斜め方向から衝突する（心向き斜め衝突という）．反発係数 $e = 0.95$ として，衝突後の球A，Bのそれぞれの速度 $\boldsymbol{v}_{A2}$，$\boldsymbol{v}_{B2}$ を求めよ．

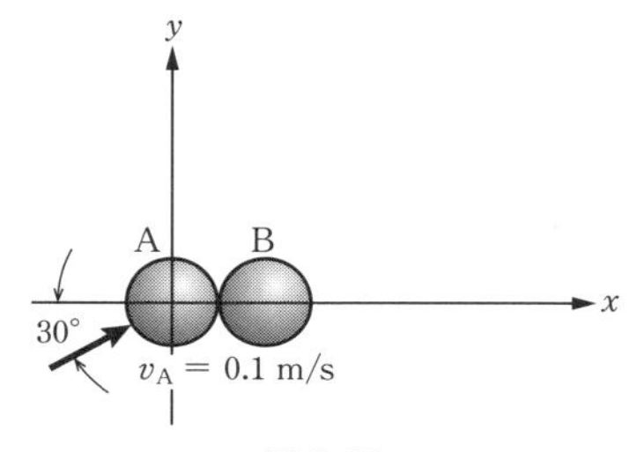

図 8・20

【問題 8・14】 玉突きゲームにおいて，球Aが $v_A = 2.5$ m/s の速さで静止している球B，Cに衝突する（図 **8・21**）．衝突後に球Aは静止し，球B，Cはそれぞれ図に示す方向に動く．床と球の間には摩擦が働かないものとし，また完全弾性衝突を仮定して，衝突後の球A，B，Cの速さ v_A'，v_B'，v_C' を求めよ．ただし，球A，B，Cの質量はすべて等しいものとする．

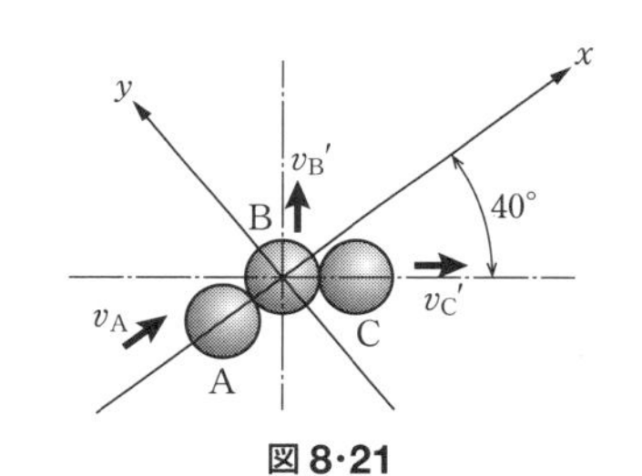

図 8・21

【問題 8・15】 図 **8・22** に示すように質量 $m = 1000$ kg のヘリコプタが空中で静止している．ヘリコプタのロータの後流の空気の速度の鉛直成分が $v_2 = 20$ m/s のとき，ヘリコプタのロータの径と後流の径 d がほぼ等しいものとして，ヘリコプタのロータの径を求めよ．また，$v_2 = 30$ m/s のとき，どれだけの質量のものが積載できるかを求めよ．ただし，空気の密度は $\rho = 1.21$ kg/m^3 とする．

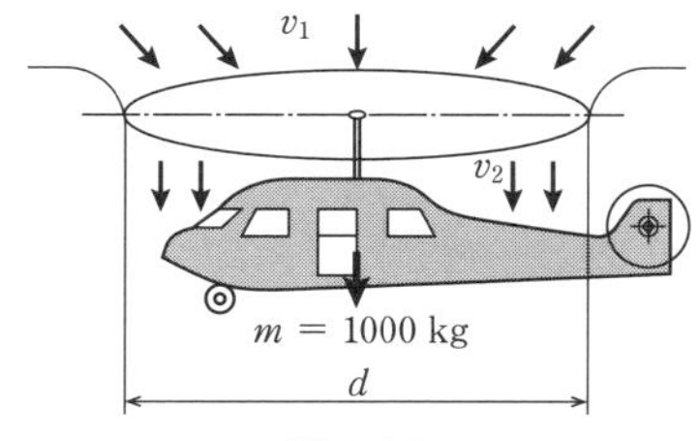

図 8・22

【問題 8・16】 図 **8・23** に示すように $h_1 = 3$ m の高さから質量 $m_1 = 100$ kg のハンマを自然落下させ，質量

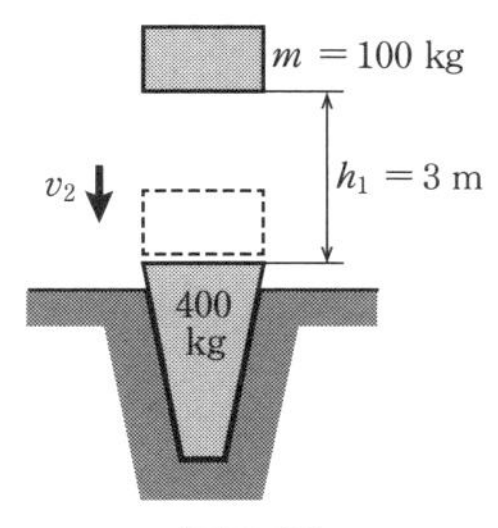

図 8・23

$m_2=400$ kg のパイルを地中に打ち込む．地中での平均抵抗力の大きさ F が 20 kN のとき，一撃によりパイルはどのくらい撃ち込まれるか．衝撃時のパイルとハンマの間の反発係数はゼロとする．また，打ち込みに要する時間が 0.1 秒であるとすれば，地中での平均抵抗力の大きさはいくらか．

【問題 8·17】 0.6 m の細長い棒 AB が，図 **8·24**(**a**)に示すように，なめらかな壁およびなめらかな床に立てかけてあり，壁に沿って自由にすべる．角度 $\theta=0$ のとき，棒は静止状態から放たれ，端 A は右に少し押され，右方向に移動するものとして，端 A の速さが最大になる角度 θ とそのときの A の速さを求めよ．

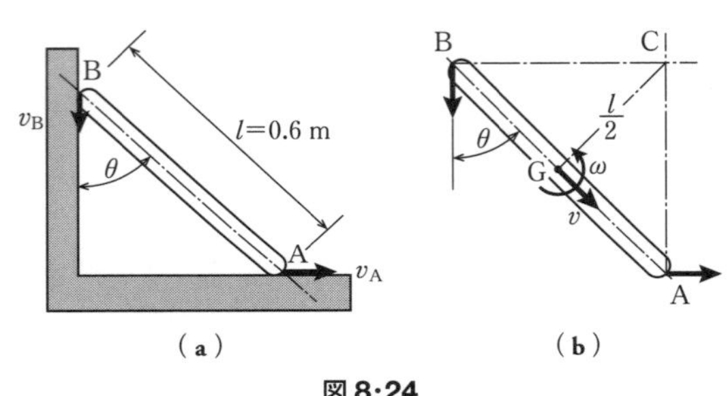

図 8·24

【問題 8·18】 長さ l，質量 m の細長い棒が図 **8·25** のように 1 つの端のまわりに回転する．棒は垂直方向から θ の角度で静止から放たれ自由に振れる．棒が最下点を通るときの角速度の大きさ ω および O 点で棒が回転軸から受ける抗力の大きさ R を求めよ．ただし，$m=2$ kg，$l=1$ m，$\theta=45°$ とする．

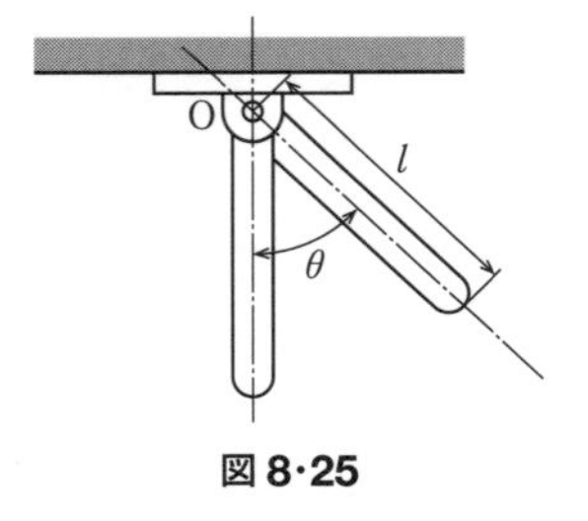

図 8·25

【問題 8·19】 図 **8·26** に示すように鋼球が h_1 の高さから落とされ，水平に対して 30° の角度をもつ斜面に当たり，跳ね返って飛んだ距離が $d=5$ m であるとき，h_1 の値を求めよ．ただし，鋼球と斜面の反発係数 e は 0.8 とし，鋼球と斜面の間の摩擦はないものとする．

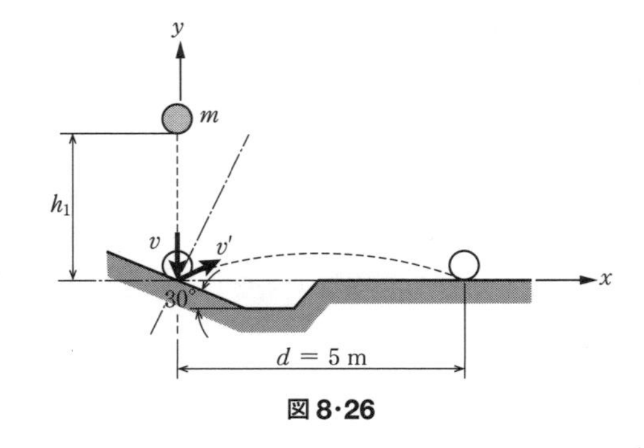

図 8·26

【問題 8·20】 図 8·27 は一様なブロックが水平面を速さ v_1 ですべり，小さな段差 O にぶつかる様子である．① O 点まわりに回転し，重心が最高点である A の姿勢を通過するために速さ v_1 の満たすべき条件を求めよ．さらに，② $b=c$ のときのエネルギー損失率 n % を求めよ．ただし，跳ね返りは起こらないとする．

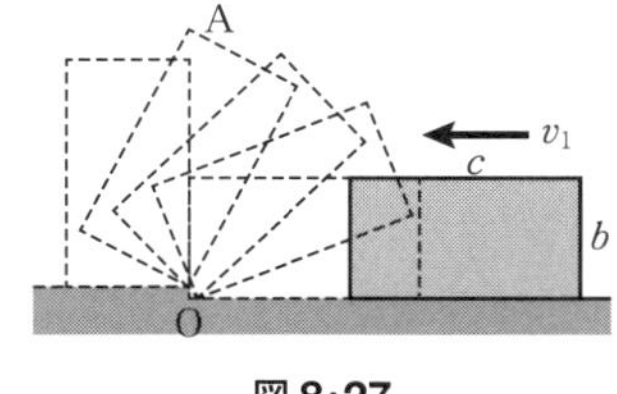

図 8·27

演習問題解答

1章　力および力のモーメント

問題 1・1　(a)　大きさ　(b)　方向　(c)　向き　(d)　作用点　(e)　ベクトル量
(f)　作用線　(g)　150　(h)　速度，変位　(i)　平行四辺形の法則
(j)　合力　(k)　分力　(l)　つりあい　(m)　しない　(n)　する

問題 1・2　(a)　$mg/\tan\theta$　(b)　$mg/\sin\theta$　(c)　$3mg/\tan\theta$　(d)　$2mg/\sin\theta$
(e)　$(n-1)mg/\sin\theta$　(f)　$(n-1)mg/\tan\theta$　(g)　nmg　(h)　d
(i)　60　(j)　283 N　(k)　539 N

問題 1・3　(a)　$(\delta_0-\delta)$　(b)　$F_1\sin\theta_1$　(c)　$P/(2\sin\theta_1)$　(d)　δ
(e)　$F_2\cos\theta_2$　(f)　$-F_1\sin\theta_1$　(g)　3　(h)　3/4

問題 1・4　(a)　mg　(b)　反力　(c)　$P\cos\theta$　(d)　$mg\cos\theta$

問題 1・5　(a)　h　(b)　偶力　(c)　Fh　(d)　一定　(e)　$-F$　(f)　Fh

問題 1・6　(a)　垂直　(b)　平行　(c)　0　(d)　生じ　(e)　つりあい状態
(f)　ない　(g)　$m_1g\sin\theta$　(h)　$m_2g\sin\theta$　(i)　$F_{1x}\cdot r+F_{2x}\cdot r$
(j)　$(m_1+m_2)gr\sin\theta$　(k)　-118 N・m　(l)　時計

問題 1・7　(a)　$-F_1$　(b)　$-F_2$　(c)　$F_1{}^2+F_2{}^2$　(d)　F_2/F_1　(e)　F_1/R
(f)　左　(g)　b　(h)　$(b+c)$　(i)　M_1　(j)　M_2　(k)　$-R$
(l)　M_O

問題 1・8　(a)　0　(b)　$\sum_{k=1}^{i}F_k$　(c)　$\sum_{k=i+1}^{m}F_k$　(d)　$-R_{m-i}$　(e)　等しく
(f)　逆　(g)　距離　(h)　$\sum_{k=1}^{i}F_k\cdot r_k$　(i)　$\sum_{k=i+1}^{m}F_k\cdot r_k$　(j)　M_j+M_{n-j}
(k)　$M_{m-i}+M_{n-j}$　(l)　等しく　(m)　逆

問題 1・9　$F_{AB}=mg\cos\gamma/\sin(\beta-\gamma)$，$F_{BC}=mg\cos\beta/\sin(\beta-\gamma)$　（例題 **1・2** 参照）

問題 1・10　1点に作用する力のつりあいより，式(**1・14**)，式(**1・15**)を適用して
$N_A=mg\sin\theta_B/\sin(\theta_A-\theta_B)$，$N_B=mg\sin\theta_A/\sin(\theta_A-\theta_B)$

問題 1・11　$m_1/m_2=2\sin\theta$　（例題 **1・2** を参照）

問題 1・12　Pを長さ l の連結棒方向と壁面直角方向に分解すると $N=Pr/\sqrt{(l^2-r^2)}$（下方に作

用）．また連接棒方向分力によるモーメントとクランク軸Oに与えるモーメントのつりあいから $M = Pr$（時計回転）．

問題 1·13 ドラムの軸まわりのモーメントのつりあいより $m_1/m_2 = (r + l)\cos\theta/r$

問題 1·14 例題 **1·4** と同様に解く．合力 R は大きさ 233 N，AC に平行左向き，作用線はC点より上方 0.874 m の位置．

問題 1·15 力のつりあいの条件式(**1·14**)，式(**1·15**)および A 点でのモーメントのつりあい式(**1·16**)により連立方程式をたて，β，θ，F_{AO} を求めると

$\beta = \tan^{-1}(2F/mg)$，$\theta = \tan^{-1}(F/mg)$，$F_{AO} = F/\sin\theta$

数値を代入すると $\beta = 71.9°$，$\theta = 56.8°$，$F_{AO} = 358$ N

問題 1·16 式(**1·11**)より $M = Fh\sin\theta - F(b - c)\cos\theta$

問題 1·17 O 点でのモーメントのつりあいから $M = mge\sin\theta$．次に $\theta = 45°$ のとき外部より $+0.5mge$ のモーメントを加えると O 点のモーメントは

$M = 0.5mge - mge\sin 45° < 0$

となり，カムは物体の重力によるモーメントに耐えられず時計方向に回転する．

問題 1·18 $\boldsymbol{M}_O = \boldsymbol{r} \times \boldsymbol{F} = (a\boldsymbol{i} + c\boldsymbol{k}) \times F\boldsymbol{j} = F(-c\boldsymbol{i} + a\boldsymbol{k})$

ここで，距離 $\boldsymbol{r}$ は力 $\boldsymbol{F}$ の作用線上のいずれの位置でもよい．

別解：力 $\boldsymbol{F}$ は y 軸に平行に作用するので，y 軸まわりの力のモーメントはゼロである．x 軸まわりと z 軸まわりでは，力 $\boldsymbol{F}$ にそれぞれ距離 c と距離 a となり，軸に対して右ねじの法則を適用すると，それぞれ $M_x = -cF$，$M_z = aF$ を得る．

問題 1·19 $\boldsymbol{M}_z = (\boldsymbol{M}_O \cdot \boldsymbol{k})\boldsymbol{k} = [150(-0.566\boldsymbol{k} + 0.42\boldsymbol{i})\boldsymbol{k}]\boldsymbol{k} = -84.9\boldsymbol{k}$ kN·m

問題 1·20 $\boldsymbol{M}_O = (18\boldsymbol{j} + 30\boldsymbol{k}) \times (4.06\boldsymbol{i} - 3.39\boldsymbol{j} - 20.32\boldsymbol{k}) = -264.2\boldsymbol{i} + 121.9\boldsymbol{j} - 73.2\boldsymbol{k}$ k·Nm

問題 1·21 張力 AC = 4808.8 N，張力 BE = 654 N，張力 BD = 2775.1 N，

$O_x = 1962$ N，$O_y = 0$ N，$O_z = 6540$ N

OB まわり，OD まわり，および OE まわりの力のモーメントを計算する．

問題 1·22 張力 AC = 1.422 mg，張力 BD = 0.823 mg

2章　集中力と支点の反力

問題 2·1 (**a**) 作用・反作用　(**b**) 作用・反作用　(**c**) 力のつりあい　(**d**) mg

(**e**) 反時計　(**f**) $F_{Ay}r - F_{Ax}r$　(**g**) mg　(**h**) mg　(**i**) mg

(**j**) $R_A - F_1$　(**k**) $R_B - F_2$　(**l**) $F_1(x - l_1) - R_A x$　(**m**) 等しく

(**n**) 逆　(**o**) 等しく　(**p**) 逆

(**q**) ニュートンの運動の第3法則（作用・反作用の法則）　(**r**) 左　(**s**) 右

問題 2·2 (**a**) $mg/2$　(**b**) $mgr_2/2$　(**c**) $mgr_1/2$　(**d**) $2r_2P/\{g(r_2 - r_1)\}$

(**e**) 400

問題 2·3 (**a**) $R_{Ax} + R_{Bx}$　(**b**) $R_{Ay} - mg - P$　(**c**) $R_{Bx}h - Pl_1 - mg(l_1 + l_2)$

(**d**) -30.6　(**e**) 21.0　(**f**) 30.6

問題 2・4　(a)　$N \sin\theta$　(b)　$N\cos\theta - mg$　(c)　$Nc/\cos\theta - (mgl/2)\cos\theta$
(d)　$\sqrt[3]{2c/l}$

問題 2・5　(a)　$R_A \sin 45^\circ$　(b)　$R_A \cos 45^\circ$　(c)　$R_{Ax} - R_{Cx}$　(d)　$R_{Ay} + R_{Cy} - P$
(e)　$R_{Ax}r - R_{Ay}(r+l) + Pl$　(f)　$\sqrt{2}P$　(g)　P　(h)　水平左向き

問題 2・6　(a)　$R_{Ay} + F_B\cos\theta$　(b)　$R_{Cy} - F_B\cos\theta$　(c)　$P_C\sin\theta - F_{Br}\sin\beta/\sin\theta$
(d)　$P_C\sin^3\theta/r\sin\beta$　(e)　$P_C(\sin^3\theta + \sin^2\theta\cdot\cos\theta\cdot\cos\beta/\sin\beta)$

問題 2・7　$R_{Ax}=0$，$R_{Ay}=\{P_1(l-l_1)+P_2(l-l_2)+P_3(l-l_3)\}/l$
$R_{Bx}=0$，$R_{By}=(P_1l_1+P_2l_2+P_3l_3)/l$

問題 2・8　車輪が受ける反力は線路に垂直となる．
$F=mg\cos\theta=16.1$ kN,
$R_A=(-b\cos\theta+c\sin\theta+h\cos\theta)mg/(2c)=8.0$ kN,
$R_B=mg\sin\theta-R_A=11.2$ kN

問題 2・9　mg と P の A 点まわりのモーメントのつりあいを考える．
$P=mg\sqrt{h/(2r-h)}=1.48$ kN,
$R=\sqrt{(mg)^2+P^2}=2.91$ kN

問題 2・10　ロープの張力は $m_1g\sin\theta$，$m_2g\sin\theta$ となり，O 点まわりのモーメントのつりあいから，$P=gl_2(2m_1+m_2)\sin\theta/(l_1+2l_2)$

問題 2・11　$R_{Ax}=0$，$R_{Ay}=-R_{Dy}=(Pl_1-M_0)/(2l_2)$，$R_{Dx}=P$

問題 2・12　ばねの伸びとドラムの表面の回転移動量は等しいことおよびドラム中心まわりのモーメントのつりあいから，$mgl\sin\theta=kr^2\theta$

問題 2・13　$R_{Ax}=(P_1l_1+P_2l_2)\cos\theta/l\sin\theta$，$R_{Ay}=\{P_1(l-l_1)+P_2(l-l_2)\}/l$,
$F=(P_1l_1+P_2l_2)/l\sin\theta$

問題 2・14　$\tan\theta=R_{Dx}/R_{Dy}$ であることに注意し，つりあい条件から
$R_{Ax}=R_{Dx}=(M_0-Pd)\tan\theta/(l+h\tan\theta)$,
$R_{Ay}=\{P(d+l+h\tan\theta)-M_0\}/(l+h\tan\theta)$,
$R_{Dy}=(M_0-Pd)/(l+h\tan\theta)$

問題 2・15　$R_{Ay}=-P$，$R_{Ax}=0$，$R_{By}=2P$，$F_{CD}=-F_{AB}=P\cos\theta/\sin\theta$,
$F_{CB}=-P$，$F_{AC}=-F_{BD}=P/\sin\theta$　(例題 **2・8** 参照)

問題 2・16　$R_A=-R_B=M_0/l$，$M_B=M_0c/l$，AC，CB に分割する．

問題 2・17　$R_A=-R_{By}=Pc\sin\theta/(2l)$，$R_{Bx}=P$

問題 2・18　$R_{Cx}=P\cos\theta/\sin\theta$，$R_{Cy}=P$

問題 2・19　$R_{Ax}=Ph/b$，$R_{Ay}=P(b-h)/b$，$R_{Ex}=-Ph/b$，$R_{Ey}=Ph/b$

3 章　分布力と重心

問題 3・1　(a)　水圧，重力，遠心力など　(b)　$x=b\rho_2V_2/(\rho_1V_1+\rho_2V_2)$　(c)　3・8
(d)　最下点

問題 3·2 (a) $\int_{-\frac{\theta}{2}}^{\frac{\theta}{2}} r\cos\beta\cdot r\mathrm{d}\beta$ (b) 0 (c) $4r/(\pi\sqrt{2})$ (d) $2r/\pi$

問題 3·3 (a) $(ch/2)(2h/3)+(bh/2)(h/3)$ (b) $ch/2+bh/2$

問題 3·4 (a) $1+x/9$ (b) 36 (c) $\int_0^l x\cdot p(x)\mathrm{d}x$ (d) 10.5

問題 3·5 (a) 50 (b) 2.5 (c) 39.4
(d) $-36\times4-50\times2.5+R_{Fx}\times6+R_{Fy}\times5$
(e) $-50\times2.5+36\times2+R_{Fy}\times5$ (f) -36 (g) 10.6

問題 3·6 (a) $p_0b/2$ (b) $b/3$ (c) $P(2b/3+c)+R_{Ex}h-R_{Ey}(b+c)$ (d) h/b
(e) $(2b+3c)bp_0/(6c)$ (f) $R_{Ex}h+R_{Dy}(b+c)-p_0b^2/6$

問題 3·7 (a) ρgh (b) $\rho gbh^2/2$ (c) 88.3 (d) 2

問題 3·8 パップスの定理，式(**3·10**)，式(**3·11**)を用いる（例題 **3·6** 参照）．
$V=2\pi(y_{g1}S_{OAB}+y_{g3}S_{BCD})=0.246\ \mathrm{m}^3$，$S=2\pi(y_{g2}l_{OB}+y_{g4}l_{BD})=1.22\ \mathrm{m}^2$，
y_{g1}，y_{g2}：4分の1円と円弧の重心，y_{g3}，y_{g4}：三角形の重心とBDの重心

問題 3·9 $x_g=\{(b+c)/(h+b+c)\}(b/2)$，$y_g=\{(h+c)/(h+b+c)\}(h/2)$
〔式(**3·11**)，図 **3·4** 参照〕

問題 3·10 $x_g=(A_2x_{g2}-A_1x_{g1})/(A_2-A_1)$，式(**3·8**)，巻末の重心一覧図参照．

問題 3·11 $x_g=3b/8$，$x_g=3h/5$ （例題 **3·5** 参照）

問題 3·12 $h=\sqrt{3}\ b$，AB，BC 各部に作用する水圧によるB点まわりのモーメントを考える．

問題 3·13 $R_{Ax}=pr$，Bより角度θの位置での微小角度$d\theta$部分の板に垂直に作用する圧力dpは単位幅あたり$\mathrm{d}p=pr\mathrm{d}\theta$であり，この水平成分$pr\sin\theta\mathrm{d}\theta$の$\theta$がゼロから$\pi$までの積分値がA，Bの水平反力の和と等しい．

問題 3·14 (a) $R_{Ax}=\rho gh^2/2$，$R_{Ay}=(bh/2-h^3/3b)\rho g$，底面，側面の水圧，A，B点の反力の間のつりあいを考える．
(b) $R_{Ax}=\rho gh^2/2$，$R_{Ay}=(bh/2-hl^2/3b)\rho g$，AよりB方向$x$での微小長さ$dx$あたりのせきに垂直な水圧は$p=\rho gx\cos\theta\, dx$であることを考慮する．
(c) $R_{Ax}=\rho gr^2/2$，$R_{Ay}=0$，角度θの位置での水圧は$\rho gr\sin\theta$であることを考慮して問題 **3·13** と同じに考える．

問題 3·15 AB にかかる全水圧は$2\rho gb^2$，作用位置は下端より$2b/3$であるから，
$M=2\rho gb^3/3$

問題 3·16 AB 間の分布荷重の総量は 9 kN，これがBより右 2 m の位置に作用するとして，支持モーメント $M_D=-9\times(10-2)=-72$ kN·m（時計回転）．M_D は BC の長さには無関係となる．

問題 3·17 CD 間の分布力の総量は 15 kN，これがCより右 1 m のところに集中して作用するものとして，$R_{Ax}=R_{Bx}=0$，$R_{Ay}=R_{By}=7.5$ kN

問題 3·18 点Cで2部材に分割して考える（**2** 章例題 **2·7**，**3** 章問題 **3·4**，**3·5**，**3·6** など参

照）．分布荷重 EF，CD の総量はそれぞれ 40 kN，30 kN であり，EF は E より右 2 m，CD は C より右 4 m の位置に集中して作用するものとして，

$R_{Ax}=-R_{Bx}=53.3$ kN，$R_{Ay}=R_{By}=35$ kN

問題 3・19　例題 3・7 のケーブルのたわみ曲線の積分定数決定時に，$x=0$ で $y=0$，$x=l/2$ で $y=0$，$x=l$ で $y=h$ を代入し，$F_0=pl^2/(4h)$ となる．

問題 3・20　$\theta=\sin^{-1}\left(\dfrac{5}{4+3.14}\right)=44.5°$

4 章　摩擦および仕事と動力

問題 4・1　(a) 比例　(b) しない　(c) F_1b　(d) する　(e) 質量　(f) 735　(g) 保存力　(h)（機械の）効率　(i) 安定　(j) 不安定

問題 4・2　(a) $mg\sin\theta+0.1\,mg\cos\theta$　(b) 8.3　(c) Fv

問題 4・3　(a) $F+\mu_s\,mg\cos 30°$　(b) $mg\sin 30°+\mu_s\,mg\cos 30°$　(c) $mg\sin 30°$　(d) 上向き　(e) $mg\sin 30°-F$

問題 4・4　(a) $mgb/2$　(b) $mgb/(2x)$　(c) $\mu_k mg$　(d) $P_1>P_2$

問題 4・5　(a) $F\cos\theta$　(b) $mg/\cos\theta$　(c) $\sin\theta$　(d) $\tan\theta$　(e) $\cos\theta$　(f) mg　(g) $\mu_A N$　(h) $\mu_B mg$　(i) $R_{B\,max}$　(j) $mg\tan\theta$

問題 4・6　(a) $b\cos\theta$　(b) $-b\sin\theta$　(c) mg　(d) $-mgb\sin\theta\cdot\delta\theta$　(e) $M\delta\theta$　(f) $mgb\sin\theta$　(g) $\sin^{-1}\{M/(mgb)\}$

問題 4・7　(a) $(l/2)\sin\theta$　(b) $l\sin\theta+h_0$　(c) $(l/2)\cos\theta$　(d) $l\cos\theta$　(e) $(3mgl/2)\cos\theta\cdot\delta\theta$　(f) $m_0gl\cos\theta\cdot\delta\theta$　(g) $gl\cos\theta(3m/2+m_0)$　(h) $-Fl\sin\theta$　(i) δW_g　(j) δW_e　(k) $g(3m/2+m_0)\cot\theta$　(l) 1614

問題 4・8　(a) $r_2\beta$　(b) $s\sin\theta$　(c) $Pr_1\beta$　(d) $mgr_2\beta\sin\theta$　(e) $Pr_1\delta\beta$　(f) $-mgr_2\sin\theta\cdot\delta\beta$　(g) δW_e　(h) δW_g　(i) $(mgr_2/r_1)\sin\theta$

問題 4・9　(1) $\mu_s=P\cos 30°/(mg+P\sin 30°)=0.293$　(2) $F=P\cos 45°=141$ N（例題 4・3 参照）

問題 4・10　ばねに蓄えられるエネルギーはこの場合，$U=k(\sqrt{u^2+b^2}-b)^2/2$ となる．したがって，微小変位 δu の間の変化は $\delta U=ku(1-b/\sqrt{u^2+b^2})\delta u$ となる〔式(4・12)参照〕．δU が仮想仕事 $P\delta u$ に等しいとおいて，$P=ku(1-b/\sqrt{b^2+u^2})$

問題 4・11　$F=P/2-k(2l\sin\theta-h)$　（前問参照）

問題 4・12　147 kW　（問題 4・2 参照）

問題 4・13　$d<0.575l$　（問題 4・5 参照）

問題 4・14　$T=76.3$ N・m．シリンダの重力，ブロックからの抗力 N，摩擦力 F の間の力，モーメントのつりあいおよび $T=Fr$ から算出．

問題 4・15　球 ② の A，C 点まわりのモーメントのつりあいを比較し，$\mu_s>0.27$

問題 4・16 589 Nの力で支えることが可能．A点の抗力Nと摩擦力Rを仮定し，力，モーメントのつりあいから支持力を算出．$R=\mu N$を参考にすべりを検討する．

問題 4・17 A，B点での反力N_A，N_Bと摩擦力F_A，F_Bを仮定し（$F_A=\mu_k N_A$，$F_B=\mu_k N_B$），力，モーメントのつりあいを考える．$P=727$ N

問題 4・18 最大摩擦力$\mu_s(mg-P\cos\theta)$ と$P\sin\theta$がつりあうときが限界，糸巻きの中心軸まわりのモーメントを考えてみよ．

$$\theta=\sin^{-1}(r_1/r_2),\quad P=\mu_s mgr_2/(r_1+\mu_s\sqrt{r_2{}^2-r_1{}^2})$$

問題 4・19 $\theta=mg/(4kr)$．変形前のバンドとばねの全長をl_0，ばねの伸びをx，変形後のA部の長さをhとすれば，$2h=l_0-\pi r+x$，両辺を微分して$\delta h=\delta x/2$，また$x=2r\theta$の関係があり，仮想仕事の原理を適用する．

問題 4・20 例題 **4・5** および問題 **4・10** のヒント参照．$P=kb\sin(\theta/2)+(mg/2)\tan(\theta/2)$

問題 4・21 $F=k\sqrt{x^2+h^2}$（問題 **4・10**，**4・11** 参照）

5章　質点および剛体の運動学

問題 5・1 (**a**) -3.2　(**b**) 6.9　(**c**) 77

問題 5・2 (**a**) $500\times 2\pi$　(**b**) 52.3　(**c**) 1.05　(**d**) 1310　(**e**) 208　(**f**) 92

問題 5・3 (**a**) c　(**b**) b　(**c**) $\boldsymbol{\omega}\times\boldsymbol{r}_C$　(**d**) 0.8　(**e**) 1.0　(**f**) 0.6

問題 5・4 (**a**) $-\omega$　(**b**) $r\omega[\sin\theta \quad -\cos\theta \quad 0]$　(**c**) $1+\sin\theta$

問題 5・5 (**a**) $[-r_1\omega \quad 0 \quad 0]^T$　(**b**) $\boldsymbol{\omega}_3\times\boldsymbol{r}_{CD}$　(**c**) $\boldsymbol{\omega}_2\times\boldsymbol{r}_{CB}$　(**d**) $\dfrac{r_1\cos\theta}{r_2\sin\theta}$

(**e**) $\dfrac{r_1}{r_3\sin\theta}$　(**f**) 50

問題 5・6 (**a**) $\boldsymbol{\omega}\times\boldsymbol{r}_{BA}$　(**b**) $\sin\theta$　(**c**) $-v_{Ay}/(l\cos\theta)$

(**d**) $[-v_{Ay}\tan\theta \quad 0 \quad 0]^T$　(**e**) $\boldsymbol{v}_{CA}$　(**f**) $\boldsymbol{\omega}\times\boldsymbol{r}_{CA}$　(**g**) $c\omega\sin\theta$

(**h**) $l\omega\sin\theta$

問題 5・7 (**a**) $kt^2/2$　(**b**) $2\sqrt{\pi/k}$　(**c**) $2\sqrt{\pi k}$　(**d**) $2b\sqrt{\pi k}$　(**e**) $\dot{\theta}L/(2\pi)$

(**f**) $L\sqrt{k/\pi}$　(**g**) b　(**h**) $\dfrac{L}{2\pi}\dot{\theta}$　(**i**) b　(**j**) $b\dot{\theta}$　(**k**) $\dfrac{L}{2\pi}\ddot{\theta}$

(**l**) $-4b\pi k$　(**m**) bk　(**n**) $Lk/(2\pi)$

問題 5・8 到達時間は 11.9 秒，到達時θの速さは下向きに 66.7 m/s.

問題 5・9 $\omega=31.4$ rad/s，$v=r\omega=0.79$ m/s

問題 5・10 平均速さのとき 5.71 時間，異なる速さのとき 5.83 時間となり，7.1 分の差.

問題 5・11 $\boldsymbol{r}_P=[l \quad l\tan\theta \quad 0]^T$，$\boldsymbol{v}_P=[0 \quad l\omega/\cos^2\theta \quad 0]^T$，

$\boldsymbol{a}_P=[0 \quad l\alpha/\cos^2\theta+2l\omega^2\tan\theta/\cos^2\theta \quad 0]^T$

問題 5・12 ヒント：t時間後のA，Bの位置（$300t$，0），（$20\cos\pi/3$，$-20\sin\pi/3+250t$）間の距離を求め，その最小値をとるときの時間を求める．2分53秒

問題 5・13 $s_A + s_B + 2s_C =$ 一定，B は $s_B = -l(1 + 4v_C/v_l)$ 移動し，速さ，加速度の大きさはそれぞれ $v_l + 2v_C$，$v_l^2/2l$ で向きは上向き．

問題 5・14 $\omega_{AB} = r_0(r_0 + l\cos\phi)\cos^2\theta\omega_0/(l + r_0\cos\phi)^2$

問題 5・15 (**a**)　$\omega_{BC} = 0$，$\omega_{CD} = -r\omega/c$，$v_C = r\omega$，BC は並進運動だけなので瞬間中心は無限遠点．

(**b**)　$\omega_{BC} = r\omega\sin\theta/b$，$\omega_{CD} = -r\omega\cos\theta/c$，$v_C = r\omega\cos\theta$，瞬間中心は C の左 $b\cot\theta$ の位置（つまり線分 AB，CD の交点）．

問題 5・16 $\omega_{BD} = v_0\cos\theta/\{r\cos(\theta-\beta)\}$，

$\boldsymbol{v}_A = [(b+c)\cos\theta\omega_{AC} \quad v_0 + (b+c)\sin\theta\omega_{AC} \quad 0]^T$，

ただし $\omega_{AC} = -v_0\sin\beta/\{c\cos(\theta-\beta)\}$．G 点から見た A 点の位置ベクトルを $\boldsymbol{r}_{AG}$ とすると，$(\boldsymbol{r}_{AG}\cdot\boldsymbol{v}_A) = 0$ となり，G 点が瞬間中心であることが確認できる．

問題 5・17 相対角速度の大きさ $\omega_{BC-AB} = \omega_{BC} - \omega_{AB} = \omega\{1 + l\cos\theta/(r\cos\beta)\}$ で ω と反対向きの回転．

問題 5・18 $\omega = v_0\cos^2\theta/l$

問題 5・19 右向きを正とし，$v_B = -r\omega\left(\dfrac{(r\sin\theta - c)\cos\theta}{\sqrt{l^2-(r\sin\theta-c)^2}} + \sin\theta\right)$（例題 **5・1** 参照）

問題 5・20 $\omega_B = \dfrac{r\omega(r - l\cos\theta)}{r^2 + l^2 - 2lr\cos\theta}$，　$v_C = \dfrac{rl\omega\sin\theta}{\sqrt{r^2+l^2-2lr\cos\theta}}$

問題 5・21 シリンダベース部の長さを L とし，$v = \sqrt{\dot{l}^2 + (l+L)^2\dot{\theta}} = 545$ mm/s，

$a = \dot{\theta}^2(l+L) = 548$ mm/s^2

問題 5・22 伸展速さを v_l とすると，速度は

$\boldsymbol{v} = [v_l\cos\theta - (r+l)\Omega\sin\theta \quad v_l\sin\theta + (r+l)\Omega\cos\theta \quad 0]^T$

速度を時間で微分し加速度を求め，その大きさが許容範囲に入る条件より

$v_l = 32.8$ mm/s

6 章　質点の動力学

問題 6・1 (**a**)　a/g　(**b**)　3.6　(**c**)　$mg/\cos\theta$

問題 6・2 (**a**)　$\boldsymbol{r}_A + \boldsymbol{r}_B$　(**b**)　$\boldsymbol{F}_A + m_A\boldsymbol{g}$　(**c**)　$-2m_Am_B$　(**d**)　$m_A - m_B$

(**e**)　$-m_A\boldsymbol{g} - m_B\boldsymbol{g}$　(**f**)　$(m_A - m_B)^2$

問題 6・3 (**a**)　$\boldsymbol{F}_{AB} + \boldsymbol{F}_0$　(**b**)　$\boldsymbol{F}_{BA} + \boldsymbol{F}_{BC} + \boldsymbol{F}_0$　(**c**)　$-\boldsymbol{F}_{BA}$　(**d**)　$-\boldsymbol{F}_{CB}$

(**e**)　$3/(m_A + m_B + m_C)$　(**f**)　$2m_A - m_B - m_C$　(**g**)　$2m_C - m_A - m_B$

(**h**)　$v_0(m_A + m_B + m_C)$

問題 6・4 (**a**)　$\mu_Bm_Bg\cos\theta$　(**b**)　$m_Ag\sin\theta - F_A - F_{AB}$　(**c**)　$m_Bg\sin\theta - F_B + F_{BA}$

問題 6・5 $v = \sqrt{2gl(\sin\theta - \mu\cos\theta)}$

問題 6・6 $(30/\pi)\sqrt{70g/r}$ rpm

問題 6・7 $m_B\boldsymbol{a}_{BA} = \boldsymbol{F}_B - m_B\boldsymbol{a}_A$

問題 6・8 $F = 2m_A m_B m_C g / \{4m_A m_B - (m_A + m_B)m_C\}$

問題 6・9 $a = -\dfrac{kx}{m}\left(1 - \dfrac{h}{\sqrt{x^2+h^2}}\right)$

問題 6・10 $a_A = g\sin\theta - \mu_A g\cos\theta + (m_B/m_A)(\mu_B - \mu_A)g\cos\theta$

問題 6・11 $T_3 = 2m_A m_C g/(m_A + m_B + m_C)$

問題 6・12 $T = 3m_B F_0/(4m_A + 9m_B)$

問題 6・13 $a_B = m_B g/(4m_A + m_B)$

問題 6・14 外側タイヤまわりの遠心力と重力によるモーメントのつりあいを用い 69 km/h.

問題 6・15 ローラ上で円運動しているときの運動方程式を接線方向，向心方向について立式し，摩擦力が最大静止摩擦力以下という条件から $v \leq \sqrt{rg(\cos\theta - \sin\theta/\mu)}$.

問題 6・16 摩擦力の向きに注意することで，$\dfrac{(\sin\theta - \mu\cos\theta)g}{(\cos\theta + \mu\sin\theta)r} < \omega^2 < \dfrac{(\sin\theta + \mu\cos\theta)g}{(\cos\theta - \mu\sin\theta)r}$

問題 6・17 物体 A の加速度は水平右向きで大きさが
$m_B g\sin\theta\cos\theta/(m_A + m_B\sin^2\theta)$.
物体 B の A に対する相対加速度は斜面下方向で大きさが
$(m_A + m_B)g\sin\theta/(m_A + m_B\sin^2\theta)$.

7 章　剛体の動力学

問題 7・1 (a) πr^2　(b) $\dfrac{2}{5}mr_0{}^2$

問題 7・2 (a) $(0.8^2 - 0.16^2)$　(b) 524　(c) $0.4^2 + 0.08^2$　(d) $\sqrt{l/m}$

問題 7・3 (a) $\boldsymbol{F}_A + m_A\boldsymbol{g}$　(b) $\boldsymbol{F}_B + m_B\boldsymbol{g}$　(c) $\boldsymbol{r}_B \times (-\boldsymbol{F}_B)$　(d) $\boldsymbol{\alpha} \times \boldsymbol{r}_A$
(e) $\boldsymbol{\alpha} \times \boldsymbol{r}_B$　(f) $(m_A + m_B)$　(g) $(m_A - m_B)$　(h) $\dfrac{2(m_A - m_B)}{m + 2(m_A + m_B)}g$

問題 7・4 (a) $mg\sin\theta - F$　(b) $N - mg\cos\theta$　(c) $mr^2/2$　(d) $r\alpha$
(e) $\dfrac{2}{3}g\sin\theta$　(f) μN　(g) $\tan\theta$

問題 7・5 3.55 m

問題 7・6 0.44 kg・m^2

問題 7・7 $F_1 = F_2 = \dfrac{mIg}{I + mr^2}$

問題 7・8 150 N

問題 7・9 $N = \dfrac{4mg}{7}$，$a_B = \dfrac{3g}{7}$

問題 7・10 $a = 2.53$ m/s^2　$\alpha = 35.3$ rad/s^2

問題 7・11 $I_{円柱} = \dfrac{mr^2}{2}$，$I_{円筒} = mr^2$，$I_{球} = \dfrac{2mr^2}{5}$，$I_{球殻} = \dfrac{2}{3}mr^2$.

回転半径はそれぞれ $k_{円柱} = \dfrac{\sqrt{2}}{2}r$，$k_{円筒} = r$，$k_{球} = \sqrt{\dfrac{2}{5}}r$，$k_{球殻} = \sqrt{\dfrac{2}{3}}r$

早いほうから順に球，円柱，球殻，円筒.

問題 7・12 反時計回りを正として $\alpha = -47.1\ \mathrm{rad/s^2}$，$[N_x \quad N_y] = [-88.3 \quad 128]$ N

問題 7・13 すべりはじめ角速度はゼロより式(**5・13**)を使って重心加速度は

$$\boldsymbol{a} = l\alpha[\sin\theta \quad -\cos\theta \quad 0]^{\mathrm{T}}/2$$

であり，重心まわりの運動方程式を整理して

$$N_{\mathrm{A}} = mg\tan\theta - (\tan\theta - \mu)(1 + 3\sin^2\theta)mg/(4 - 6\mu\sin\theta\cos\theta)$$

$$N_{\mathrm{B}} = (1 + 3\sin^2\theta)mg/(4 - 6\mu\sin\theta\cos\theta)$$

問題 7・14 (**a**) 右向きに $a = 3.84\ \mathrm{m/s^2}$，時計回りに $\alpha = 19.2\ \mathrm{rad/s^2}$ (**b**) $\mu = 0.016$

問題 7・15 $a_1 = (m_1 + m_2)g/(m_1 + 3m_2)$，$a_2 = (3m_2 - m_1)g/(m_1 + 3m_2)$

問題 7・16 角加速度の大きさ：$r_1 r_2 T/(I_1 r_2{}^2 + I_2 r_1{}^2)$，張力差：$I_2 r_1 T/(I_1 r_2{}^2 + I_2 r_1{}^2)$

問題 7・17 $x > 2l/3$ のとき，落下位置 $x' = x$. $x < 2l/3$ のとき，

落下位置 $x' = -x\sqrt{6(h-x)/l}$

問題 7・18 左端より x のところでの半径は $r = r_1 + x(r_2 - r_1)/h$ であり，この部分の微小幅 $\mathrm{d}x$ の慣性モーメントは密度を ρ として付録 7(**n**) より 2 次の微小量を無視して $\mathrm{d}I = r^2 \cdot 2\pi r t \rho \mathrm{d}x$ である．よって $I = m(r_1{}^2 + r_2{}^2)/2$

問題 7・19 回転の速さ ω は一定で，向心加速度のみ生じる．加速度の向きに注意することで，それぞれ左向きに $F_{\mathrm{B}} = m_{\mathrm{B}}\omega^2 r(1 + r/l)$，$F_{\mathrm{A}} = F_{\mathrm{B}} + m_{\mathrm{A}}\omega^2 r\{1 + r/(2l)\}$ という大きさの力を受ける．

問題 7・20 回転軸と質点の距離にはアーム分だけでなく回転軸から支点までのバイアスがあることに注意して，質点とともに回転する座標系で鉛直方向の力のつりあいと，上支点と円環の支点まわりのモーメントのつりあいから，$\beta = 0.48$ rad.

8 章　エネルギーと運動量

問題 8・1 (**a**) ρV (**b**) ρVg (**c**) 1.96

問題 8・2 (**a**) $mg(h + \Delta x)$ (**b**) $k(\Delta x)^2/2$ (**c**) 0.055 (**d**) 55

問題 8・3 (**a**) $l_g\omega$ (**b**) mv^2 (**c**) 24 (**d**) $m(12l_g{}^2 + l^2)\omega^2$

(**e**) $(l^2/12 + l_g{}^2)$ (**f**) $m(12l_g{}^2 + l^2)\omega^2$

問題 8・4 (**a**) $m_{\mathrm{A}}v_{\mathrm{A}} + m_{\mathrm{B}}v_{\mathrm{B}}$ (**b**) 3.67 (**c**) $m_{\mathrm{B}}v - m_{\mathrm{B}}v_{\mathrm{B}}$

問題 8・5 (**a**) $-re_n$ (**b**) $mr\omega^2$ (**c**) 0 (**d**) 0 (**e**) $-m\hat{r}^2$

(**f**) $(-m\hat{r}_1{}^2)\omega_1$ (**g**) $\left(\dfrac{r_1}{r_2}\right)^2$ (**h**) $\dfrac{r_1}{r_2}$ (**i**) $\dfrac{r_1}{r_2}$

(j) $\dfrac{r_1 - r_2}{r_2}$　　(k) $\dfrac{1}{2} m{v_1}^2$

問題 8・6　(a) $v = 3.7$ m/s

問題 8・7　(a) $v_B = \sqrt{2gh_A} = 15.7$ m/s，$K_B = m{v_B}^2/2 = 62$ kN・m，$h_A > 2.5r = 12.5$ m

問題 8・8　(a) $v_B = \sqrt{2gl}$ m/s，$v_C = \sqrt{4gl}$ m/s，$v_B' = \sqrt{3gl}$ m/s，$v_C' = \sqrt{6gl}$ m/s

問題 8・9　$K_A = 493$ N・m，$K_B = 197$ N・m，$T = (K_A + K_B)/(10 \times 2\pi) = 11$ N・m

問題 8・10　$\omega' = 20.9$ rad/s $= 200$ rpm，$\Delta K = 44$ N・m

問題 8・11　荷物移動前：$v_2 = (m_B v_0 + m_C v_1)/(m_B + m_C)$，
荷物移動後：$v_3 = \{(m_A + m_B) v_0 + m_C v_1\}/(m_A + m_B + m_C)$

問題 8・12　滑車の質量無視：$v = \sqrt{2(m_2 - \mu m_1) gs/(m_1 + m_2)}$，
滑車の質量考慮：$v = \sqrt{2(m_2 - \mu m_1) gs/(m_1 + m_2 + m/2)}$

問題 8・13　$\boldsymbol{v}_{A2} = [0.0022 \quad 0.05]^T$ m/s，$\boldsymbol{v}_{B2} = [0.084 \quad 0]^T$ m/s

問題 8・14　$v_A' = 0$ m/s，$v_B' = 1.61$ m/s，$v_C' = 1.92$ m/s

問題 8・15　式(**8・24**)より $d = \sqrt{F/(\rho \pi {v_2}^2/4)} = 5.1$ m（Fはヘリコプタの揚力），
積載質量 $= 1268$ kg

問題 8・16　撃ち込まれる距離 $s = 0.03$ m，平均抵抗力の大きさ $F = -7.7$ kN

問題 8・17　A 点が最大速度となるのは $\theta = 48.2°$ のときで，そのとき $v_A = 1.62$ m/s

問題 8・18　$\omega = \sqrt{3g(1 - \cos\theta)/l} = 2.94$ rad/s，$R = mg\{5/2 - (3/2)\cos\theta\} = 28.2$ N

問題 8・19　斜面で跳ね返った直後の鋼球の速度 $\boldsymbol{v}'$ を初速度として到達距離 d を求める．$\boldsymbol{v}'$ の x，y 方向成分は $v_x' = v(1+e)\sin 30° \cos 30°$，$v_y' = -v \sin^2 30° + ev \cos^2 30°$ で与えらる．$h_1 = 4.58$ m

問題 8・20　ヒント：衝突前の角運動量は運動量のモーメントとして求まる．

(a) $v_1 = 2\sqrt{\dfrac{g}{3}\left(1 + \dfrac{c^2}{b^2}\right)\left(\sqrt{b^2 + c^2} - b\right)}$　　(b) 62.5%

付表

付表 1　接頭語

単位に乗じる倍数	接頭語	
	名称	記号
10^{18}	エクサ	E
10^{15}	ペタ	P
10^{12}	テラ	T
10^{9}	ギガ	G
10^{6}	メガ	M
10^{3}	キロ	k
10^{2}	ヘクト	h
10^{1}	デカ	da
10^{-1}	デシ	d
10^{-2}	センチ	c
10^{-3}	ミリ	m
10^{-6}	マイクロ	μ
10^{-9}	ナノ	n
10^{-12}	ピコ	p
10^{-15}	フェムト	f
10^{-18}	アト	a

付表 2　ギリシア文字

大文字	小文字	読み方
A	α	アルファ
B	β	ベータ
Γ	γ	ガンマ
Δ	δ	デルタ
E	ε	イプシロン
Z	ζ	ジータ（ゼータ）
H	η	イータ（エータ）
Θ	θ	シータ（テータ）
I	ι	イオタ
K	κ	カッパ
Λ	λ	ラムダ
M	μ	ミュー
N	ν	ニュー
Ξ	ξ	グザイ（クシー）
O	o	オミクロン
Π	π	パイ
P	ρ	ロー
Σ	σ	シグマ
T	τ	タウ
Υ	υ	ウプシロン
Φ	ϕ	ファイ
X	χ	カイ
Ψ	ψ	プサイ
Ω	ω	オメガ

付表３　静摩擦係数

摩擦片	摩擦面	摩擦係数
木	金属	0.2 ～ 0.6
石	金属	0.3 ～ 0.4
皮革	金属	0.4 ～ 0.6
木	石	0.4
木	木	0.2 ～ 0.5
ゴム	ゴム	0.5
ナイロン	ナイロン	0.15 ～ 0.25
テフロン	テフロン	0.04
氷	氷	0.3 ～ 0.5
スキー	雪	0.08

日本機械学会編：機械工学便覧より引用

付表４　動摩擦係数

摩擦片	摩擦面	摩擦係数
硬鋼	硬鋼	0.35 ～ 0.40
軟鋼	軟鋼	0.35 ～ 0.40
鉛，ニッケル，亜鉛	軟鋼	0.40
ホワイトメタル，ケルメット，りん青銅	軟鋼	0.30 ～ 0.35
カーボン	軟鋼	0.21
銅	銅	1.4
ニッケル	ニッケル	0.7
ガラス	ガラス	0.7
スキー	雪	0.06

日本機械学会編：機械工学便覧より引用

付表５　転がり摩擦係数

回転体	転がり面	摩擦係数
鋼	鋼	0.02 ～ 0.04
鋼	木	0.15 ～ 0.25
空気入りタイヤ	良い道	0.05 ～ 0.055
空気入りタイヤ	どろ道	0.1 ～ 0.15
ソリッドゴムタイヤ	良い道	0.1
ソリッドゴムタイヤ	どろ道	0.22 ～ 0.28

日本機械学会編：機械工学便覧より引用

付表 6　簡単な形状をした物体の重心

(a)　線分

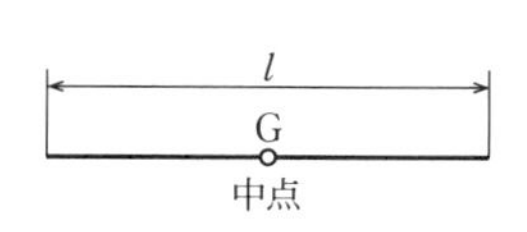

(b)　円弧

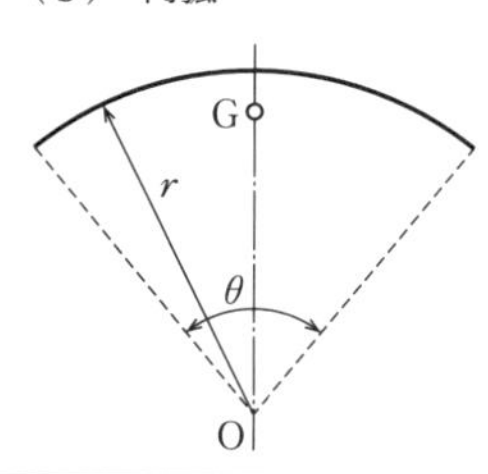

$$\overline{OG} = \frac{2r}{\theta}\sin\frac{\theta}{2}$$

(c)　扇形

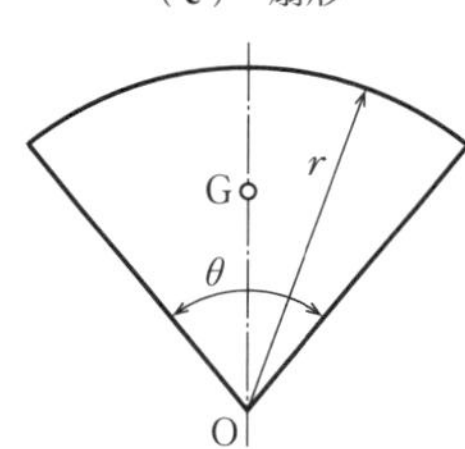

$$\overline{OG} = \frac{4r}{3\theta}\sin\frac{\theta}{2}$$

(d)　半円

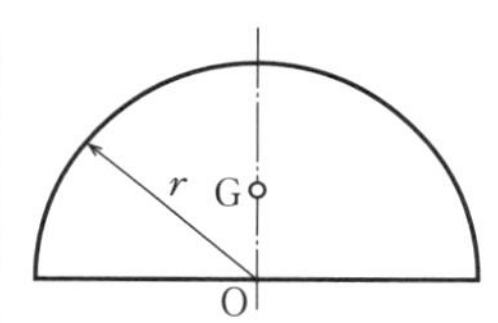

$$\overline{OG} = \frac{4r}{3\pi}$$

(e)　弓形

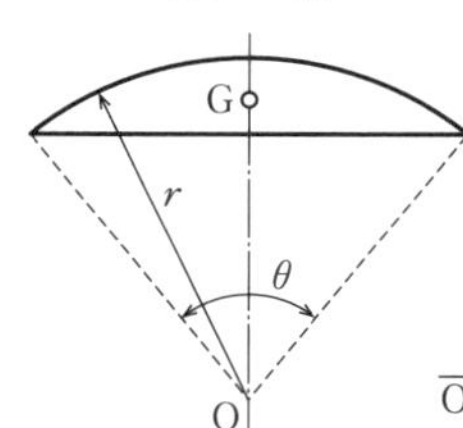

$$\overline{OG} = \frac{4r}{3}\cdot\frac{\sin^3(\theta/2)}{\theta-\sin\theta}$$

(f)　環状扇形

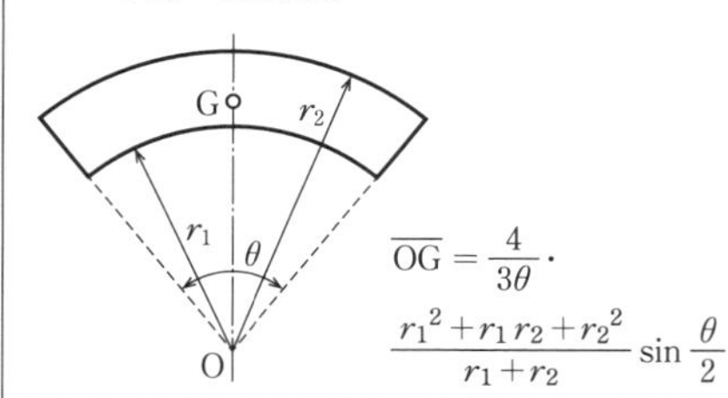

$$\overline{OG} = \frac{4}{3\theta}\cdot\frac{{r_1}^2+r_1r_2+{r_2}^2}{r_1+r_2}\sin\frac{\theta}{2}$$

(g)　三角形

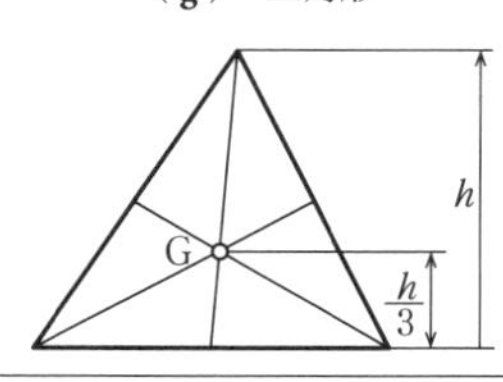

3 中線の交点

(h)　平行四辺形

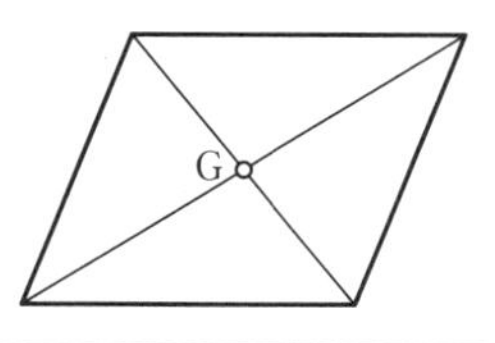

対角線の交点

(i)　台形

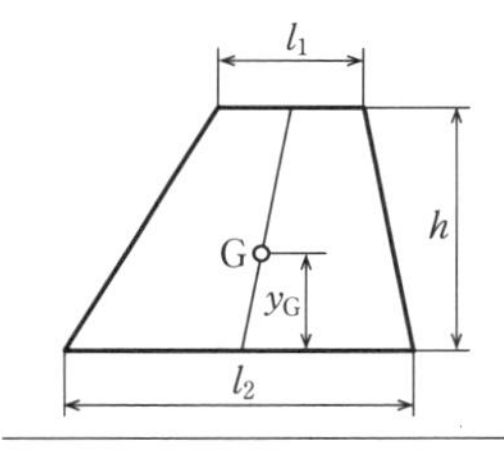

$$y_G = \frac{h}{3}\cdot\frac{2l_1+l_2}{l_1+l_2}$$

(j)　放物線で囲まれる面

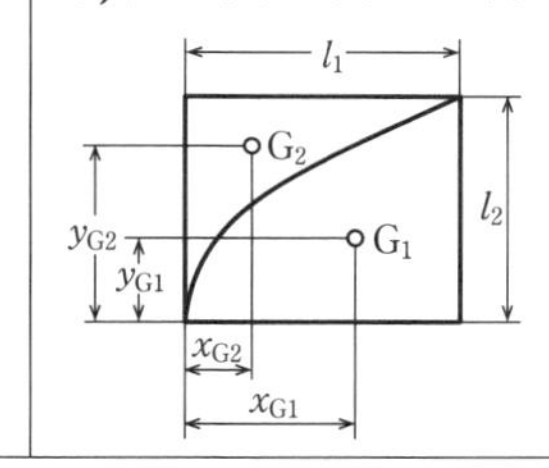

$$x_{G1} = \frac{3}{5}l_1$$

$$y_{G1} = \frac{3}{8}l_2$$

$$x_{G2} = \frac{3}{10}l_1$$

$$y_{G2} = \frac{3}{4}l_2$$

（次ページへつづく）

付表 6　簡単な形状をした物体の重心

（k）円錐面

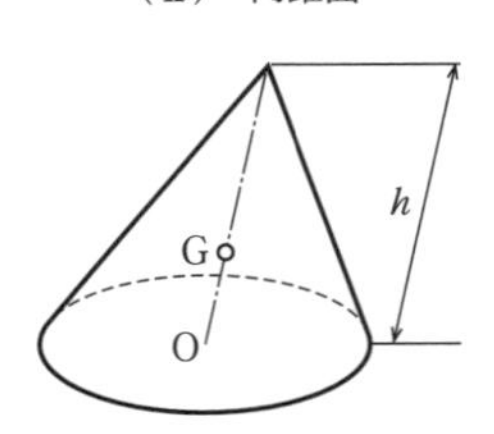

$$\overline{\mathrm{OG}} = \frac{h}{3}$$

（l）半球面

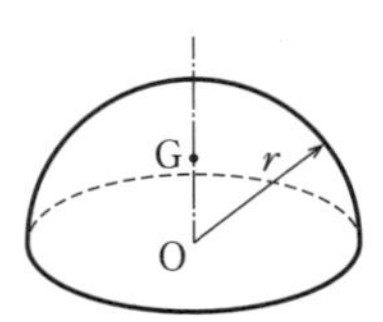

$$\overline{\mathrm{OG}} = \frac{r}{2}$$

（m）角柱

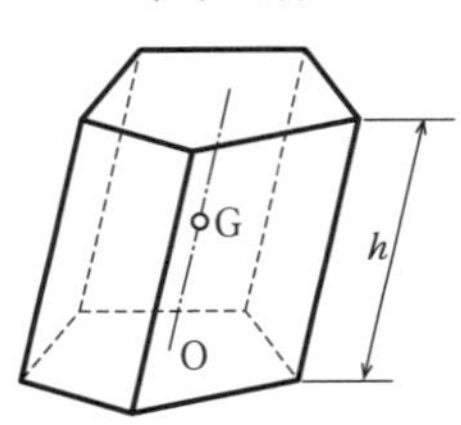

$$\overline{\mathrm{OG}} = \frac{h}{2}$$

（n）円柱

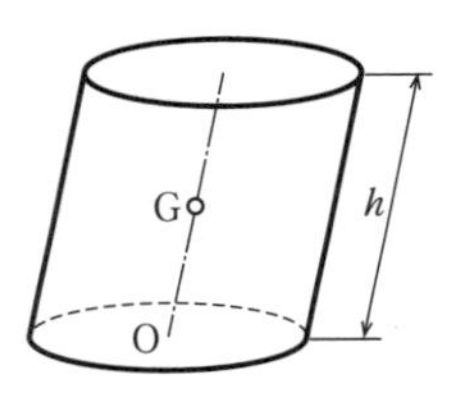

$$\overline{\mathrm{OG}} = \frac{h}{2}$$

（o）角錐

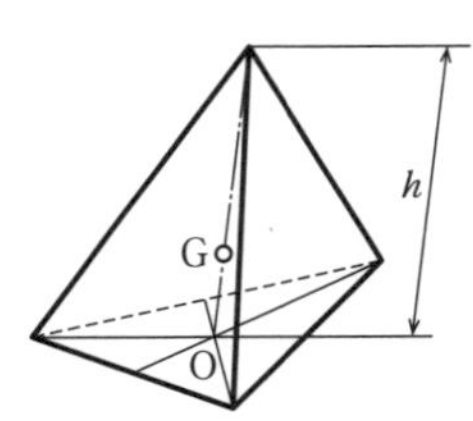

$$\overline{\mathrm{OG}} = \frac{h}{4}$$

（p）円錐

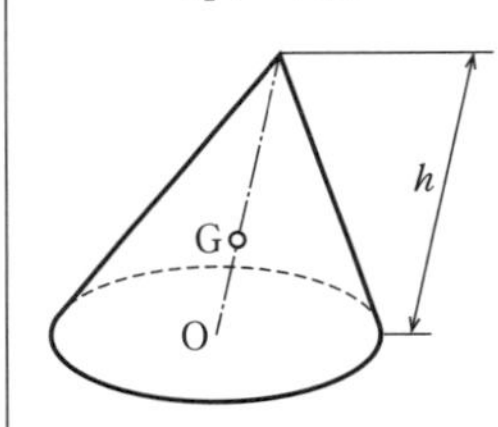

$$\overline{\mathrm{OG}} = \frac{h}{4}$$

（q）半球

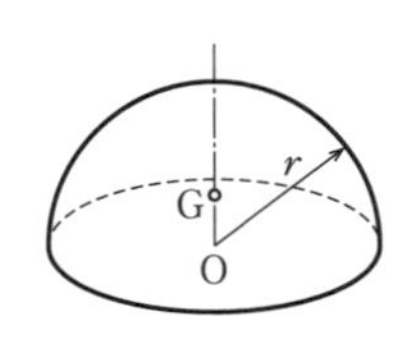

$$\overline{\mathrm{OG}} = \frac{3}{8}r$$

（r）中空の半球

$$\overline{\mathrm{OG}} = \frac{3}{8} \cdot \frac{{r_2}^4 - {r_1}^4}{{r_2}^3 - {r_1}^3}$$

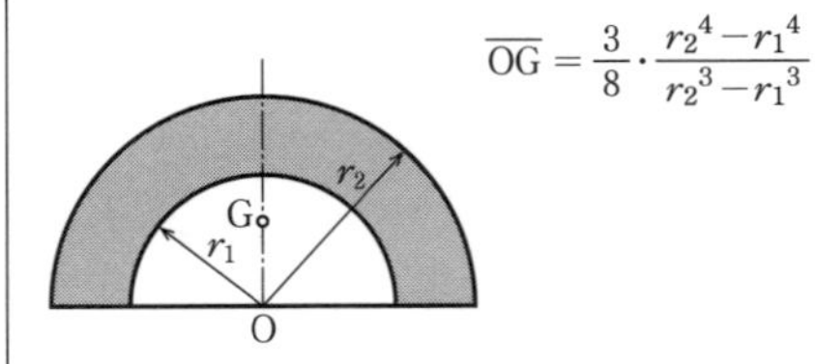

（s）頭を切った角錐

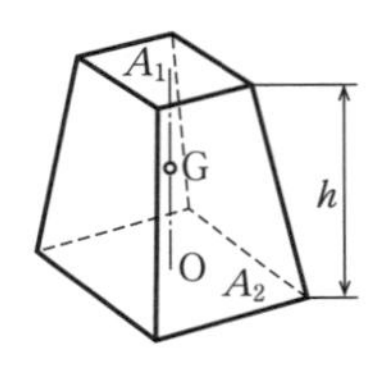

$$\overline{\mathrm{OG}} = \frac{h}{4} \cdot \frac{3A_1 + 3\sqrt{A_1 A_2} + A_2}{A_1 + \sqrt{A_1 A_2} + A_2}$$

（A_1，A_2 は両底面の面積）

（t）頭を切った円錐

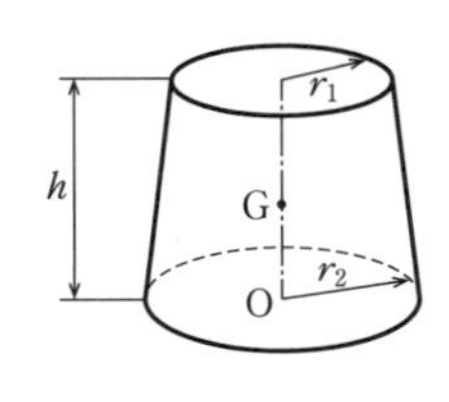

$$\overline{\mathrm{OG}} = \frac{h}{4} \cdot \frac{3{r_1}^2 + 2r_1 r_2 + {r_2}^2}{{r_1}^2 + r_1 r_2 + {r_2}^2}$$

付表 7　簡単な形状をした物体の慣性モーメント（m：物体の質量）

（a）細い直線棒

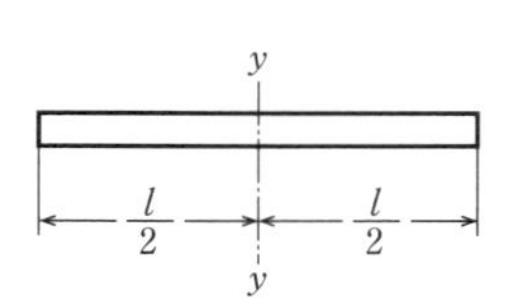

$$I_y = m\frac{l^2}{12}$$

（b）細い円輪

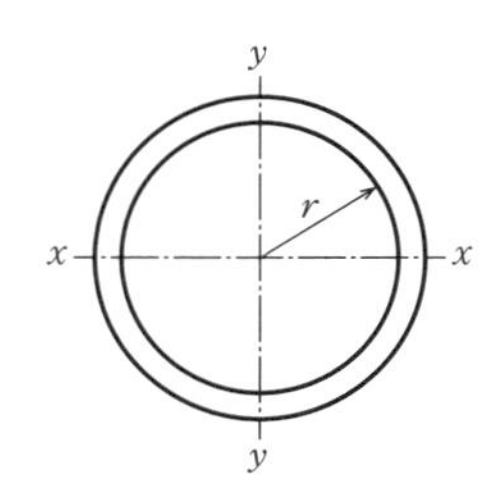

$$I_x = I_y = m\frac{r^2}{2}$$

（c）三角形板

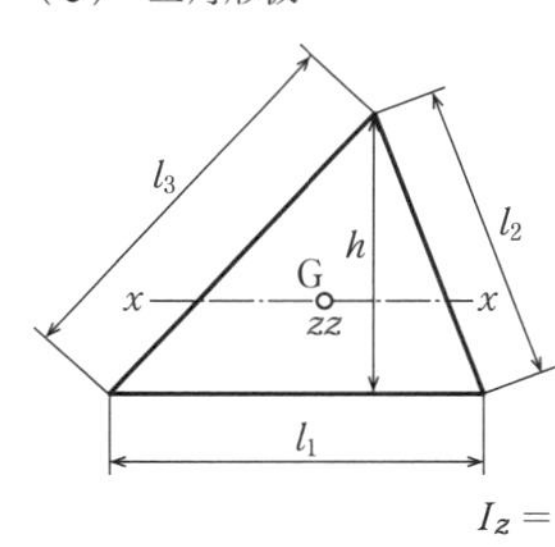

$$I_x = m\frac{h^2}{18}$$

$$I_z = m\frac{{l_1}^2 + {l_2}^2 + {l_3}^2}{36}$$

（d）長方形板

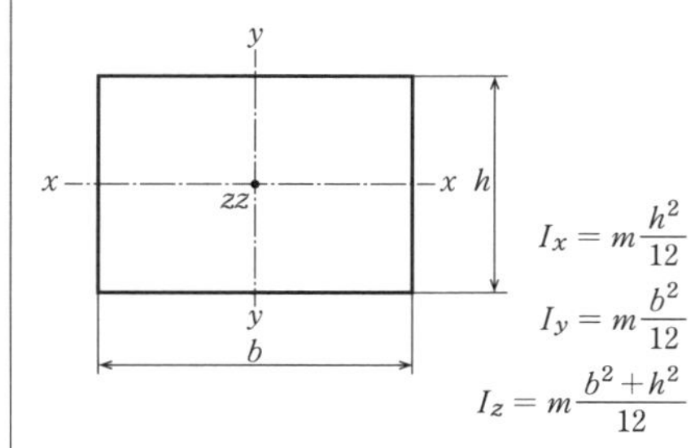

$$I_x = m\frac{h^2}{12}$$

$$I_y = m\frac{b^2}{12}$$

$$I_z = m\frac{b^2 + h^2}{12}$$

（e）円板

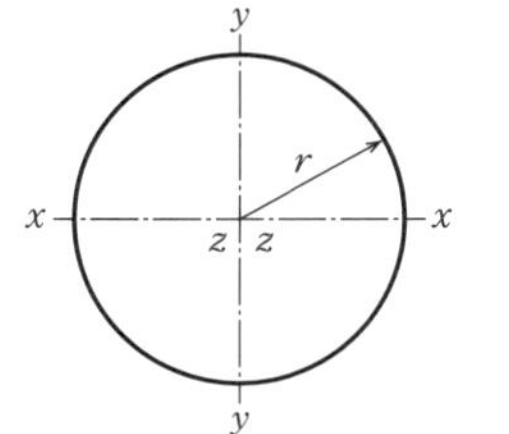

$$I_x = I_y = m\frac{r^2}{4}$$

$$I_z = m\frac{r^2}{2}$$

（f）扇形板

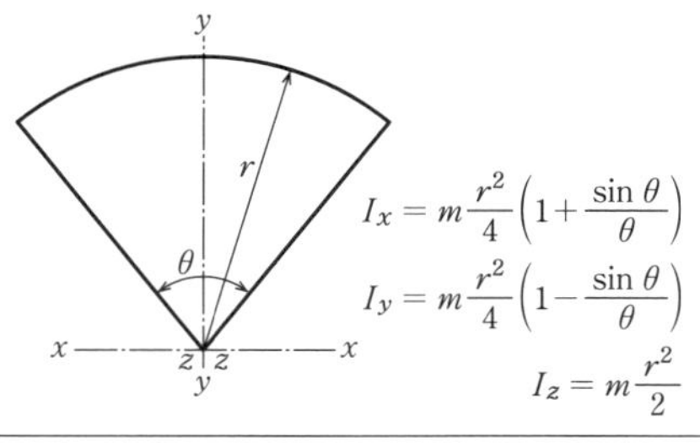

$$I_x = m\frac{r^2}{4}\left(1 + \frac{\sin\theta}{\theta}\right)$$

$$I_y = m\frac{r^2}{4}\left(1 - \frac{\sin\theta}{\theta}\right)$$

$$I_z = m\frac{r^2}{2}$$

（g）環形板

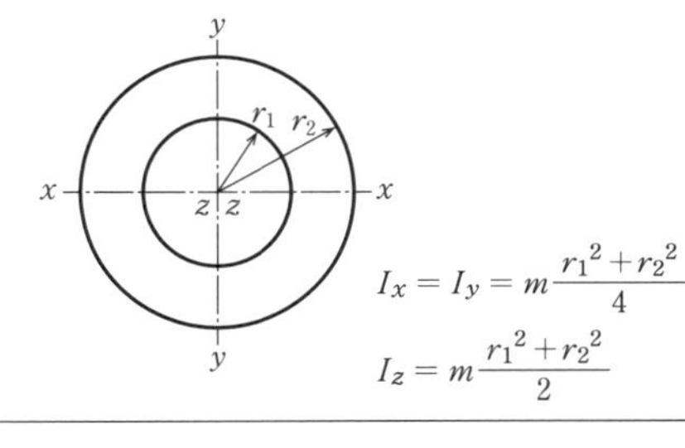

$$I_x = I_y = m\frac{{r_1}^2 + {r_2}^2}{4}$$

$$I_z = m\frac{{r_1}^2 + {r_2}^2}{2}$$

（h）楕円板

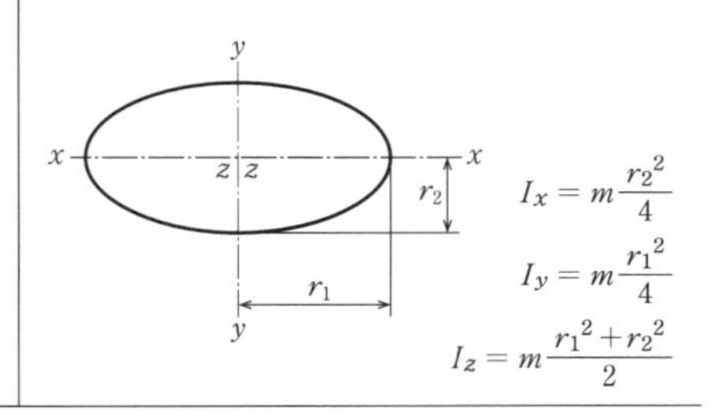

$$I_x = m\frac{{r_2}^2}{4}$$

$$I_y = m\frac{{r_1}^2}{4}$$

$$I_z = m\frac{{r_1}^2 + {r_2}^2}{2}$$

（次ページへつづく）

付表 7　簡単な形状をした物体の慣性モーメント（m：物体の質量）

（i） 直方体

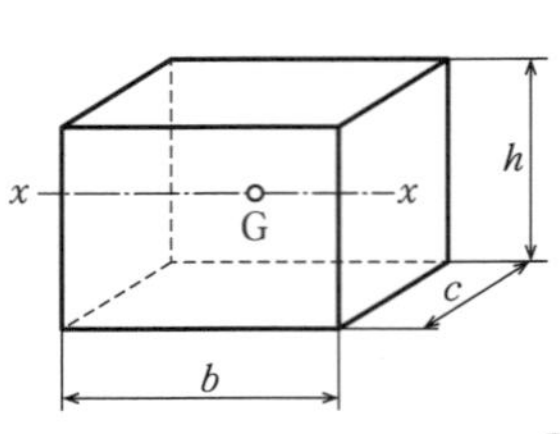

$$I_x = m\frac{c^2+h^2}{12}$$

（j） 球

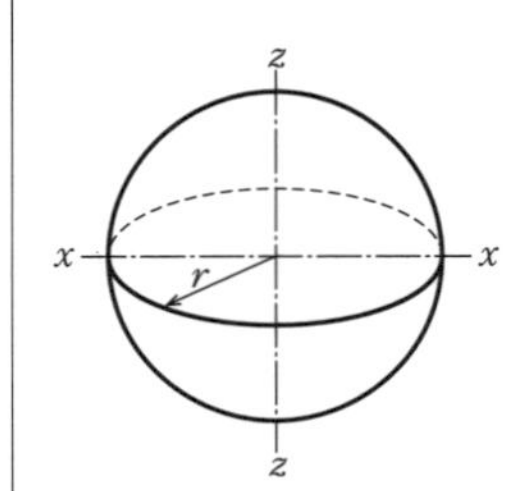

$$I_x = I_z = m\frac{2r^2}{5}$$

（k） 四角錐

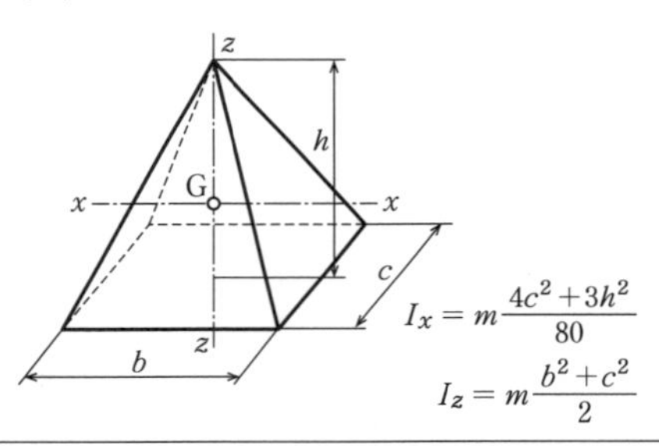

$$I_x = m\frac{4c^2+3h^2}{80}$$

$$I_z = m\frac{b^2+c^2}{2}$$

（l） 直円錐

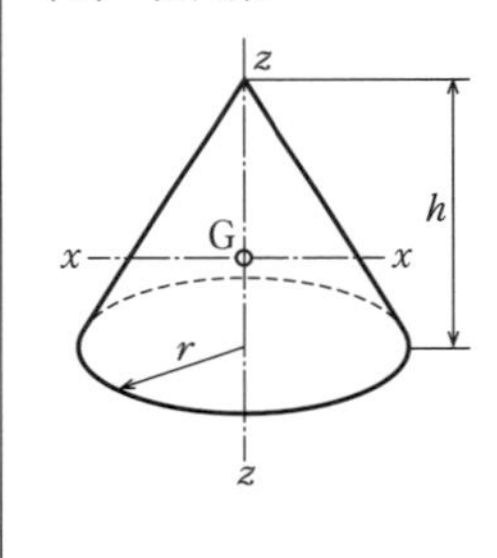

$$I_x = m\frac{12r^2+3h^2}{80}$$

$$I_z = m\frac{3r^2}{10}$$

（m） 円柱

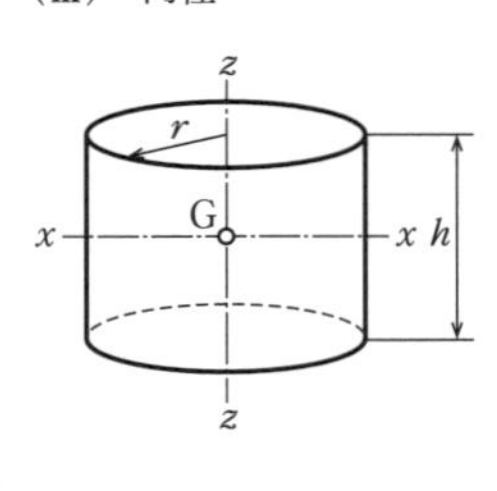

$$I_x = m\left(\frac{r^2}{4}+\frac{h^2}{12}\right)$$

$$I_z = m\frac{r^2}{2}$$

（n） 中空円柱

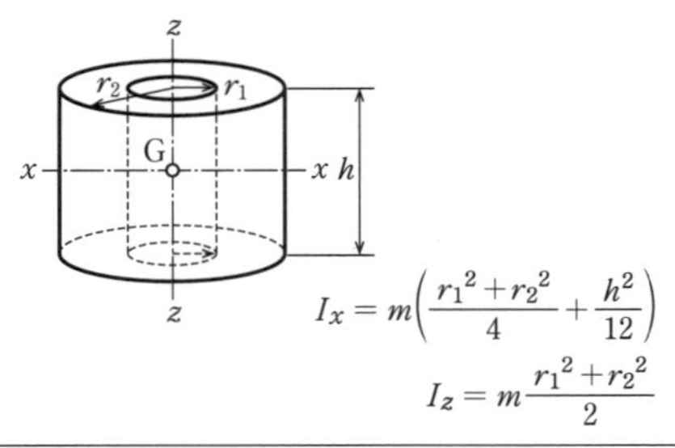

$$I_x = m\left(\frac{{r_1}^2+{r_2}^2}{4}+\frac{h^2}{12}\right)$$

$$I_z = m\frac{{r_1}^2+{r_2}^2}{2}$$

（o） 半球

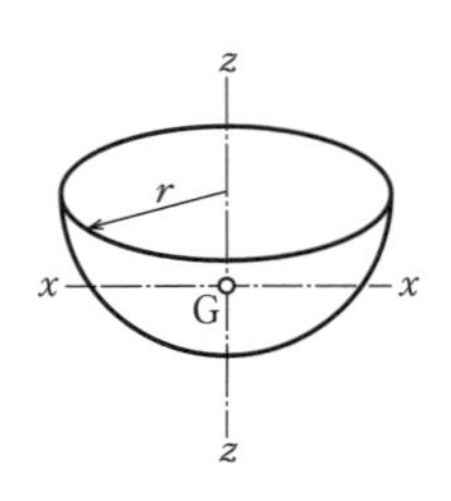

$$I_x = m\frac{83r^2}{320}$$

$$I_z = m\frac{2r^2}{5}$$

（p） 円形輪状体（トーラス）

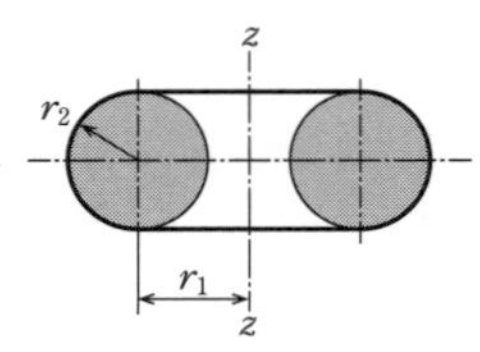

$$I_z = m\left({r_1}^2+\frac{3}{4}{r_2}^2\right)$$

索引

［さ行］

［た行］

［な行］

［は行］

［ま行］

［や行］

［ら行］

［わ行］

＜監修者略歴＞

萩原　芳彦（はぎわら　よしひこ）

1970年　慶応義塾大学大学院工学研究科
　　　　機械工学専攻博士課程修了
　　　　工学博士
現　在　東京都市大学名誉教授

＜編著者略歴＞

宮坂　明宏（みやさか　あきひろ）：1～4章

1985年　東海大学卒業
2003年　工学（博士）　工学院大学
1985年　日本電信電話（株）横須賀電気通信研究所
1999年　宇宙開発事業団 ETS＝VIII プロジェクト
2003年　日本電信電話（株）環境エネルギ研究所
現　在　東京都市大学工学部機械システム工学科教授

関口　和真（せきぐち　かずま）：5～8章

2010年　東京工業大学大学院理工学研究科
　　　　機械制御システム専攻博士後期課程修了
　　　　博士（工学）
現　在　東京都市大学工学部機械システム工学科准教授

- 本書の内容に関する質問は，オーム社ホームページの「サポート」から，「お問合せ」の「書籍に関するお問合せ」をご参照いただくか，または書状にてオーム社編集局宛にお願いします．お受けできる質問は本書で紹介した内容に限らせていただきます．なお，電話での質問にはお答えできませんので，あらかじめご了承ください．
- 万一，落丁・乱丁の場合は，送料当社負担でお取替えいたします．当社販売課宛にお送りください．
- 本書の一部の複写複製を希望される場合は，本書扉裏を参照してください．

機械力学の基礎と演習（第 2 版）

1994 年 3 月 30 日　第 1 版第 1 刷発行
2019 年 9 月 25 日　第 2 版第 1 刷発行
2025 年 6 月 10 日　第 2 版第 4 刷発行

監 修 者　萩 原 芳 彦
編 著 者　宮坂明宏・関口和真
発 行 者　髙 田 光 明
発 行 所　株式会社 **オーム**社
郵便番号　101－8460
東京都千代田区神田錦町 3－1
電話　03(3233)0641(代表)
URL　https://www.ohmsha.co.jp/

印刷・製本　平河工業社
ISBN978－4－274－22428－7　Printed in Japan